本书由 云南民族大学博士学科建设经费资助出版

XINGZHENGWENHUA YU LUNLI YANJIU

行政文化与伦理研究

云南民族大学
学术文库

林庆 著

中国社会科学出版社

图书在版编目(CIP)数据

行政文化与伦理研究／林庆著．—北京：中国社会科学出版社，
2011.5

ISBN 978 - 7 - 5004 - 9763 - 9

Ⅰ.①行… Ⅱ.①林… Ⅲ.①行政学：文化学—研究—中国
②伦理学—研究—中国 Ⅳ.①D63②B825

中国版本图书馆 CIP 数据核字(2011)第 075078 号

策划编辑　郭沂纹
责任编辑　段启增
责任校对　郭娟
封面设计　四色土图文设计工作室
技术编辑　张汉林

出版发行　中国社会科学出版社
社　　址　北京鼓楼西大街甲 158 号　　　　邮　编　100720
电　　话　010—84029450(邮购)
网　　址　http://www.csspw.cn
经　　销　新华书店
印　　刷　新魏印刷厂　　　　　　　　　　装　订　广增装订厂
版　　次　2011 年 5 月第 1 版　　　　　　印　次　2011 年 5 月第 1 次印刷
开　　本　710×1000　1/16
印　　张　15.75
字　　数　256 千字
定　　价　35.00 元

云南民族大学学术文库委员会

《云南民族大学学术文库》总序

云南民族大学党委书记、教授、博导　甄朝党

云南民族大学校长、教授、博导　张英杰

　　云南民族大学是一所培养包括汉族在内的各民族高级专门人才的综合性大学，是云南省省属重点大学，是国家民委和云南省人民政府共建的全国重点民族院校。学校始建于1951年8月，受到毛泽东、周恩来、邓小平、江泽民、胡锦涛等几代党和国家领导人的亲切关怀而创立和不断发展，被党和国家特别是云南省委、省政府以及全省各族人民寄予厚望。几代民族大学师生不负重托，励精图治，经过近60年的建设尤其是最近几年的创新发展，云南民族大学已经成为我国重要的民族高层次人才培养基地、民族问题研究基地、民族文化传承基地和国家对外开放与交流的重要窗口，在国家高等教育体系中占有重要地位，并享有较高的国际声誉。

　　云南民族大学是一所学科门类较为齐全、办学层次较为丰富、办学形式多样、师资力量雄厚、学校规模较大、特色鲜明、优势突出的综合性大学。目前拥有1个联合培养博士点，50个一级、二级学科硕士学位点和专业硕士学位点，60个本科专业，涵盖哲学、经济学、法学、教育学、文学、历史学、理学、工学和管理学9大学科门类。学校1979年开始招收培养研究生，2003年被教育部批准与中国人民大学联合招收培养社会学博士研究生，2009年被确定为国家立项建设的新增博士学位授予单位。国家级、省部级特色专业、重点学科、重点实验室、研究基地，国家级和省部级科研项目立项数、获奖数等衡量高校办学质量和水平的重要指标持续增长。民族学、社会学、经济学、管理学、民族语言文化、民族药资源化学、东南亚南亚语言文化等特色学科实力显著增强，在国内外的影响力不断扩大。学校科学合理的人才培养体系和科学研究体系得到较好形成和健全完善，特色得以不断彰显，优势得以不断突出，影响力得以不断扩大，地位与水平得以不断提升，学校改革、建设、发展不断取得重大突破，学

科建设、师资队伍建设、校区建设、党的建设等工作不断取得标志性成就，通过人才培养、科学研究、服务社会、传承文明，为国家特别是西南边境民族地区发挥作用、做出贡献的力度越来越大。

云南民族大学高度重视科学研究，形成了深厚的学术积淀和优良的学术传统。长期以来，学校围绕经济社会发展和学科建设需要，大力开展科学研究，产出大量学术创新成果，提出一些原创性理论和观点，受到党和政府的肯定，以及学术界的好评。早在 20 世纪 50 年代，以著名民族学家马曜教授为代表的一批学者就从云南边疆民族地区实际出发，提出"直接过渡民族"理论，得到党和国家领导人刘少奇、周恩来、李维汉等的充分肯定并被采纳，直接转化为指导民族工作的方针政策，为顺利完成边疆民族地区社会主义改造、维护边疆民族地区团结稳定和持续发展发挥了重要作用，做出了突出贡献。汪宁生教授是我国解放后较早从事民族考古学研究并取得突出成就的专家，为民族考古学中国化做出重要贡献，他的研究成果被国内外学术界广泛引用。最近几年，我校专家主持完成的国家社会科学基金项目数量多，成果质量高，结项成果中有 3 项由全国哲学社会科学规划办公室刊发《成果要报》报送党和国家高层领导，发挥了咨政作用。主要由我校专家完成的国家民委《民族问题五种丛书》云南部分、云南民族文化史丛书等都是民族研究中的基本文献，为解决民族问题和深化学术研究提供了有力支持。此外，还有不少论著成为我国现代学术中具有代表性的成果。

改革开放 30 多年来，我国迅速崛起，成为国际影响力越来越大的国家。国家的崛起为高等教育发展创造了机遇，也对高等教育提出了更高的要求。2009 年，胡锦涛总书记考察云南，提出要把云南建成我国面向西南开放的重要桥头堡的指导思想。云南省委、省政府作出把云南建成绿色经济强省、民族文化强省和我国面向西南开放重要桥头堡的战略部署。作为负有特殊责任和使命的高校，云南民族大学将根据国家和区域发展战略，进一步强化人才培养、科学研究、社会服务和文化传承的功能，围绕把学校建成"国内一流、国际知名的高水平民族大学"的战略目标，进一步加大学科建设力度，培育和建设一批国内省内领先的学科；进一步加强人才队伍建设，全面提高教师队伍整体水平；进一步深化教育教学改革，提高教育国际化水平和人才培养质量；进一步抓好科技创新，提高学术水平和学术地位，把云南民族大学建设成为立足云南、面向全国、辐射东南亚南亚的高水平民族大学，为我国经济社会发展特别是云南边疆民族地区经济社会发展做出更大贡献。

学科建设是高等学校龙头性、核心性、基础性的建设工程，科学研究是高等学校的基本职能与重要任务。为更好地促进学校科学研究工作、加强学科建设、推进学术创新，学校党委和行政决定编辑出版《云南民族大学学术文库》。

这套文库将体现科学研究为经济社会发展服务的特点。经济社会的需要是学术研究的动力，也是科研成果的价值得以实现的途径。当前，我国和我省处于快速发展时期，经济社会发展中有许多问题需要高校研究，提出解决思路和办法，供党和政府及社会各界参考和采择，为发展提供智力支持。我们必须增强科学研究的现实性、针对性，加强学术研究与经济社会发展的联系，才能充分发挥科学研究的社会作用，提高高校对经济社会发展的影响力和贡献度，并在这一过程中实现自己的价值，提升高校的学术地位和社会地位。云南民族大学过去有这方面的成功经验，我们相信，随着文库的陆续出版，学校致力于为边疆民族地区经济社会发展服务、促进民族团结进步、社会和谐稳定的优良传统将进一步得到弘扬，学校作为社会思想库与政府智库的作用将进一步得到巩固和增强。

这套文库将与我校学科建设紧密结合，体现学术积累和文化创造的特点，突出我校学科特色和优势，为进一步增强学科实力服务。我校2009年被确定为国家立项建设的新增博士学位授予单位，这是对我校办学实力和水平的肯定，也为学校发展提供了重要机遇，同时还对学校建设发展提出了更高要求。博士生教育是高校人才培养的最高层次，它要求有高水平的师资和高水平的科学研究能力和研究成果支持。学科建设是培养高层次人才的重要基础，我们将按照国家和云南省关于新增博士学位授予单位立项建设的要求，遵循"以学科建设为龙头，人才队伍建设为关键，以创新打造特色，以特色强化优势，以优势谋求发展"的思路，大力促进民族学、社会学、应用经济学、中国语言文学、公共管理学等博士授权与支撑学科的建设与发展，并将这些学科产出的优秀成果体现在这套学术文库中，并用这些重点与特色优势学科的建设发展更好地带动全校各类学科的建设与发展，努力使全校学科建设体现出战略规划、立体布局、突出重点、统筹兼顾、全面发展、产出成果的态势与格局，用高水平的学科促进高水平的大学建设。

　　这套文库将体现良好的学术品格和学术规范。科学研究的目的是探寻真理，创新知识，完善社会，促进人类进步。这就要求研究者必需有健全的主体精神和科学的研究方法。我们倡导实事求是的研究态度，文库作者要以为国家负责、为社会负责、为公众负责、为学术负责的高度责任感，严谨治学，追求真理，保证科研成果的精神品质。要谨守学术道德，加强学术自律，按照学术界公认的学术规范开展研究，撰写著作，提高学术质量，为学术研究的实质性进步做出不懈努力。只有这样，才能做出有思想深度、学术创见和社会影响的成果，也才能让科学研究真正发挥作用。

　　我们相信，在社会各界和专家学者们的关心支持及全校教学科研人员的共同努力下，《云南民族大学学术文库》一定能成为反映我校学科建设成果的重要平台和展示我校科学研究成果的精品库，一定能成为我校知识创新、文明创造、服务社会宝贵的精神财富。我们的文库建设肯定会存在一些问题或不足，恳请各位领导、各位专家和广大读者不吝批评指正，以帮助我们将文库编辑出版工作做得更好。

二○○九年国庆于春城昆明

前　　言

　　文化是一个民族在长期的社会历史发展过程中所创造的物质财富和精神财富的总和。在文化系统中，伦理道德是对社会生活秩序和个体生命秩序的深层设计。伦理道德是中国传统文化的核心，也是中国文化对人类文明最突出的贡献之一。

　　道德与伦理，在中国通常的理解是相通的，即道德也就是人伦之理。不同的人伦关系有不同的行为之理，所谓道德就是建基于人伦关系的，体现好坏、是非、对错的行为规范或准则。但是，严格地说，二者是有区别的。在学术上，道德与伦理的价值指向具有不同的维度，道德更多的是从行为者个体的角度来指称，即使是社会道德，也是从社会个体为基础来谈论；伦理更多的是从行为者整体的角度来指称，即使指个体伦理，也是从社会历史性为前提来谈论。另外，两者之异同还可以从以下几个方面具体分析：其一，伦理是道德发展的高级阶段；其二，伦理是法与道德的统一，法律的基本特征是他律，道德的基本特征是自律，而伦理是行为规范的他律与自律的统一，客观性与主观性、外在性与内在性的统一；其三，伦理是道德活动、道德意识和道德规范诸现象的统一①。黑格尔的以实现自由为最高道德理想的伦理学理论认为，法是客观外界的法，是抽象人格的定在，是意志的普遍性；道德是主观内心的法，是自我的特殊规定；伦理则是客观法与主观法的统一，它调整主观与客观、内在与外在、普遍与特殊之间的关系，并在伦理的关系中实现人格的定在。这三个阶段不是孤立的、并列的，而是有机联系的、由低级向高级不断丰富和充实的过程。从抽象法的外在规制阶段，经过内化为

---

　　① 王伟：《行政伦理界说》，《北京行政学院学报》1999 年第 4 期。

道德的阶段，最终升华为伦理的阶段，就是伦理实践的过程①。

行政文化是社会文化在行政活动中表现出来的一种独特的文化形式，作为社会化、集约化程度很高的一种文化类型，行政文化是一种精神文化，是政府公务员在一定的经济、政治环境中形成的关于公共行政活动的行政意识观、行政价值观和行政心理倾向的总和。行政文化是政府成员在行政活动中形成的共同信念和追求，是行政组织生存和发展的灵魂和精神支柱，它渗透于政府公务员的思想和行为之中，具有稳定或变革行政体系，规范、引导和调整公共行政行为的作用。

行政伦理指的是行政主体（包括国家行政机关及其公务员）在行使公共权力、从事公务活动中，所应确立和遵守的伦理理念、伦理行为、伦理规范等。行政伦理是在行政领域内的道德规范和总则，由此，行政伦理的概念应包含三方面基本内容，即行政道德规范、行政伦理制度和行政伦理价值导向的有机结合。国外行政伦理学研究，早在 19 世纪行政学初创阶段就已经开始。20 世纪 90 年代中期以来，我国学界的研究日益兴盛，论文、专著不断面世，如专著有王伟等《中韩行政伦理与廉政建设研究》，张松业等《国家公务员道德概论》，徐颂陶等《行政伦理学》，张康之《寻找公共行政的伦理视角》等。目前，我国行政伦理研究的主要问题是：行政伦理的视角分析，行政伦理的概念和范围，行政实践和发展中的伦理规范，行政制度和行政程序中的伦理问题，公共行政的道德化，行政人员的伦理修养及培养途径，行政伦理与以德治国的关系，等等②。

构建合理的行政伦理规范并有效地实施，以增强对公职人员的激励，强化对公共权力的约束，建立廉洁、高效的行政管理体制，是当今世界各国共同关注的现实课题。从世界范围看，20 世纪 70 年代中期至今，随着新公共行政运动的不断高涨，对行政伦理的研究和应用也逐步深入和得以快速发展，行政伦理学已日益在公共行政学领域"站稳脚跟"并由边缘走向中心。在我国，行政伦理学研究方兴未艾，已出现一批研究成果，并随着学者们学术视野的不断拓宽和行政体制改革的深化，呈现良好的发展势头。

在当前新一轮行政体制改革不断深化的关键时期，倡导和建设现代公共

---

① 教军章：《行政伦理的双重维度：制度伦理与个体伦理》，《人文》2003 年第 3 期。
② 史鸿文：《当前国内外行政伦理研究与推广的现状及意义》，《高校理论战线》2003 年第 4 期。

行政文化、行政伦理，对于激发政府公务员的积极进取精神，加强廉政建设，推动政府改革，提高行政效率，具有十分重要的现实意义。因此，对于现代公共行政文化、行政伦理的建设问题，有必要做一些深层次的探索。

一　中国"自律诉求"传统行政文化的制度困境

行政活动既体现了一定的文化因素，又受到一定文化的规范与制约。缺乏对行政文化及其所依存的社会宏观文化的理解，不仅不可能进行成功的行政管理，而且难以把握当代行政发展的一般规律。

在中国传统行政运行过程中，其官僚制是建立在儒学"德主刑辅"的原则基础之上的，其所追求的行政伦理目标是"仁政"。虽在中国早期的思想家中，比如荀子、韩非子对道德之政和性善论曾提出过质疑，但中国素有的传统道德自律政治观产生于"人性本善"的判断，而西方占政治哲学主导地位的"人性本恶"的忧患意识导致西方法治他律政治的观点仍被多数人所认同。在中国传统的德治模式中，在强调人性本善的前提下，进一步从培养明主、忠臣、顺民三方面来达到"不战而胜"、"不统而治"、"不刃而王"的国家运作境界。

从制度上看，为了贯彻仁政，官吏的选拔、任用、提升都以德性为首要条件。在隋唐之前，多以举孝廉的方式推荐贤良方正之士为官为吏；隋唐之后，虽采取了科举制，但考试内容仍以儒家的经义为主。科举制在一定程度上打破了豪门世族对政治权力的垄断，使普通的布衣黎民同样获得了跻身于行政官僚队伍的可能。但正如前面所言，它却从一开始就走进了从儒经而终的死胡同。历代科举考试，不但其所考试内容只限于四书五经一类儒家典籍，而且严格规定了典籍使用的注疏版本，考生答题内容不能有所超越。这其中自然充斥着仁政、德治的王道思想。

但是，结果似乎事与愿违，"中国有着几千年奉行道德自律的悠久历史，惟独欠缺的就是对权力加以约束的根本途径，即宪政制度。尽管在教以修身齐家治国平天下的高尚信条的同时又加上严刑峻法，但现实生活中的权力异化现象却仍然是'野火烧不尽，春风吹又生'。这无疑对儒法并用、刑教结合的传统模式打上了一个大大的问号"①。

---

① 马庆钰：《告别西西弗斯——中国政治文化分析与展望》，中国社会科学出版社2003年版，第179页。

从政治运行角度看，"自律"和"他律"实际上可以被看成是两种不同的政治控制和操作方式，它们主要分别通过道德和法律两条途径来对政治产生影响，道德的实现主要靠主体人的内在良心体验，而法律则主要靠外在的规约强制。如此看来，中国的传统行政文化是属于自律型的。

在传统的中国行政文化中，比较突出的一个主题是"以德治国"、"仁政"，但这却是一个抽象的主题，因为在此背后少有治理国家的制度性内容。而事实上，一个国家的管理和行政的组织领导是一个相对复杂的过程，既包括了道德自律的要求，也少不了结构安排和管理的科学与要求，正所谓"善与一个良好的政治制度分不开，道德理性只有通过宪政的建立和实施方能体现"①。

从现代公共行政的理念看，公共行政建设必须依赖于制度安排和道德化选择的需要（包含制度的德性和个体道德），而传统的中国行政文化所释放出来的一个信息是：只要统治者体认，遵循自己的意志，便可实现国泰民安的政治理想。所以，传统的"仁政"理念和今天我们所讲的"行政伦理"、党中央"以德治国"的政治理念是有质的区别的。虽然中国当代行政伦理仍应借鉴中国传统德治伦理。

二　西方官僚制的伦理困境

在古代中国、埃及和晚期的罗马帝国都曾存在过官僚制的形式，但真正意义上的现代官僚制则是适应大工业生产而成长起来的一种组织形式，它是一种具有复杂的管理等级制度、专业化的技术和任务以及权力有明确规章规定的特定的正式组织，其基本特征就是韦伯所描述的具有形式合理性。

作为西方官僚体制赖以建立的理论基础之一——威尔逊和古德诺的政治与行政二分法，强调政治与行政的二分是决策与执行的分开，而行政行为的发生是根据对纯粹的技术性的追求而进行的，行政被认为是政府行为的总和，是依照制度化的方式和程序展开的管理活动。政治与行政二分法提出后，受到了诸多的质疑，特别是在政治与行政二分原则的框架下所进行的行政科学化、技术化的追求，这一整套工具理性在 20 世纪后期越来越暴露出

① 马庆钰：《告别西西弗斯——中国政治文化分析与展望》，中国社会科学出版社 2003 年版，第 179 页。

缺陷。西方官僚体制的另一理论基础是韦伯的科层管理理论。该理论坚持行政组织的非人格化原则，而两大理论基础均无法回答和解决政府所面对的日益严重的问题和困难，比如政府财政危机、社会福利政策难以为继、政府机构日趋庞大臃肿和效率低下、公众对政府能力失去信心，等等。

　　客观地说，官僚制作为一种制度化的社会组织现象，其所倡导的专业分工、层级节制、依法办事、功绩管理、权责明确等在某种程度上是有积极意义的，但它作为一种形式合理性的设计，又过于推崇组织结构的科学性和法律制度化的形式，特别是由于它极端推崇理性和效率，以完备的技术性体制设计扼杀了行政人员的个性，从而使之成了缺乏灵活性、行政人员缺乏主动精神和创造精神的刚性系统。另外，随着政府职能的转变，各国政府逐渐由控制型政府向服务型政府过渡，伦理和价值的因素逐渐成为规范社会和正确引导社会前行的基本力量。公共行政应在统治的纯技术的官僚体制模型下有所修正，政府应该更加注重道德化治理理念的建构，重新解读新公共服务和公共行政精神。"我们从来不认为公共行政的理论和实践仅仅是技术的或者管理的问题。那种一方面把政府政治和政策制定过程作为价值表达，另一方面把行政作为单纯技术和价值中立的政策执行的做法，是失败的。无论任何人，欲研究行政问题，皆要涉及价值之研究，任何从事行政事务的人，他实际上都在进行价值的分配。"① 正因为如此，"官僚制在 20 世纪中的所有失败都在于它根据工具理性的原则排斥了正向的道德价值的介入，所以才受到了官僚即行政人员不道德的侵扰"②。公共行政不仅应当是科学的，而且应该是道德的。所以，在我们的政治生活中和公共行政体系建设中，超越官僚制工具理性的思维，引入政治的和行政的道德价值，走一条崭新的"以德治国"和"以德行政"之路就成为逻辑和现实的必然选择了。

　　西方各国政府的行政实践在经历了古典"政治路径"的外部控制以及现代的"科学路径"的价值中立之后，在不断克服"科学路径"的弊端，经过"市场路径"救治方案的探索之后，逐渐显现出"伦理路径"的新取向，而这也正是行政实践历史发展的必然。

---

① 乔治·弗雷德里克森：《公共行政的精神》，中国人民大学出版社 2003 年版，第 42 页。
② 张康之：《寻找公共行政的伦理视角》，中国人民大学出版社 2002 年版，第 111 页。

三 新时期我国行政伦理诉求的路径

当我们在批评中国传统的专制集权，反思西方民主制度时就会发现：专制集权制度缺乏法制而现代民主制度则是法制的片面发展。但与此同时，我们不否认：专制集权制度中的伦理精神和道德秩序等因素的合理性以及制度安排在社会发展中的重要作用。于是，作为中国行政改革和发展的路径就应是建立起"以德行政"的公共行政体制。

这里所指的"道德"，是政府或官员能从内在信念上认同"公共性"，并把公共利益的实现作为根本宗旨。而"不道德"则是政府或官员的行为总表现出"自利性"。我们一直相信：道德的因素是人类共同的财富，是最具永恒性的，无论何时，只要道德不被教条化、僵化，就是最为进步的，同时也是代表着人类文明发展的成就的。

在"以德行政"的实践中，至少应当包括两层含义：道德的制度安排（行政体制的道德化）和个体德性伦理（行政人员的道德化）。

（一）道德的制度安排

制度是约束人的行为的一系列规则，所谓的道德的制度安排，它要求行政管理部门依照理性原则，通过对道德规范进行制度的选择与制定，从而确立起维护社会公平、正义与秩序的行政约束机制。综观世界各国的行政实践，我们不否认：个人意志、修养、能力等在管理社会过程中是发挥着重要作用的，但要保持社会秩序的稳定和长久，道德的制度建设则是不可或缺的，甚至在某种程度上，我们对制度的道德选择应优于对个人的道德评价和选择。这是因为，行政人员总是在一定的公共行政制度规范下生活、工作，如果公共行政制度本身就是不道德的，那么即使行政人员的行为是道德的，对其社会道德的影响也会小得多。

加强行政道德的制度建设，首先，最重要的就是运用制度的力量确立公共行政道德的尊严和威信，避免曾在我国出现过的两种倾向：计划经济时代，人们常以我国是"礼仪之邦"自居，却忽视了制度建设的价值；改革开放后，我们开始强调建设社会主义法制国家的意义，但在某种程度上又将伦理道德束之高阁、弃之不用。正确的做法应该是在此基础上秉承和弘扬我国古代"德治"传统及中国革命各历史阶段行政道德规范的优秀成分，借鉴和吸收西方各国公务员道德规范中科学、合理的成分，建立具有中国特色的社会主义公共行政道德规范体系。

其次，通过"道德立法"来实现行政道德的制度化。在传统的理解中，道德是自律的，而法律是他律的，似乎它们从来就是两种不同的政治控制和操作方式。但现在，我们需树立一种全新的意识：道德也要靠法律调节。中国传统的行政道德——仁政，这种内省式的自律机制要求行政官员具有较强的自省、自控能力，注重依靠社会的提倡以及榜样的示范与感召力量来劝人向善，从而实现统治者道德理性的回归。然而，这也许只是一种良好的愿望，特别是面对权力、利益的诱惑，仅仅依靠行政人员内在的自律，是不可能达到永远正确行使权力的目的的。罗尔斯曾说过："离开制度的正当性来谈个人的道德修养与完善，甚至对个人提出各种严格的道德要求，那只是充当一个牧师的角色，即使个人真诚地相信和努力遵奉这些要求，也可能只是一个好牧师而已。"① 行政道德立法，在英、美等一些发达国家已开辟先河。比如在美国，法律上有从政道德法；组织机构上，美国国会设有专门的道德委员会和公务犯罪处，其职能是对政府官员、公职人员的道德操守予以有效监督，凡违背道德规范又不构成刑事犯罪者，皆由道德委员会督促其主动辞职，凡违法者由公务犯罪处移交司法机关依法进行惩处。这种外在的约束机制其最终目的是建构公正、正义的伦理秩序，对我国的行政伦理建设具有一定的借鉴意义。

最后，加强社会监督。"没有监督的权力会导致腐败"，这一理念在当今社会已成为共识。从公共行政的实践看，行政人员、各级行政干部不同于一般的社会公民和一般的公职人员，他们手中或多或少握有社会的公共资源，虽可对其提出履行道德义务的要求，但公共行政主体的自律不会自发形成，因此，除了必要的道德教育外，还需要有强制力的威慑和有力的社会监督。

（二）个体德性伦理

行政人员的道德化的最终目标，是要使行政人员在其行政行为中贯彻道德原则成为一种风尚。虽然前面我们强调了制度伦理建设的重要性，但行政人员个体道德同样是"以德行政"的应有之义。因而，我们应通过加强道德教育和道德修养，完善道德评价等途径来努力提高行政人员的道德认知水

---

① 约翰·罗尔斯：《正义论》，中国社会科学出版社 1988 年版，第 22 页。

平。以往的行政人员被定位为"公仆"，这实际上是一个无视行政人员职业化的做法。"公仆"是封建社会及前封建社会的东西，而工业社会和后工业社会是要消灭主仆的，用"公仆"的标准要求行政人员，要么太苛刻，要么会无原则地迁就，从而也就无法建立起合理的职业标准和要求。当我们意识到行政人员职业化是一个历史的大趋势时，那么我们就会相信，通过行政道德教育、道德修养、道德评价的有机结合，将会形成行政人员应有的职业良心，而职业良心将对行政人员的道德起着选择、监督和评价的作用，并促其自觉抵制不良社会意识的侵袭，从而纠正角色偏差。

欲走出中国传统"自律诉求"行政文化的制度困境和西方官僚制的伦理困境，我们的公共行政呼唤行政人员不仅要从观念上做与其职权相一致的"分内事"，而且要从心理上重塑行政人员的行政价值和道德意识，另外，我们更应进一步通过制度层面来体现基本的行政伦理精神。

随着政治、经济全球化的发展，科技发展日新月异，特别是信息时代的到来，各种机遇与挑战交织在一起，面对纷繁复杂的国际国内环境，如何提高行政效率，提升政府公共服务、公共管理水平已成为行政管理者所追求的重要目标，也是行政学研究的核心课题之一。随着社会的发展，无论是经济形态、政治形态还是文化形态的建设，都是在政府的主导下进行的。因此，行政伦理水平的高低就必然对政府效率产生深刻的制约和影响。由于政治、经济、文化等原因的影响，行政管理领域出现了大量行政伦理失范的现象，如何构建与时代相适应的行政伦理道德体系并应用到现实的行政管理领域中提高行政效率就显得尤为重要。本书的基本结构如下：

第一章，基础理论概述。对行政文化、行政伦理和行政效率等概念及特点进行分析。

第二章，国内外行政伦理研究现状概述。

第三章，国内外行政伦理思想述评。

第四章，国内传统行政伦理思想述评。对中国传统行政文化和行政伦理的特点和优缺点进行分析、评述。

第五章，行政伦理对于行政效率的影响。根据行政伦理的构成，分析行政伦理对行政效率的影响，即行政人员的道德素质对行政效率的影响、行政组织的道德属性对行政效率的影响、行政运作的道德控制对行政效率的影响。

第六章，效能政府的行政伦理取向。效能政府行政伦理的取向主要包括勤政为民、公平公正、务实高效、团结创新，这些价值取向的根本目的就是为了实现政府运作的高效。

第七章，效能政府视阈下我国行政伦理失范的表现及其成因。依据行政伦理对行政效率的影响，概括我国当前行政伦理失范的表现，并分析这些现象的成因。

第八章，服务型政府的公共伦理要素解析。

第九章，中西方行政伦理建设特点比较。

第十章，效能政府视阈下我国行政伦理建设的对策。对如何进行行政伦理建设提高行政效率提出对策，即加强行政伦理教育与培训，建立行政伦理制度，完善行政伦理监督奖罚机制。

第十一章，行政伦理视角下的腐败防治研究。

第十二章，行政伦理视角下的公务员道德建设。

第十三章，结语。

目　　录

第一章 基本理论概述

一 行政文化

（一）行政文化的概念

文化是一个民族在长期的社会历史发展过程中所创造的物质财富和精神财富的总和。在文化系统中，行政文化是对社会政治生活秩序的深层设计。行政文化作为社会化、集约化程度很高的一种文化类型，在一般意义上，是指基于一定的社会文化环境和经济、政治背景，融合民族文化与外来影响而形成的，是一种精神文化，是政府公务员在一定的经济、政治环境中形成的关于公共行政活动的行政意识观、行政价值观和行政心理倾向的总和，是社会文化在公共行政体系中表现出来的一种独特的文化形式。它影响行政主体的行政制度、行政模式、行政思想、行政价值观、行政道德、行政习惯、行政心态、行政精神风貌等，以及行政客体对行政系统所持的稳定看法、态度、评价、情感认同等。前者表现为行政主体文化，后者即是行政客体文化。行政文化是政府成员在行政活动中形成的共同信念和追求，是行政组织生存和发展的灵魂和精神支柱，它渗透于政府公务员的思想和行为之中，具有稳定或变革行政体系，规范、引导和调整公共行政行为的作用。根据行政文化存在形式的不同，又可分为规范性行政文化与主观性行政文化。

（二）行政文化的特征

行政文化是指在行政实践活动基础上所形成的，直接反映行政活动与行政关系的各种心理现象、道德现象和精神活动状态，其核心为行政价值取向。

　　文化作为一种复杂的社会现象，在不同的社会生活领域具有不同的内容和表现形式，在行政活动领域即表现为行政文化。行政文化是与行政相关的文化，它包含人们行政行为的态度、信仰、感情和价值观，以及人们所遵循的行政方式和行政习惯等。具体来说包括人们的行政观念、行政意识、行政思想、行政理想、行政道德、行政心理、行政原则、行政价值、行政传统等。行政文化是一种多层次的、复合的文化，它的形成受到多方面因素的影响，如历史条件、地理环境、社会制度、民族特性、文化心理、文化背景、传统习惯等。行政文化是在社会文化的基础上，在具体的行政活动中形成的，不同的社会文化背景、不同的行政活动培育出不同的行政文化，行政文化的形成是一个长期而缓慢的过程，一旦形成则具有不少相对稳定的特性。

　　1. 时代性和民族性

　　神权政治时代的行政文化是迷信的、神秘的，封建专制时代的行政文化是尚权威、重服从，资产阶级革命时代的行政文化是讲人权、尚实效、重法治，社会主义民主政治时代的行政文化则重科学、为民众、尚服务。行政文化又往往因不同的国度和民族形成不同的模式和色彩，美国的行政文化通常表现为民主、自由、积极、奋发的特色，德国的行政文化表现为重法、守纪、严正、整齐的特色，英国的行政文化则有尚典、守旧、泥古、重名的色彩。

　　2. 社会性和积淀性

　　行政文化是一种社会积淀物，是人们在长期行政活动中知识、经验、理想、信仰、道德、价值的积淀，是通过长期创造、延续、传承而实现的。

　　3. 整合性与多元性

　　行政文化是在一个相当长的历史过程中，在人类社会的经济、政治发展和治国安邦的相互作用过程中，在不同社会文化的冲突和交融中，由不同的区域和人群逐渐整合而成，不同的人群和区域使行政文化呈现出多元的特性。

　　4. 普遍性与连续性

　　行政文化是连续的、持久的和无所不在的，行政文化一经形成将广泛地、持续地影响行政主体及其活动。

　　5. 渗透性与隐蔽性

　　行政文化往往以比较隐蔽的形式渗透到社会的各个领域，渗透到各个行政组织和行政人员中，渗透到具体的行政活动中。

（三）行政文化的影响

行政文化的形成及其特性决定了行政文化是一种潜在无形的力量，其影响是巨大持久、无所不在、无时不有的。行政文化对行政管理的影响主要有如下几个方面。

一是对行政行为的影响。任何特定的行政活动无不受到行政文化的制约，无论是行政决策还是行政执行都是如此。行政文化通过人们行政心理、行政意识、行政思想、行政习惯对行政行为发生作用。行政文化对行政行为的影响是全面的、直接的，不仅影响行政决策是否果断、科学、可行，而且影响行政执行是否快捷、完整、灵活。具有自觉行政意识和进取行政思想的人，能够成为当机立断、独立思考的决策者和坚定、灵活的执行者；反之，则成为优柔寡断、故步自封的决策者和僵化、拖拉的执行者。开放型的行政文化氛围，会使决策者的行为具有开放、民主、效率倾向；相反，封闭型的行政文化氛围则会使决策者因循守旧，唯书唯上，思想僵化。民主型的行政文化氛围会使决策者的决策具有创造性、灵活性和综合性；相反，专制型的行政文化氛围会使决策者专横武断，刚愎自用。晦暗型的行政文化氛围会使决策者心胸狭隘，玩弄权术，争功讳过，造成行政风气腐败；相反，明朗型的行政文化氛围则会使决策者胸襟开阔，宽宏大度，公平正直，坚持原则，从而形成廉正健康的行政风气。当然，由于文化背景的不同，人们判断决策者和执行者的标准是不同的。但无论评价标准如何，行政文化对人们行政行为的影响是巨大的。

二是对行政观念的影响。行政文化对人们行政观念的影响是长远的、深层的。行政文化作用于行政活动往往是通过行政人员的观念、信仰、习惯来实现的，行政人员是行政活动的主体。在行政活动过程中，行政文化环境对行政人员的观念起着直接的决定作用，社会成员进入行政活动领域后，不可避免地带有原有行政文化影响下各种积极或消极的因素，并在一定的行政体系内和具体的行政活动中形成特定的思想观念。如官僚主义，高高在上，遇事推诿，不求有功，但求无过，为政不廉，任人唯亲等行政观念很大程度上与封建的等级制度、价值观念、思维方式、伦理道德等行政文化氛围有关。

三是对行政体制的影响。行政文化从多方面影响行政体制，这种影响和作用是潜在的、复杂的，通过历史条件、地理环境、民族特性、文化心理、文化传统、社会制度、政治状况、经济水平等对行政体制发生作用。封闭的地理环境，落后的社会制度，较低经济水平下形成的崇尚权威，注重人治，讲求等级制的行政文化会产生专制主义中央集权的行政体制；相反，开放的地理环境，先进的社会制度，较高经济水平下形成的崇尚民主，注重法制，讲求平等的行政文化会产生民主色彩地方分权的行政体制。守旧、惰性、注重形式的行政文化会产生低效率的行政体制；相反，进取、勤奋、讲求实效的行政文化会产生高效率的行政体制。

　　总之，行政文化对行政管理的影响是广泛的、深远的，以至于有人称之为"行政的非正式组织"，行政文化通过行政行为、行政观念、行政体制对任何特定的社会行政活动产生影响，这种影响不是直观的、简单的过程，而是一个复杂的、多样的、潜在的过程。

　　中国现代行政文化是在新中国成立后，以社会主义公有制为基础，以马列主义、毛泽东思想和邓小平建设有中国特色社会主义理论为指导的新型行政文化，这既是中国传统行政文化在现代的延续，又是马克思主义中国化及其在意识形态领域占主导地位的结果。近代以来，西学东渐，随着欧风美雨的荡涤，中国最终选择了马克思主义，中国传统文化与马克思主义的契合，一方面表现为马克思主义对中国传统文化的扬弃，另一方面表现为中国传统文化对马克思主义的融合。这种中国化的马克思主义，毛泽东同志和邓小平同志是典范，他们尽力吸收中国传统文化的积极因素，又力排传统文化的消极因素，在反对经验主义、教条主义和官僚主义的同时，强调实事求是、理论联系实际、密切联系群众，使马克思主义与中国传统文化的优秀传统，如大同思想、辩证法思想和自强不息思想和谐地融合为一体，形成了中国的马克思主义——毛泽东思想，成功地指导了中国革命和建设实践，构建了中国现代行政文化的基本框架。实事求是，理论联系实际，群众路线，关心人、理解人、尊重人、全心全意为人民服务，廉洁自律，坚持行政改革，优化行政组织，开始注重法制、效率，逐步走向开放，成了中国现代行政文化的主旋律。行政文化毕竟是在社会文化的基础上形成的，必然受到社会文化的制约和影响，其积淀性和持久性难以在短期内消除。曾以璀璨而闻名于世的中国古代行政文化其精华与糟粕并存，既有统一性、严密性和实用性特点，又有专制性、封闭性和保守性特点，使中国现代行政文化在继承古代文化优秀传统的同时，不可避免地受到封建行政文化的消极影响。这些消极影响主要表现为：

　　封闭而不开放。中国传统行政文化的封闭在很大程度上取决于中国古代较为封闭的地理环境。东临大海，西为高山沙漠所阻隔，中国古代文化几乎是在少有外来文化作用的条件下形成的。文化的封闭导致了很少向外开放，无法知道外界的信息，行政观念数千年一脉相承，行政体制世代相袭。

排异而非兼容。行政文化的封闭与行政文化的排异心理是分不开的。在中国传统文化中，"非我族类，其心必异"曾是人们广泛接受的观念，在思想文化领域则表现为对外来文化的排斥。在这种文化背景影响下，人们对外界情况及其变化常常持不屑一顾的态度。长期以来的中华中心论、中华文明论导致对世界先进的行政管理水平和管理理论知之甚少，妨碍了行政观念的改变和行政技术手段的更新。

神秘而缺乏透明度。行政体系的封闭性和行政心理的排异性必然导致行政活动的神秘性。传统文化的非参与意识使"不在其位，不谋其政"的观念根深蒂固，行政活动缺乏社会成员的积极参与和社会的有效监督，行政活动成了少数精英的治国安邦活动。

守旧而不思进取。农耕文明下的传统社会，人们日出而作，日落而息，习惯于简单再生产，安于现状，不思进取，求稳怕乱，不愿创新和改革。这种传统文化影响所及，使行政改革缺乏推动力，人事管理缺乏激励机制，人们对行政改革缺乏必要性和自觉性认识，脆弱的心理承受能力导致改革中止或迟缓，尤其是改革中涉及利益调整时更是阻力重重。

重形式而轻效率。传统行政文化中注重形式，官场办事讲究烦琐程序和规则，公文样式千篇一律，导致行政管理中爱做"官样文章"，办事拖拉，机构臃肿，人浮于事，决策迟缓，影响行政效率的提高和行政目标的实现。

重人治而轻法治。传统行政文化中治国安邦往往是重人轻法的，从先秦"有治人，无治法"，"法不能独立，……得其人则存，失其人则亡"[①]，到明清"有治人无治法，若不得其人即使尧舜之仁，皆苛政也"[②]，大体反映了这一点。中国历代法典中从来没有约束皇帝权力的条款，法自君出，权力支配法律，用人治事多为长官意志，以至于人们习惯于接受能拯救自己的清官和救星，对保障社会正常运转和人民基本权利的法律无兴趣，不习惯用法律来捍卫自己的权利，人情风盛行。在行政活动中往往表现为行政权力凌驾于法律之上，行政决策和执行缺乏法律的约束，有法不依，执法不严成为

---

① 《荀子·君道篇》。

② 《清世宗实录》。

常事。

重权威而轻民主。传统社会定于一尊的皇权使权威观念影响至深。在行政活动中往往会出现独断专行，集权制、家长制、个人决策、行政民主难以得到体现。

重共性而轻个性。传统文化中以办事稳健、不出风头为为政的要诀，以至于行政人员在行政活动中思想僵化、保守，不敢开拓、创新，行政活动缺乏应有的弹性和活力。

追求等级而不尚平等。中国传统社会的等级观念是严密的，政治结构中的专制主义越严重，社会等级越趋森严，等级观念越趋强化，担任官职的高低与权力的大小，与社会地位的高低、财富的多少联系在一起。等级观念是中国古代社会封建官僚制发达的文化成因，这一思想观念在现代社会总是把一定的人与一定的身份或等级联系起来，不管是从事科学研究、工程技术，还是文学创作，总是要与某一级别联系起来，"官本位"盛行，"官念"强烈。在行政活动中常常表现出极强的等级性和依附性，严重影响行政法制建设和行政民主进程。

注重大一统集权而缺乏必要的分权意识。传统的农业社会由于缺乏社会的凝聚力，主要靠外在的行政力量维持正常的运转。这使王权为核心的大一统观念影响至深，造成行政权力的无条件集中，"天下事无大小皆决于上"①成了行政权力行使的惯例，事必躬亲成了勤政的典范，现代社会合理、必要的横向和纵向行政权力划分难以获得人们的共识。

注重治国经验而忽略制度研究和机构设计。中国传统文化中有关如何治国的文化是很发达的，对政治的解释，从先秦"政者事也，治者理也"② 到孙中山"政就是众人之事，治就是管理，管理众人之事便是政治"③。可见，对治国是何等注重。相反，对制度的研究和机构的设计却寥若晨星。但这种传统文化在现代行政活动中往往只注重行政经验和方法，忽略制度和机构是否合理，影响行政改革和机构精简。

（四）儒家思想对传统行政文化的影响

自董仲舒提出"罢黜百家，独尊儒术"以来，儒家思想就在我国思想文

---

① 《史记·秦始皇本纪》。
② 《国语·齐语》。
③ 《孙中山选集》下册，人民出版社 1956 年版，第 661 页。

化领域乃至其他领域取得了正统地位，儒家先贤提出的"仁、义、礼、智、信"等思想在反复诠释中被不断丰富和完善。尽管长期以来，儒、释、道之间共存互补，但儒家独以其内圣外王、经世致用的入世传统而受到封建统治者的推崇与肯定，"修身、齐家、治国、平天下"以及"学而优则仕"等也被士大夫阶层奉为人生圭臬。因而，儒家思想对传统行政文化具有非常重要的影响。

1. 儒家思想是传统行政文化的最重要的思想源

传统行政文化是在传统社会形成的行政观念、行政制度及行政行为的总和，在传统行政文化中，居于核心地位的是行政观念或行政价值取向。我国传统行政文化十分丰富，既有来自儒家思想的，也有来自道家、法家等其他思想流派的，但总体上，这种观念体系仍以儒家思想为主。

从本质上看，儒学是关于个人与个人、个人与群体、个人与社会以及人与自然的关系和人的行为规范的思想学说，因此，秩序自然而然就成了儒家关注的焦点。事实上，儒家学说正是初诞于礼坏乐崩、人心不古的动荡年代，这充分反映了儒家先贤对恢复社会秩序的期盼。而秩序的产生和维持离不开治理者和治理过程，于是，孔子提出了"克己复礼"，试图以礼乐制度使天下重归太平，并对此充满信心，他说："苟有用我者，期月而已可也，三年有成。"①

从功用上看，儒学是经世之学，这也决定了它与治国理政及行政有着紧密的联系。儒学与释道之学的本质区别在于其经世致用思想，前者关注现世，而后者更加注重来世。在儒家经典中，有关为政之道的论述俯拾皆是，孔子的行政思想在《论语》中也有充分体现。譬如，"为政以德，譬若北辰，居其所而众星共之"；"道之以政，齐之以刑，民免而无耻；道之以德，齐之以礼，有耻且格"；"举直错诸枉，则民服；举枉错诸直，则民不服"②。"政者，正也；子帅以正，孰敢不正"？"子为政，焉用杀？子欲善而民善也。君子之德风，小人之德草。草上之风，必偃"③。"上好礼，则民莫敢不敬；上好义，则民莫敢不服；上好信，则民莫敢不用情"。"其身正，不令而行；其身不正，虽令不从"④，等等。亚圣孟子的行政思想则以性善论为基

① 《论语·子路》。
② 《论语·为政》。
③ 《论语·颜渊》。
④ 《论语·子路》。

础，以民贵君轻的民本思想为核心，极力倡导治国者施行仁政。他说，"以德行仁者王"①，"三代之得天下也以仁，其失天下也以不仁。国之所以废兴存亡者亦然。天子不仁，不保四海；诸侯不仁，不保社稷；卿大夫不仁，不保宗庙；士庶不仁，不保四体"②。由此可见，孔孟皆将仁德视为国运兴衰和为政者自身安危的首要因素。先秦儒家思想的另一位代表人物荀子主张"性恶论"，因此，其行政观念在孔孟隆礼重德的基础上还强调了尊法。他说："听政之大分，以善至者待之以礼，以不善至者待之以刑。两者分别，则贤不肖不杂，是非不乱。"③"至道大形，隆礼至法则国有常。"④

从行政主体的入仕途径来看，儒家经典《大学》所倡导的"正心、诚意、修身、齐家、治国、平天下"乃传统士大夫的人生追求和价值取向，内圣外王始于正心终于平天下形成了一个连续的价值体系。无论是举孝廉还是科举取士，所选拔的官吏无不濡化于儒家学说的语境之中。正因为如此，儒家思想中的礼制、贵民、仁义、忠信等思想观念构成了我国传统社会的行政场域和行政主体的惯习，影响十分深远。

2. 儒家思想对传统行政文化的重要影响

儒家思想对我国传统文化的形成有着直接而重大的影响，自汉以降，儒家学说就被统治阶层奉为治国方略，官吏的选拔、任用乃至官吏自身的思想与行为无不在儒家思想框架的规范和约束之下。

儒家思想为传统行政文化制定了一整套规范体系。源自儒家学说的仁、义、礼、智、信、忠、孝悌、廉、耻等价值观念成为传统行政文化的核心价值体系。由于儒学的显赫地位，这样一套规范体系被放大到全社会，上至君主下至庶民均被纳入这一体系之中。"正心、诚意、修身"作为入仕的基本前提，也使传统行政文化具有强烈的道德倾向。同时，儒家思想还形塑了传统行政文化的伦理型范式。在家国同构的宗法制度下，国是放大了的家，家是缩小了的国。社会成员按照礼制的要求扮演各自的角色，即"父慈，子孝；兄良，弟悌；夫义，妇听；长惠，幼顺；君仁，臣忠"⑤，使儒家所谓的齐家治国具有某种本质上的一致性。

---

① 《孟子·公孙丑上》。
② 《孟子·离娄上》。
③ 《荀子·王制》。
④ 《荀子·君道》。
⑤ 《礼记·礼运》。

　　当然，受儒家思想的影响，传统行政文化在观念和制度层面也产生了一些明显的弊端，如等级制、人治、任人唯亲、重德轻法等，这些弊端对中国的现代化进程产生了不同程度的消极影响。

　　首先，礼制强化了传统行政文化中的等级观念。在由礼维系的秩序中，所谓长幼有序，尊卑有等，君臣有别，导致人们缺乏平等意识。在下对上的绝对遵从中，"下"的人格被贬低，变成了"奴才"、"小人"和"卑职"，严格的等级制带来的后果是下对上的绝对服从甚至造成依附型人格。

　　其次，宗法制传统造成传统行政文化中公私不分的流弊。宗法制是以血亲关系为基础的，在儒家思想占统治地位的两千多年里，人际关系从来都存在着贵贱有等、亲疏有别的"差序格局"。受其影响，在传统行政文化中，任人唯亲、亲疏有别成为官场的潜规则，在官吏的任用和提拔过程中贤能并非唯一标准，贵贱亲疏有时成为优先考虑的因素。

　　再次，儒家文化造成了传统行政文化中的人治传统。儒家思想倡导以仁、德治国，尽管荀子提倡隆礼尊法，但在上层统治者眼中，法治一直轻于人治。孟子说，"人不足与适也，政不足间也；唯大人为能格君心之非。君仁，莫不仁；君义，莫不义；君正，莫不正。一正君而国定矣"①。由此可见，明君、贤相、顺民构成了理想化的三位一体的治世模式，因而一国之安危往往完全系于君主和各级官僚的德行。

　　最后，儒家思想造成了传统行政文化重德轻法的积弊。荀子认为，"治之经，礼与刑，君子以修百姓宁。明德慎罚，国家既治四海平"②。尽管如此，主张"人性恶"的荀子仍然强调德为行政之本。这些重德思想被后代诸儒所承继发扬，如宋代大儒朱熹认为，"德礼则所以出治之本，而德又礼之本也。……故治民不可徒恃其末，又当深探其本也"③。这使传统行政文化在重德的同时对待法律、法制往往采取轻蔑的态度。

（五）中国行政文化中的"关系"

1. "关系"概念的界定

中国行政文化中的"关系"并不等同于社会学研究的"人际关系"概

---

① 《孟子·离娄下》。
② 《荀子·成相》。
③ 《论语集注·为政》。

念。从纯字面意义而言，关系与社会学"人际关系"概念有共同之处，即一切人与人之间的相互联系。但是由于"关系"可能造成的巨大收益，这一概念在中国文化中已逐渐脱去了单纯的字面含义，而是附着上了其他一些有形与无形的东西，诸如伴之而生的社会地位、掌握的社会资源、人情网络、社会流动途径、制度外活动空间等。因此从这个意义上讲，中国文化中的"关系"可以界定为，在传统文化讲情义、重仁和的观念影响下，基于人与人之间的相互联系而产生的，但又超越了这一相互联系的，社会地位、社会资源、社会流动途径、制度外活动空间以及可资利用的人情网络、共同的情感认同、人际亲疏认知等。结合上面对关系的界定，可以认为中国行政文化中的"关系"是中国传统文化中的"关系"在行政系统以及对应的社会系统中的映射和反映。

2. 中国行政文化中重"关系"的渊源

（1）儒家人本观念

在占据中国社会主导地位的儒家思想中，人本观念具有重要的地位。儒家思想认为，应尊重人的尊严和价值，"天地之间，莫贵于人"；"人人相亲，人人平等，天下为公"。这样强调人本文化，重视人，就必然要求每个人尽量与他人建立起多层面的人际关系，追求人际和谐；极端片面地反映在行政系统中就是"关系政治"、"人情政治"，行政文化"关系化"。

（2）贵和观念

中国文化中有重视人和的传统，"万事和为贵"，"天时不如地利，地利不如人和"。在漫长的发展过程中，中国文化中人和的观念被无限地放大了，君王治国讲究"天人合一、君臣一心、与民同乐"，普通百姓则关注"和气生财、大和大贵"。

在高度甚至片面重视"贵和"的文化氛围下，人和人之间的关系，特别是一些重要的、可资利用的人际关系，无疑会被人们拔高到一个无以复加的地位。而这样做的现实好处又会反过来进一步强化这种认识。

（3）行政伦理化与德治传统

行政伦理化与德治传统在中国古代社会表现为，采用伦理规范而非法律、制度来治理国家与社会，强调自身道德修养为管理国家的基本出发点，行政权力缺乏法律的有效约束，人治特征明显。抽象的德治与伦理教化，很容易走向另一个极端，"一人得道，鸡犬升天"，任人唯亲、攀人情、找关系脉络等。在人治环境下，筹措"关系"无疑在人们的生活中有着举足轻重的影响，行政文化中重人情关系便成为一种文化传统延续了下来。

（4）重情义传统

中国文化同样有重情义的传统，"礼、义、廉、耻"，"礼尚往来"，"知恩图报"的观念深入人心。在这种文化心态下，建立并维持一些围绕在自己周围的"关系"就成为人们情义沟通、礼尚往来的必然结果。

3. 中国行政文化中关系的功能

（1）关系在中国行政文化中的角色

如前所述，行政文化具有明显的历史延续性，因此书中对于中国行政文化的讨论并不限定于某一具体时段，而是就中国行政文化延续至今的总体情况而言。

在行政主体文化中，规范性行政文化与主观性行政文化并不具有必然的一致性，而是有所分离和偏差。一般而言，规范性行政文化，诸如行政体制、行政制度、行政模式等，是行政主体文化中外显的部分；而主观性行政文化，如行政思想、行政价值观、行政道德、行政习惯、行政心态、行政精神风貌等，是行政主体文化中内隐的部分。就中国来讲，由于"关系"所代表的社会地位、社会资源、社会流动途径、制度外活动空间以及人情网络、情感认同、人际亲疏认知等的大量存在，主观性行政文化与规范性行政文化之间发生的偏离更加显著。因而可以说，在中国行政主体文化中"关系"本身构成了主观性行政文化的主要内容，"关系"事实上铸造了行政思想、行政价值观、行政道德、行政习惯、行政心态等方面的精神内核。

就中国社会行政文化来讲，行政客体对行政系统所持的看法、态度、评价、情感认同等方面同样已经深深地烙上了"关系"的痕迹。不容否定的事实是，一般的社会民众、企事业单位、行政相关人员在与政府交往时对"关系"所起的作用与价值普遍保持了较高的认同率。在社会对政府及其工作人员的态度、评价、情感认同等方面，"关系"在其中占据了重要的地位。

（2）中国行政文化中关系的功能

第一，弥补转型社会的制度缺失，提供备选的制度外解决途径。对转型期的中国而言，行政文化处在保留民族文化精粹与借鉴西方先进行政文化理念的十字路口。因而可以预见，在相当长的一个时期内规范性行政文化，如行政体制、行政制度等，将处于一个过渡且有所缺失的状态。在制度不及之处，"关系"提供了一种万不得已的备选制度外的解决途径，为规范性行政文化的不足留下了变通的空间。

第二，"关系"自身蕴涵合作与和谐精神。"关系"是中国行政文化中的重要内容。如果"关系"的运用并没有明显地有悖于法和常理，这种"重关系"现象本身其实也蕴涵了一些人际合作与和谐共容的精神。

第三，"关系"使得中国行政文化显著区别于西方行政文化，为中国行政文化提供了民族性、稳定性，"文化的力量，深深熔铸在民族的生命力、创造力和凝聚力之中"。同样，行政文化的民族性、稳定性对于一个复兴阶段的国家而言尤为重要，而中国行政文化中的"关系"元素则提供了这些特性。"关系"承接了中国古代文化中人本、贵和、德治、人伦、情义等精粹，为中国行政文化保留了民族性，同时也提高了应对形形色色西方文化冲击的稳定性。

4. 中国行政文化中"关系"的负面影响

中国行政文化中"关系"之存在，其负面影响也是应予以正视的。

（1）人治观念

一方面，由于中国古代社会的法制很少真正体现普通百姓的权利，另一方面，由于关系在事实上的巨大作用，因而在法治与关系之间，关系的地位被无限地放大了。关系同重伦理、讲人情的文化结合在一起，中国社会便形成了一种认同权大于法、人大于法的思维定式，成为妨碍法治的巨大障碍。社会对于许多看似"合理"但不合法的事情，诸如"拉关系""走后门"等有着过多的宽容；地缘、血缘、同学、同事、结拜兄弟、姓氏、师生关系等也在人们心目中有着重要的地位。中国社会形成了奇怪的寄希望于圣君、贤相的"人治"观念以及独特的清官期盼意识。

（2）制度表面化

里格斯在其行政生态学理论中认为，介于传统社会和现代社会之间的过渡社会，其国家行政模式是棱柱型，具体特征为异质性、形式主义和重叠性。形式主义是指在一个社会中，表面上的符号系统与实际起作用的符号系统相分离，法令、制度、政策不能真正付诸实现。

对于中国社会而言，由于"关系"在行政系统和社会生活中的大量存在，造成了巨大的制度外活动空间。即便在已有相关制度安排之处，在制度与关系之间，关系在很多情况下还是成为了人们的第一选择。这样，关系的运作超出了制度约束的范围，甚至于架空了原有的制度安排，使得制度流于表面化、形式化。因此，"关系"助长了中国行政文化背后的形式主义现象。

（3）行政系统的关系化、封闭化

这方面表现为行政活动中关系成为事实上的潜规则，关系渗入行政系统的各个领域；行政系统对外保守而又自我封闭，对社会其他成员的公共参与接纳不足。

第一，组织人事上的裙带关系。由于中国社会中政府所处的强势地位，使得政府等公共部门的职位总是具有令人艳羡的吸引力，因而"关系"在行政系统的组织人事上也最有用武之地。另外，目前中国社会政府自己掌握人事权的现状、国家公务员制度的不成熟等也为利用"关系"搞任人唯亲、结党营私等留下了操作的空间。

第二，领导者庸俗人际关系大行其道 。领导者庸俗人际关系，在一些场合下可以称为"为官之道"，即不求有功，但求无过；对上阿谀奉承，对下分化拉拢；"不做分外的事，不说过头的话"；宁可没有原则，不能没有人气；"关系到位，爹娘不认"，等等。

第三，行政系统呈封闭性，与社会的有效沟通不足 。中国行政文化中"关系"大行其道，在为拥有"关系"的小范围社会流动打开方便之门的同时，却阻隔了社会普通民众的公共参与机会，使得行政系统开放性不足、与社会的沟通不够。

（4）阻碍行政改革

在中国社会中，行政改革一般都是政府自上而下的自发性行为，改革的动力与监督很大程度上依赖于政府自身的努力。行政改革必然会涉及组织人事上的调整，但是如前所述，"关系"本身对组织人事又有着重要而且难以克服的影响力，盘根错节的人情网络、业已存在的各种正式非正式关系，使得行政改革过程中任何细微的人事调整都必须异常谨慎，因而行政改革的每一个步骤都会阻力重重、步履维艰。

（5）社会公平与社会矛盾

社会资源分配与社会阶层流动的总体情况对于社会公平的影响是根本性的。较为合理的社会资源分配以及社会阶层流动可以产生较高的社会公平感，反之则使社会矛盾层出不穷。关系可以直接影响到社会资源分配的方向、数量以及社会流动的机会与成本等，如果这一过程缺少了透明性和合法性，那么产生社会矛盾就不可避免。中国行政文化中的"关系"在很多情况下成为社会资源分配与社会阶层流动的重要途径，但是这一途径并不总是同时在合法、合乎情理的轨道上运行，因此而生的社会公平问题与社会矛盾并不少见。

（6）不利于形成公平竞争、鼓励创造的民族文化

在中国文化中，捷径思想是显而易见的，其特征就是做事不首先从做好事情本身考虑，而是千方百计想如何利用一些"关系"找到一条捷径，并以此津津乐道、乐此不疲。这样，"关系"实际上成为提倡公平竞争、鼓励创造的民族文化的绊脚石。

综观中国现代行政文化，尽管从根本上改变了行政本质和行政主体与人民的关系，逐步确立了以廉洁、服务为宗旨的行政文化，但这种行政文化在继承了我国古代行政文化优秀传统的同时，也残留了不少封建文化的弊端，既有现代文化的风采，又有传统文化的遗风，二者相互渗透，相互影响，形成了一个复杂的矛盾体。一方面它以廉洁、效能、服务的精神，规范引导着行政人员；另一方面又以集权、封闭、保守、官僚主义压抑行政活动。行政文化中的这些消极因素常常使行政决策迟缓，背离科学，行政体制结构不合理，行政机构臃肿，行政人员缺乏责任感，行政执行推诿，官僚主义盛行，致使整个行政效率低下，不适应行政管理现代化的需要，尤其与 21 世纪世界行政管理发展的趋势相去甚远。因此，行政文化建设，整合与再造中国现代新型行政文化是行政管理现代化的必然要求。没有行政文化的现代化建设，就没有行政管理的现代化。由于受行政文化的特点所决定，其建设将是多方面的、漫长的，就目前来看应着重建设以下几个方面。

行政思想。重点清除残存于现代行政文化中的封建宗法思想、特权思想、专制思想、半殖民地半封建社会历史条件下的奴化买办思想以及资产阶级腐朽思想，坚持以邓小平同志改革开放，建设有中国特色社会主义理论为指导，形成有时代特色的社会主义新型行政思想。同时，要积极吸收借鉴中外历史上一切优秀的行政思想，如中国古代行政思想中的经世致用、自强不息、天下为公的思想，近现代西方法治、实效的思想以及不断更新的管理思想和管理理论，如侧重制度结构研究的早期组织理论，侧重人的社会心理关系研究的行为科学组织理论，侧重社会整体联系研究的系统论组织理论等，着重培养现代化行政管理需要的创造性、开拓性的行政思想，使整个行政思想朝着高效、开拓、开放、法制的方向发展。

行政心理。大量运用现代管理心理学，端正行政动机，改善行政态度，增强行政情感，改革行政习惯，保持公平的行政心理，确立正确的行政价值取向，建立真诚、乐观的行政情绪，加强行政心理的调适，着重运用组织管理心理学和行为科学的理论和方法，对行政人员进行心理辅导，使行政人员

的不良心理适应得到调适，心理健康水平和心理修养得到提高，以现代化行政管理的要求树立稳定、健康、和谐的行政心理，使整个行政心理充满活力和内聚力。

行政道德。在大力消除封建社会不良行政道德，加强社会主义行政道德建设的同时，积极挖掘和弘扬传统行政道德体系中的合理内核，如以群体为导向的行政价值观、以功绩为取向的行政规范，强调精政廉明的行政风范，注重反求诸己的行政道德修养方法。此外，还应借鉴、吸收国外行政道德中合理的、适合中国国情的成分，把高效从政、一心为民作为最根本的道德规范贯穿于整个行政活动中，做到在道德认识上，摆正行政人员与人民群众的道德关系；在道德感情上，养成行政人员对人民群众的爱心和高效满足人民群众的道德情感；在道德意志上，培养、锻炼行政人员具有克服困难去履行为人民服务的道德义务的能力和毅力；在道德信念上，养成行政人员的强烈责任感；在道德习惯上，养成崇尚高效、重视时间效率观念的道德习惯。

行政观念和行政意识。摒弃传统小农社会长期形成的狭隘和封闭、保守、依附观念，放眼世界，面对未来，在决策、执行上树立开放和进取、自主、服务的行政观念和意识。以行政管理现代化为目标，行政观念和行政意识建设的着重方向应是：由保守型到进取型，保守型观念和意识是以传统的秩序、宁静社会为土壤，而现代化的行政管理要求政府对动态多变的社会有全面的把握，只有进取型的观念和意识才能适应现代社会的发展；由封闭型到开放型，现代社会是开放的社会，要求相应的行政文化特征，只有具备开放、参与的行政意识才能管理日益国际化、市场化的现代社会；由依附型到自主型，依附型的行政观念和意识是对权威的崇拜和依附，除了机械地执行指令外，对其余事情漠不关心，中国社会的日趋改革和开放，人们自主观念、责任意识与日俱增，行政人员在职权范围内自主处理一切事务是现代社会的要求；由领导型到服务型，传统社会的管理与计划经济的管理虽然有别，但高高在上、管理一切的观念是相似的，市场经济需要服务型行政文化，转换政府职能，要求政府增强社会的服务意识和行为已成为中国行政文化建设的方向。

行政传统和行政习惯。大力消除几千年封建行政传统和习惯的影响，提倡行政民主，加强行政法制，重科学而非经验，重实效而非形式，重贤能而非亲故，增强行政的透明度和公开度，努力形成全社会参与行政决策和管理的习惯、氛围，造就社会监督行政决策与管理的机制。与行政管理的现代化相适应，行政传统和行政习惯的建设主要方向应为：由全能型到分化型，随着现代社会事务的日趋复杂多变，特别是社会主义市场经济体制的建立，政府所承担的只应是其中的一部分，相当部分职能要由社会自身不同性质的组织来行使，政府不能过多干预，分化型是现代行政管理向参与型、服务型发展的必然要求；由松散型到效能型，现代化的行政管理讲究的是成本和效率，在市场经济日趋成熟和国际化竞争的冲击中，科学定编、裁减冗员、增强服务、提高行政效率、节约行政成本成为 21 世纪行政管理追求的目标；由集权型到参与型，参与型不仅是以行政主体积极参与为特征，而且行政客体对主体的行为内容及方式也会积极施加自己的影响，现代社会的发展日趋强调参与型的管理，强调被管理者的能动作用，为适应现代化行政管理的需要，我国参与型的行政文化中，不仅要包括行政主体对决策活动的影响与参与，而且还包括行政活动的社会受体对行政活动的影响与参与；由人治型到法治型，现代化的行政管理讲的是法治，强调法的至上性，要求制定完善的行政法规，依法行政，对行政权力的拥有进行明确的界定，对行政权力的行使进行严格的规定，这是行政管理现代化的必然要求。

行政管理的现代化不仅是行政技术手段的现代化，更是行政文化的现代化。因此，行政文化建设必须以现代化的行政管理为依归，形成自觉的行政意识，开放的行政观念，优良的行政传统，良好的行政习惯，科学的行政思想，正确的行政价值，积极的行政理想，健康的行政心理，高尚的行政道德。当然，建设现代化的行政文化，对行政文化的整合与再造，绝不意味着否定我国传统行政文化的合理部分，而是在继承、弘扬我国优秀行政文化的同时，借鉴外来文化，从国情出发，积极吸收中外现代科学文化中合理的行政文化因素，创立有中国特色的社会主义现代行政文化。

二　行政伦理

（一）伦理和道德的区分

伦理，是关于道德的学问。所谓道德，"就是指人类现实社会中由经济关系所决定，用善恶标准去评价，依靠社会舆论、内心信念和传统习惯来维持的一类社会现象"。作为特殊的行为规范，道德的本质是自律，伦理是道德发展的高级阶段，是自律和他律的统一。伦理作为一种道德关系，不仅包含应该怎样的思想和行为，还应包括为什么要有这样的思想和行为，即思想和行为的正义性。所以，从严格意义上讲，伦理要高于道德，伦理要突出"条理"，更具理性层次，更具概括抽象性。当然，在现实生活中，人们常常认为道德和伦理是同样的内容，这里简单的区别是行文分析的需要。

伦理和道德，在中国通常的理解是相通的，使用上也是混同的，但是，严格地说，二者是有区别的。其一，伦理是道德发展的高级阶段。其二，伦理是法与道德的统一，法律的基本特征是他律，道德的基本特征是自律，而伦理是行为规范的他律与自律的统一，客观性与主观性、外在性与内在性的统一。其三，伦理是道德活动、道德意识和道德规范诸现象的统一①。黑格尔的以实现自由为最高道德理想的伦理学理论认为：法是客观外界的法，是抽象人格的定在，是意志的普遍性：道德是主观内心的法，是自我的特殊规定；伦理则是客观法与主观法的统一，它调整主观与客观、内在与外在、普遍与特殊之间的关系，并在伦理的关系中实现人格的定在。这三个阶段不是孤立的、并列的，而是有机联系的、由低级向高级不断丰富和充实的过程。从抽象法的外在规制阶段，经过内化为道德的阶段，最终升华为伦理的阶段，就是伦理实践的过程②。

（二）行政伦理的概念

对基本概念界定是进行系统理论研究的基础。行政伦理是行政学和伦理学的交叉学科，在行政伦理研究中最基本概念就是行政伦理和行政道德。

国外行政伦理学研究，早在 19 世纪行政学初创阶段就已经提出。自 20 世纪 90 年代中期以来，我国学界的研究日益兴盛，论文、专著不断面世，如专著有王伟等《中韩行政伦理与廉政建设研究》，张松业等《国家公务员道德概论》，徐颂陶等《行政伦理学》，张康之《寻找公共行政的伦理视角》等。

作为一门新兴学科，一方面，几乎每一个研究行政伦理学者都必须对基本概念作出自己的解释；另一方面，对行政伦理和行政道德进行学理区分也是进行具体研究理论之必然。当然，行政伦理和行政道德区分并不是在任何情况下都是必应。一方面，二者理论内涵有很大交叉，另一方面，在一些特定理论场景中，二者差别是可以忽略的。

---

①　王伟：《行政伦理界说》，《北京行政学院学报》1999 年第 4 期。
②　教军章：《行政伦理的双重维度：制度伦理与个体伦理》，《人文》2003 年第 3 期。

　　关于行政伦理，从伦理与道德关系角度出发，一般都同意这样的看法，即行政伦理就是关于行政道德学说。具体涉及行政伦理理论内涵指认时，则分歧较大。有人认为"行政伦理是研究行政机关及公务员道德理念、道德准则、道德操守的学说，包括两大部分：一是行政机关整体伦理约束、导向机制，二是行政机关人员，即公务员伦理观念及操作"。也有人认为行政伦理是"关于公共行政系统以公正和正义为基础行政伦理价值观、行政伦理理论原则和行为规范的总和"。还有人通过对法、道德与伦理比较，行政、公共行政与行政伦理比较，认为"所谓行政伦理，就是行政领域中的伦理，准确地说是公共行政领域中的伦理，也可以说是政府过程中的伦理"。而行政伦理"没有属于自己独特领域，它渗透在行政、公共行政与政府过程方方面面，体现在诸如行政体制、行政领导、行政决策、行政监督、行政效率、行政素质等方面，以及行政改革之中"。

　　关于行政伦理的概念界定，学者们做了大量的研究和探讨。基于对行政的不同理解，目前国内学者对行政伦理的认识主要有以下几种观点①。

　　动态说，有人把行政解为一个动态的过程，因而认为从动态过程的视角，认为行政伦理"渗透在行政、公共行政与政府过程的方方面面"②，行政伦理"就是行政领域中的伦理，准确地说是公共行政领域中的伦理，也可以说是政府过程中的伦理"③。这种理解不是简单地把行政伦理看做行政人员的职业伦理，而是看到了行政过程的重要性，认为行政伦理"渗透在行政、公共行政与政府过程的方方面面，体现在诸如行政体制、行政领导、行政决策、行政监督、行政效率、行政素质等等，直到行政改革之中"④，更是把行政伦理置于一个动态的过程之中，认为行政伦理"就是关于'治国'的伦理。它是执政党、国家机构和全体公务员所应遵循的伦理道德要求的总称，融合在治理国家与公共行政的方方面面，体现在诸如行政体制、行政领导、行政决策、行政执行、行政协调、行政监督、行政效率、行政素质之中"⑤。也就是说，凡是有行政的地方，都有伦理问题的存在。伦理在本质上和人的利益相关，而行政更涉及不同利益的平衡，因而行政和伦理在本质上是相通

---

① 　王锋、田海平：《国内行政伦理研究综述》，《哲学动态》2003 年第 11 期。
② 　王伟：《行政伦理概述》，人民出版社 2001 年版，第 63 页。
③ 　同上。
④ 　同上书，第 64 页。
⑤ 　李丽：《论行政伦理建设》，《湖南大学学报》（社会科学版）2001 年第 1 期。

的。这种观点的不足之处在于，它把行政当做一个不证自明的事实性存在，而行政本身恰恰是不自足的，行政本身的合理性需要从伦理中获得证明。此外，这种观点也无法说明行政与伦理结合的内在学理根据。

静态说，有人从静态的角度理解行政，认为行政是行政人员对国家公共事务的管理，行政伦理就是"国家行政机关及其工作人员在权力运用和行使过程中的道德意识、道德规范以及道德行为的总和"①。这样，行政伦理就是行政人员的职业伦理。行政的主体是行政人员，不论是行政决策、行政执行，还是行政监督，最终都要由行政人员来落实；行政人员的品行、道德如何，对行政行为具有重要影响。在这个意义上，行政伦理确实是行政人员的道德。我们认为，这种理解也存在一定的缺陷，因为行政还包括行政组织这种制度化的存在，如果将行政伦理仅仅理解为行政人员的道德，至少是不完全的。虽然这种观点提到了行政伦理也包括行政制度的道德，但因为对行政伦理本身的理解导致了他们在随后的论述中无法顾及行政伦理的后一层含义，从而在事实上放弃了行政伦理的后一层含义②。

综合来说，有人从内涵与外延两个方面探讨、界定了行政伦理的概念。就其内涵来说，"特定的利益关系原则是行政伦理的本质所在，特定的权利义务关系是行政伦理最基本的组成要素，特定的主体性价值是其基本结构，特定的约束机制是其基本功能，特定的范畴构成其基本体系，特定的文化内涵又反映了行政伦理发展的基本机制"③。就其外延来说，行政伦理包括公务员的个人品德、行政职业道德、公共组织伦理和公共政策伦理④。相比较而言，这种看法拓展了行政伦理研究的视野。

和谐说，认为"行政伦理就是指国家行政机关及其工作人员在权力运用和行使过程中的道德意识、道德规范以及道德行为的总和。也就是说行政伦理就是行政人员的职业伦理，行政人员的品行、道德对行政行为都具有重要的影响。在我国，公务员作为我国的行政人员，他的道德素质的高低直接关系到对党和国家的各项路线、方针、政策执行的状况；直接影响到行政效率的高低以及行政目标的实现情况；同时也直接影响到社会公德的履行和和谐

---

① 吴祖明等：《中国行政道德论纲》，华中科技大学出版社 2001 年版，第 3 页。
② 同上书，第 4 页。
③ 张国庆：《行政管理学概论》，北京大学出版社 2000 年版，第 522、526 页。
④ 同上。

社会的构建"①。这种观点就是把行政伦理置于和谐社会这一特殊的社会背景之下来考察的，具有深刻的时代性、现实性。

我们认为公务员行政伦理同时具有动态说、静态说和和谐说的主体性、价值性、历史性、时代性等各种特征，应把它放在一个立体的考察纬度，更适合或更有利于我们思考，要以"勤政、人格、民主、公正"② 为价值背景来理解公务员行政伦理。因此，可以这样来界定公务员行政伦理，行政伦理指的是行政主体（包括国家行政机关及其公务员）在行使公共权力、从事公务活动（管理公共事务，提供公共服务、履行行政管理职责活动）中，所形成、确立并应遵守的伦理理念、伦理行为、伦理规范等。行政伦理的概念应包含三个方面的基本内容，它是行政道德规范、行政伦理制度和行政伦理价值导向的有机结合。从严格的意义上来说，公共伦理与行政伦理在主体、范围、内容和形式上也有所不同，在公共管理领域，以政府和公务员为行政主体，讨论伦理建设问题，将其通称并用。由此，对行政伦理的含义，可以从多个角度进行分析。

从价值主体的层面上看，可以分为政府和公务员两个主体层面：在公务员个体作为行政伦理主体的层面上，行政伦理是指公务员的行政伦理意识、行政伦理活动以及行政伦理规范现象的总和；在政府组织作为行政伦理主体的层面上，是指行政领导集体以及行政机关，在从事各种公共行政诸如领导、决策、管理、协调、控制、服务等事务中应遵循的各种伦理规范、伦理活动的总和。从政治性角度分析，行政伦理是执政党政治理想、政治信念在行政管理领域的体现，本质上就是一种政治道德，如中共中央强调"领导干部一定要讲政治"，就具有深刻的政治道德内涵。从层次性角度分析，行政伦理包括社会公共伦理（其本质是谋求公共利益最大化和实现社会公正）、社会主义道德和共产主义道德等多个层面，社会公共伦理具有普适性和基础性，任何国家的行政伦理都包含这一基本内涵，但是在我国，公务员不仅要模范遵守公民都需要遵守的社会主义道德，还要身体力行共产主义道德。从职业性角度分析，行政伦理是公职人员的职业伦理，在我国，行政伦理的核心内涵是全心全意为人民服务，"公仆"意识是公务员行政伦理的精神内核。从现实性角度分析，行政伦理的基本内容就是"廉洁奉公，勤政为民"。从

---

① 张国庆：《行政管理学概论》，北京大学出版社 2000 年版，第 522、526 页。

② 祝丽生：《困境与路径选择——论我国公务员行政伦理建设》，《理论探讨》2006 年第 5 期。

体系性角度分析，行政伦理包括了行政理想、行政态度、行政责任、行政技能、行政纪律、行政良心、行政荣誉、行政作风等基本范畴①。也有学者提出，要了解行政伦理的内涵，应当从两个方面把握：一是行政伦理是制度伦理和个体伦理的统一，制度伦理是以法规、制度的形式对行政活动的道德诉求，个体伦理是行政主体以自觉、内省的方式对个体道德完善的伦理诉求；二是社会意识和实践精神的统一，行政伦理不仅是一种特殊的社会意识，不仅是制度规范，而且是公职人员完善自身的实践活动②。

从这些定义中不难看出，对行政伦理内涵界定主要应是从行政伦理主体出发，即何为行政伦理主体，这里包含三个层次：一是作为公共行政个体主体行为人，包括通常所说的公务员、行政领导，以及涉及行政体制设计和改革、行政政策和法律法规制定和修改的有关人员；二是作为公共行政机关或集体主体，这里涉及公共行政机关制度架构伦理内涵，以及公共行政制度价值取向和伦理约束机制；三是作为公共行政政策本身也并不是完全持价值中立，不论是政策目的还是执行政策手段选择都涉及利益与价值问题，"与政治决策相关道德选择，是以这样的原理为基础，即作为安排人力、物力政治秩序，必须反映出对公正某种理解"。"公正道德职责，是考虑怎样才能平衡个人权利与社会需应，个人权利是指个人为自己做出选择权利，社会需应则指社会为了保障和平、秩序以及履行社会责任而限制个人自由。"相对于行政伦理理论而言，行政道德则比较具体，它主应涉及行政主体（包括行政个体和行政机关）实践活动规范及其价值取向，通过行政主体职能践行表现出来。有人把它概括为，行政道德"是由社会经济关系所决定，适应行政管理需应而产生，由行政公务人员内心信念、传统习惯、社会舆论以及法律义务等因素维系一种特殊社会道德现象"。也有人表述为，行政道德"是一种权力道德，是国家行政机关及其公务人员在权力运用和行使过程中道德意识、道德规范及道德行为总和"。因此，行政伦理和行政道德关系可以与伦理与道德关系类比，在这一点上，一般都没有什么分歧。

本书认为，在对行政伦理规范理解与研究中，主要应有现实和理论两个层面。在现实层面上，党和国家领导人有关阐述对理解行政伦理基本规范具

---

① 王伟、车美玉：《中国现代行政伦理建设与公务员行为规范》，《中国工商管理研究》1999年第 1 期。

② 刘湘宁：《行政伦理建设的价值取向及实践途径》，《求索》2005 年第 8 期。

有很强的指导意义。1998 年 3 月 24 日，朱镕基总理在国务院第一次全体会
议上的讲话中提出五点要求：第一，应牢记自己是人民公仆，全心全意为人
民服务；第二，应恪尽职守，敢于说真话；第三，应从严执政，不怕得罪
人；第四，应清正廉洁，惩治腐败；第五，应勤奋学习，刻苦工作。在十届
人大一次会议闭幕会上，胡锦涛同志以中华人民共和国主席身份提出"四项
要求"，也是关于行政伦理规范基本内容的准确、深刻概括：第一，发扬民
主、依法办事，坚持党领导、人民当家作主和依法治国有机统一，坚定不移
地维护社会主义民主制度和原则，维护社会主义法制统一和尊严。第二，忠
于祖国、一心为民，坚持国家和人民利益高于一切，做到权为民所用、情为
民所系、利为民所谋，始终做人民公仆。第三，继往开来、与时俱进，继承
和弘扬中华民族优良传统，学习和发扬我国老一辈领导人崇高品德，永不自
满，永不懈怠，开拓进取，不断前进。第四，严于律己、廉洁奉公，始终保
持谦虚谨慎、艰苦奋斗作风，为国家和人民夙兴夜寐地勤奋工作。从理论层
面看，由于各自理论视角不同，对行政伦理规范理解不同，所得出结论差异
也很大。其中比较具有代表性划分方法的是将行政伦理规范划分为：公务员
个人品德，即个人层面行政道德，主应指人格道德规范，如公而忘私、爱国
爱民、自省自律、诚实守信、谦虚谨慎、明辨是非、意志坚定等；行政职业
道德，如奉公守法、忠于职守、公正廉洁、团结协作等；行政组织伦理，主
应指跟行政组织程序与制度相关的伦理道德，如程序公正、组织信任、民主
责任、制度激励等；公共政策伦理，即公共利益和个人偏好之间的关系伦
理，涉及个人选择与社会价值之间的关系。而在众多研究者中，多数都把重
点放在了第一个和第二个方面，即公务员道德规范方面，除了对各种规范原
则进行仔细分析研究外，还有人对公务员道德规范形式和层次方面进行研
究。比如有人认为从形式上看，公务员道德规范可以划分为三类：一是国家
权力机关制定法律；二是党和政府制定有关党、国家机构和公务员行为标准
和活动政令、政策、条例、制度、规定、规则、守则等；三是长期存在于社
会活动中并被社会公认，为党、国家机构和公务员内心认可的纪律、习惯、
规矩等。其中前两类规范是成文，以党和国家强制力为后盾，采取法律手段
和行政手段强制执行，违者应追究责任，受到处分、处罚，甚至依法惩办。
而第三类规范大多是不成文，也有成文，是在公务员制度和行政法规中规定
规范，但大多不是附有制裁措施强制性规定，主应通过公众舆论、社会习
惯、内心信念等形式保证实施。

（三）行政伦理与个人伦理的区别

行政伦理是以"责、权、利"的统一为基础，以协调个人、组织与社会的关系为核心的行政行为准则和规范系统。行政职能、行政能力、行政效率等共同构成完整的行政行为。没有相应的行政伦理，行政行为就不能担负起它的应有作用。

行政伦理或者以行政系统为主体，或者以行政管理者为主体，是针对行政行为和政治活动的社会化角色的伦理原则和规范。无论是行政系统还是行政管理者，均具有作为伦理主体的客观依据，或者说具有伦理行为能力。第一，行政主体是社会化角色，具有合乎行政行为规范所要求的权力能力，行政职能的履行就是这种能力的体现。第二，行政主体具有接受伦理约束的特殊必要，这是由行政管理在社会生活中的特殊地位及其巨大影响力决定的。如果行政决策失误，就有可能使国家和人民遭受灾难。因此，行政受责任义务、伦理规范的约束是十分必要的。第三，具有为自己作出的行为承担后果的责任能力，只有具备履行行政义务和承担行政责任行为能力的主体，才能成为行政伦理的主体。

行政还由于它所固有的特殊性质和地位，决定了必然要在伦理上有自己的特殊要求和内在的规定性。行政伦理与个人伦理原则是不同的：（1）主体不同。一为行政系统和行政管理者，一为个人。行政系统虽是人建立的，行政管理者也是人，但本身却是非人格化的，它代表的不是个人的意志动机，行政伦理的动机代表的是社会的公共利益。（2）影响不同。个人伦理是一个人和其他人、与社会发生关系，实际受其行为影响的只是少数人；而行政伦理与所有人、或社会的所有成员发生关系，它的一举一动对整个社会所有人都关系甚大。（3）约束方式、依靠力量不同。个人伦理主要是通过良知和舆论起作用；而行政伦理除了舆论和内心信念起作用外，制度的约束作用也是更为重要的。（4）评价标准不同。行政伦理与个人伦理处在不同的领域，对行政伦理的评价，主要是看这一行政系统的实际功能和作用，看它实际指向什么基本价值，遵循什么正义原则，实际上在禁止什么，提倡什么，保护什么。

（四）行政伦理的特征

行政伦理是在行政领域内的道德规范和总则。

首先是行政道德规范，这是行政伦理内容中基础的部分，它与行政职业角色相联系，是职业道德的一种特殊存在形式。在这里，行政道德规范是从属于行政伦理范畴的，是其基础部分和重要内容，也就是说，行政道德是行政伦理的完整概念的重要组成部分，但只是其中的一部分。我们不能简单地将行政道德等同于行政伦理，更不能代替行政伦理。

其次是作为主干或中介环节的行政伦理制度或管理伦理制度，即组织、管理、制度方面的伦理，主要指行政伦理是一种组织化、制度化的伦理或伦理的组织化、制度化。它是以制度、组织或体制、政策等方式，有效反映和集中概括当前社会占主导地位的伦理意识形态。伦理是制度的重要内容，制度是伦理的外在形式，行政体制和组织就是按照一定的伦理制度维系和联结的。行政伦理制度，是行政伦理的内在环节和中介环节，是行政伦理存在和作用的制度保证，也是伦理建设的难点和重点之所在。

其三是作为核心内容和根本的价值观念模式。指的是行政伦理是承载着一定价值观念的伦理观念模式，并为社会提供一套集中表达社会占统治地位的意识形态的伦理价值模式。在行政伦理体系中，如果说行政道德规范是基础，行政伦理制度是主干，那么行政伦理价值观念则是整个行政伦理的灵魂和导向。以伦理价值目标来导向、调控行政主体自身的行为，是行政伦理的最重要特征，是公共行政建设的重要内容和途径。

三　行政效率

（一）行政效率的概念

效率（efficiency）一词在英文中一般理解为"投入产出的比例关系"，一般也称为机械效率或技术效率。行政效率是指国家行政机关及其行政工作人员在处理社会公共事务，履行行政职能和行政目标活动中所得到的结果与所消耗的人力、物力、财力、时间、信息、空间等要素之间的比率关系，即政府的投入与产出的比率。从一个政府的产出来讲，行政效率可以分为微观行政效率和宏观行政效率。微观行政效率可以用特定政府机构或公共组织提供相同单位的产品和服务所需要的相对成本来解释，即具体行政单位管理和服务活动的产出和投入之间的比率。宏观行政效率可以用不同国家中不同的制度安排所引起的总体发展速度来解释。其中，制度安排包括政府与市场、政府与第三部门的相对规模和相互关系，政府与社会的关系，政府结构和职能分工，政府的政策规则及其管理活动等；总体发展速度既包括经济增长率，又包括文化、教育、社会道德水平等方面的社会发展速度。

（二）行政效率的特征

行政效率除具有效率的一般特征外，还具有以下特征。

第一，行政效率的价值判断性。行政效率不同于一般意义上的效率，关键就在于它在判断上具有价值性。这是因为行政效率是一个包括经济效益、社会效益等因素在内的综合概念。行政效率虽然也重视行政效果与所投入的工作量或所消耗的人力、财力和物力之间的比率，但是它已经变成了一个非纯粹自然科学的而且是社会科学上的复杂概念，因此，它理应包含着对一定时期流行的社会伦理、道德价值观的应有关怀。可见，行政效果的大小，不仅要看行政组织本身职能发挥得如何，组织目标实现的程度，而且要看其对社会经济发展和其他事业发展的促进程度的大小，看社会公众对行政管理活动的满意程度，没有社会效益的保证，再高的行政管理经济效益也是徒劳无益的。因此，行政效率不仅仅是一个单纯的数量概念，而且包含着对行政效果与行政投入之比较的主观社会价值判断过程。

第二，行政效率具有多层次性。行政管理活动的复杂性和多样性决定了行政效率的概念具有多层次性。根据行政管理活动的不同，行政效率可以分为各种不同的层次：从行政效率形式看，可分为具体行政效率和抽象行政效率，前者是由具体行政行为产生的，后者是由抽象行政行为产生的；从行政效率的范围看，可分为宏观行政效率和微观行政效率，前者是全局性的，后者是局部性的；从行政组织结构的层次看，可分为决策行政效率、管理行政效率和执行行政效率。决策行政效率是指决策部门即领导层的工作效率。管理行政效率是指中层干部解决和组织管理问题的效率。执行行政效率是指基层工作人员的工作效率。

第三，行政效率具有综合评价性。行政管理是一项庞大复杂的系统工程，行政效果是通过每一项具体的行政工作表现出来的，因此，作为最终评价的行政效率显然是对行政管理活动中各项工作的综合评价的结果，具体到行政管理活动，应该包括：计划是否可行，执行是否顺利，决策是否科学，机构设置是否恰当，人、财、物力的组织调配是否合理，指挥是否有力，控制是否到位，行政法规及措施是否正确，执行和实施是否坚决，等等。因此，行政效率是对各项工作量度与评价的综合。

第四，行政效率具有迟效性。行政效率的迟效性主要是由于行政管理活动的复杂性和超前性所决定的。大多数行政管理活动，特别是有关国家和社会发展计划的行政管理活动，往往比较复杂而且又具有相当的社会超前性，这些行政行为的效果显然在极短的时间内是难以显见的，其行政效率也因此难以准确把握。因此，行政效率具有一定的迟效性。

四　行政伦理的价值导向

关于行政伦理的价值导向，实际上是随着公共行政的实践和演进过程，在发生不断的变化。金太军从公共行政学术史的角度分析了西方公共行政价值的历史演变，从 19 世纪末期到 20 世纪初期，古典公共行政学派倡导效率至上的价值观，第二次世界大战以后，新公共行政学派的崛起，以"社会公平"为核心的价值导向。80 年代以来，新公共管理思潮，带来了"企业家政府"、"服务型政府"、"责任政府"、"市场化导向"等新的理念①。王伟认为，行政伦理的价值基础是廉政，价值核心是勤政，价值目标是培养和完善行政人格②。唐志君提出行政伦理建设的价值取向可以分为谋取公共利益最大化的基础价值取向，健全对行政伦理主体的责任控制机制的核心价值取向，维护社会公正的根本价值取向，构建行政伦理人格的目标价值取向③。这里，虽然关于基础、核心、根本和目标的区别显得模糊，但是，基本概括了公共行政的价值取向的基本内容。总的来说，政府应当有效地充当社会公共利益代表，而社会公共利益并非纯粹现成的"铁板一块"，也不是各种社会主体的个别利益的简单相加，需要政府集中、整合各种社会主体的利益，所以，谋求和维护公共利益，承担和履行公共责任，公平公正地处理公共事务，应当是行政伦理的最基本的价值取向。

关于行政伦理的价值取向，是指行政组织和公职人员在履行职责过程中所追求的价值目标和所遵循的价值标准，如果脱离行政伦理的价值取向，行政伦理建设就失去目标和动力，成为一种旁观者的评价尺度。行政

---

①　金太军：《西方公共行政价值取向的历史演变》，《江海学刊》2000 年第 6 期。

②　王伟：《行政伦理论纲》，《道德与文明》2001 年第 1 期。

③　唐志君：《论行政伦理建设的价值取向》，《行政论坛》2001 年 3 月号。

伦理的价值取向，中西方有所不同，西方思想家特别强调的理念是民主、主体性与主体间性（主体性强调了个人价值，主体间性强调的是个体间的关系）、批判性思维（保持独立审慎的态度处理有关行政伦理问题），中国思想家所突出的理念则是社会关系的稳定与和谐，而中西方共有的行政伦理理念是正义、平等、参与和自治①。约翰·罗尔斯的《正义论》认为，正义的基本原则是自由、差异和机会均等，由此推导出的结论是，一切社会的主要资源——自由、机会、收入、财富和尊严等都必须平等地分配，"正义"意味着正直、公平、公正无私、完美与诚实。亚里士多德认为正义是在他人身上实践美德，并且与真理、事实和理性相一致。平等，意味着公务员不应有任何特权，也不能滥用权力给任何人以特殊待遇。参与和自治，意味着公众有权参与公共管理事务，监督公务员的行为，维护自身的合法权益。这些基本价值，实际上是从公共管理实践中形成并提炼出来的，所以，尽管中西方在社会制度、社会经济发展水平、意识形态方面存在着差异，但是，只要从事公共管理领域的活动，就需要调整该领域各种伦理关系的基本准则。

五　行政伦理的范畴体系

　　行政伦理的范畴体系，是指行政伦理体系的基本框架，也是行政伦理建设的基本内容，主要包括：（1）行政理想，其核心内容是引导各级政府和全体公务员努力履行职责，全心全意为人民服务；（2）行政态度，是行政机关和公务员对社会公众履行行政义务的基础；（3）行政责任，是各类行政机关的群体责任与公务员的个体责任，是自觉意识到的行政责任；（4）行政技能，是政府能力与公务员素质的重要构成，是行政管理专业化的核心内容；（5）行政纪律，是公共行政顺利进行的制度保证，是行政伦理的制度化；（6）行政良心，是对行政责任的自觉意识，左右着行政行为的方方面面成为公共行政的重要精神支柱；（7）行政荣誉，是行政主体履行行政责任之后获得的社会肯定性评价，也是自身内心的精神价值认同；（8）行政作风，是行政主体长期、稳定的行政行为方式和习惯表现。

---

　　① 李晓光：《有关行政伦理责任理念的几个问题》，《胜利油田党校学报》2004 年第 1 期。

六 行政伦理的功能

　　行政伦理的功能集中表现在三个方面，一是监督功能，这主要是通过健全法制，以法律法规形式确立行政伦理规范，建立有效的责任和监督机制，实行广泛的公众参与和社会监督体现出来的；二是指导功能，这是通过公共行政组织的领导人的率先垂范和身体力行，可操作的行政伦理行为守则和公职人员大量的职务行为体现出来的；三是管理功能，这是通过建立行政协调机构和运用行政伦理规范，给予公职人员以公平公正的待遇和保障，制约其不当行为表现出来的①。

七 在公共行政的演进中看行政伦理研究的实践意义

　　中国人民大学公共管理学院张康之在其撰写的《在公共行政的演进中看行政伦理研究的实践意义》② 一文中提出，从公共行政的发展历程来看，特别是从工业社会向后工业社会的转型过程中，行政伦理研究变得越来越重要。但是，就社会治理模式从公共行政向公共管理变迁的历史趋势来看，行政伦理研究又具有过渡的性质。

（一）行政伦理研究的兴起

　　近些年来，人们对行政伦理研究的兴趣越来越浓厚。可以相信，行政伦理学将成为推动整个公共行政学科及其理论发展的一个新的"动力源"。行政伦理学将会成为公共行政学科体系中最为重要的分支学科，行政伦理学的研究将会为整个公共行政学科提供全新的理论支柱，并通过公共行政学理论范式的变革作用于公共行政的实践，重塑公共行政体系、制度、行为模式，以及为公共行政的实践确定一个全新的方向。

　　自 20 世纪后期以来公共行政实践中的各种各样新的迹象都一再地向我们展示了行政伦理研究的意义：

　　第一，从控制导向向服务导向的转化。当公共行政走出控制导向的时

---

①　王伟：《行政伦理论纲》，《道德与文明》2001 年第 1 期。
②　《湘潭大学学报》2005 年第 5 期。

候，即用服务导向取代控制导向的时候，它虽然还需要得到科学和技术的支持，但伦理化的问题毕竟提出来了。

第二，从效率导向向公正导向转化。从 19 世纪 80 年代公共行政开始成为管理行政的主流以来，效率问题渐渐掩盖了公正问题。近一个时期以来，公共行政的公正责任又被人们提了出来，不仅要求公共行政在政治意义上担负公正责任，而且要求公共行政同时也要在伦理的意义上担负公正责任。

第三，在工具研究中引入价值的视角。20 世纪的公共行政学沿着科学化、技术化的方向发展，突出了工具研究的意义。在 20 世纪后期，这种状况发生了改变，人们越来越注意在研究工作中引入价值的视角。行政人员的思想观念、认识能力和道德素质等都是公共行政实践中的重要影响因素，甚至是决定性的因素。正是由于价值视角的引入，突出了行政伦理研究的意义。

第四，确立合作和信任的整合机制。合作和信任这两个概念是近些年来人们使用频率最高的概念。近些年来这种理念已经逐渐确立起来，但是，在实践中如何做出安排，还需要认真地探讨。而行政伦理研究恰恰是要探讨如何确立起公共行政的合作和信任的整合机制上来。

第五，在治理方式上谋求德治与法治的结合。在从工业社会向后工业社会转型的过程中，它需要得到德治的补充，这将是公共行政的重大转变。如何保证这一转变顺利地进行，如何把德治的愿望变成公共行政实践的现实，需要行政伦理研究来提供切实可行的方案。

第六，用行政程序的灵活性取代合理性。20 世纪后期，随着向后工业社会转型的启动，社会的复杂性和不确定性与日俱增。行政程序的合理性已经成了束缚行政人员手脚的制度设置。在这种情况下用行政程序的灵活性来取代行政程序的合理性已经势在必行。做到这一点同样需要行政伦理研究去开辟方向。

第七，用前瞻性取代回应性。政府在回应社会要求方面，往往会在较好地解决了某一方面问题的时候，也造成了很大的消极效应，引发了一些更大的、更难于解决的问题。当前的"风险社会"特征以及危机事件的频发，都是由于政府囿于回应性思路而造成的，唯一的出路就是用前瞻性代替回应性。而政府的前瞻性则需要有新的科学思路，这一思路也应当由行政伦理研究来提供。

（二）行政伦理研究的过渡性

行政伦理学将是一门过渡性的学科，就行政伦理研究以及行政伦理学这门学科的发展方向而言，它将会为一门更新的学科——公共管理伦理学所替代。

公共管理伦理学与行政伦理学的不同之处在于：行政伦理学主要集中在公共行政人员的职业道德方面的研究，而公共管理伦理学既是公共管理的职业伦理学，又是伦理学的一种新的形态。一方面，公共管理伦理学在社会治理的普遍意义上思考伦理社会到来的历史必然性，试图发现伦理社会所应拥有的全新的社会伦理结构，探讨社会治理制度伦理化的基础和基本原则，不同于行政伦理学的职业伦理学定位；另一方面，公共管理伦理学又把重心放在公共管理者的职业道德研究上，对行政伦理学又有着继承关系。

对于公共管理学的学科体系建设来说，公共管理伦理学的研究是一项基础性的工作。公共管理伦理学的首要任务是阐述公共管理的服务理念和活动原则，是在服务宗旨下探讨其实现的制度保障手段的可行性等问题。服务理念是公共管理的精髓，而对这一精髓的解读恰恰是由公共管理伦理学来承担的。其实，公共管理伦理学的基本任务就在于揭示公共管理这种新型社会治理模式的服务理念，思考这种服务理念转化为制度设计和制度安排的可能性，发现公共管理者在公共管理活动中贯彻和落实这种服务理念的现实途径。也就是说，对于公共管理学的学科体系建设，公共管理伦理学的研究担负着为整个学科体系确立基本原则和指导思想的任务。

八 行政伦理学应关注的四个重大问题

美国南加州大学公共管理学院教授特里·L. 库珀在《公共行政评论》（*Public Administration Review*）[①] 上发表文章认为，行政伦理学的发展必须倡导对该领域内重大问题的关注，以及学者们在此类研究中的合作努力，作者提出四个值得关注的重要问题：公共行政伦理学研究的规范性基础、全球化、组织、设计、平等问题。

---

① 转引自《国家行政学院学报》2005 年第 3 期。

（一）公共行政伦理的规范性标准是什么

有人简单化地将这一问题表述为："政府应该根据谁的道德标准进行道德抉择？"这种提问方式隐含了一种假设，即在面临道德选择时，我们只能向自身寻求个人的道德标准来进行判断。大多数人都不认可也不理解在个人自身的道德视角之外，还存在着另一种道德视角，即"职业道德"的视角。这种现象的产生可能部分应归因于行政伦理学研究在某些方面的欠缺，即未就该专业领域内具体有哪些规范性标准的问题形成清晰统一的认识，自然也就无法为人们提供公认的"公共行政的职业道德准则"。而且，由于公共行政职业精神的内涵并不明确，使得大多数人的思维局限于职位责任和工作责任，而很少考虑到其作为公共行政从业者所应该承担的职业责任。由于职业精神的缺乏，使得公共行政从业者很容易屈从于组织和政治命令的支配，所以我们在寻求"应该以谁的道德标准为准则"。

从过去30年有关行政伦理方面的学术著作中，可以提炼出五项规范性标准，为公共行政实践提供明确的道德指向，它们是政治价值、宪法理论及社会基本思想；公民理论；社会平等；品德，或者说是"以性格为基础的道德"；公共利益。

1. 政治价值、宪法理论及社会基本思想

约翰·罗尔提出，官僚的道德应该建立在美国宪政传统及该宪政传统所依存的政治价值之上，而这些政治价值则体现于美国的宪法及最高法院对宪法的解释之中。他认为，自由、平等和所有权是美国社会中最为重要的三个核心价值，而作为政治体系一员的公共行政管理者，更应该明确该体系的核心价值并确保自己能够遵守这些价值。

2. 公民理论

公共行政管理者的角色派生于公民的角色之中，他们是公民的代表，是职业化的公民，是受委托的公民。从这个角度出发，公共行政管理者的道德责任实际上跟美国社会中一个良善公民的道德责任是密不可分的。因此，公民理论将对以下一些问题的研究放在了重要的地位：公共行政应对公民具有回应性、要鼓励公民参与、公共行政机构对公民负有解释的义务，要将公民视为行政组织和个人忠诚的最终指向，要尊重公民个人的权利和尊严，行政决策和行为应力求审慎并足堪质询，提倡公民美德的养成，公共部门要致力于提供公共物品。公共行政人员在接受其所在的官僚组织层级节制的约束和责任的同时，亦需培养和加强他们作为全体公民代表所应遵守的基本的道德约束和责任。

3. 社会平等

行政伦理以社会平等为规范化视角并将其作为一个研究领域，得益于 20 世纪 70 年代开始的新公共行政运动。约翰·罗尔斯在其《正义论》一书中指出："公正"（justice）是政府的中心组织原则。为此，他还进一步提出了实现社会平等（equity）所应遵循的一整套具体的标准。自此，"平等"成为公共行政学研究的一个重要主题。很显然，它已经成为行政伦理主要的规范化标准之一。

4. 品德

品德显然是公共行政伦理标准化的基础之一。但是，在培养品德、对特定个人的品德进行评价以为录用和任命提供支持，以及创造有利于培养优秀品德的环境的过程中，行政伦理学者应该如何定位自己的角色或者是否应该在其中扮演某种角色，这都是有待我们研究解决的问题。

5. 公共利益

公共利益也许是行政伦理领域中认同程度最高的规范标准。笔者认为，公共利益应该在行政伦理学的规范性研究中占有重要的一席，它可以作为我们的道德指南并为我们提供基本的责任取向。它不断地提醒公共管理者要以共同利益而非有限的特殊利益作为自身行为的基础，并迫使我们不断地对自身行为进行反思。

（二）区域性的行政伦理准则如何与全球化的背景相适应

以上这些道德规范是针对美国的具体情况而提出来的。但现在越来越多的人更关心的是，这些道德规范能否适用于其他国家？是否存在全球性的行政道德规范？

通过对 20 世纪 70 年代以来签订的大量的国际条约、国际公约、国际协定、国际惯例和国际项目的文件的研究，可以发现其中存在一些共有的核心价值，包括：自主、自由、诚信、信任及稳定（Cooper and Yoder，2002）。全球化背景下国家和组织间相互依存性的不断增强，以及世界范围内朝着市场经济和民主政府方向的努力，是这五项道德标准存在的基础和背景。

值得指出的是，在我们研究的这些文件中，有关社会公平的价值并不常见。在许多发展中国家，当社会中的绝大多数人走向民主政府，如果市场主要由少数人支配，这种政治和经济发展的不平衡就会在政治上和经济上产生紧张。如果缺乏对社会公平问题必要的关注，这种不平衡会导致严重的不稳定和动荡的局面。

（三）如何设计组织，使其支持道德行为

自 20 世纪 60 年代，到行政伦理学作为一个研究领域存在之前，组织结构和组织文化在道德取向上并非是中立的。总的说来，官僚组织不仅不能很好地鼓励其组织成员按公共道德规范行事，反而常常会设置障碍。

有研究发现，组织成员将大部分权利都让渡给了组织，大型组织日益成为"小政府"，而个人则日益成为"组织人"。组织通过对狭隘市场观的强调，使其成员热衷于追逐经济利益的最大化，而排除了所有道德和法律因素，以及组织之外其他各种重要因素的考量。组织日益支配着其成员的生活。

从搜集的各类例子中，反映出的最具普遍性的问题是：组织化的层级节制，更多的时候是一种组织文化，往往会成为道德的阻碍，而且还会惩罚那些意欲按照道德规范行事的个体，有时候仅仅是提出类似的建议也会受到惩罚。

因此，行政伦理学能否通过研究，设计出一套能够允许并支持有关道德考量的意见存在的组织体系，制定鼓励道德行为实施的相应政策，对敢于直言批判和揭发不符合公共行政价值行为的人，还要考虑如何保护其不受打击报复。在现阶段我们可能很难明确这种组织设计的具体原则和措施，但 19 世纪末和 20 世纪初美国渐进改革运动的实践证明，制度设计的路径的确是非常有力的改革工具。当时，美国在全国范围内成立了独立的市立研究机构作为改革智囊团。它们站在改革运动的最前沿，打碎了地方政府陈旧的政治机器，设计确立了促进效率的组织结构和过程。或许我们也需要成立类似的机构，把致力于公共组织伦理问题研究的行政伦理学家、组织发展学家和行政组织中有思想的从业者团结在一起，以创造出能够支持道德行为的组织结构和组织文化。

（四）何时应平等对待所有的人，何时应区别对待

这个问题来自于无法消除的社会差别的存在。20 世纪的前半个世纪所进行的美国的渐进改革假定：为了实现对每一个公民的公平对待，我们必须以

同样的方式对待不同的公民。然而，20 世纪中期后不久，美国社会的差异性不断增强，此时，"同等地对待每一个人就是公平地对待每一个人"的公式已经显得过于简单化了。许多公民在面对大型的中心化的官僚组织提供的服务时，有时候反而会产生不公平的感觉。在这一对矛盾中，关键性的伦理问题在于我们有时候需要同等地对待每一个人，而有时候，为了实现公平，我们又需要对不同的人加以区别对待。

六年前，洛杉矶进行城市宪章改革，计划成立一个官方的邻里委员会系统，以加强市民与政府的联系，同样出现了有关"区别对待还是同等对待"的问题并引起了激烈的争论。首先，关于委员会所辖区域，是进行标准化的划分，从而使每个邻里委员会都有相同的人口规模还是允许人们自己决定委员会的规模，后者所产生的委员会可能在规模上出现很大差异。其次，是统一制定标准化的规章制度和组织结构还是允许各邻里委员会自主决定。绝大多数城市行政管理机构都积极提倡标准化，原因不外乎是管理的需要——效率和秩序，而选举产生的城市政务官员似乎也持同样立场，但他们是出于未曾言明的原因：控制和效率。

争论的最终结果是采取标准化和差异化混合的形式。为了在社会异质性特征显著的洛杉矶实现平等，允许邻里社区自主决定其社区委员会的边界、自己制定规章制度、自主决定财政责任体系；但是同时又在新城市宪章中设立了一项要求所有邻里社区共同遵守的标准程序。该程序要求委员会与该区域内的利益相关者进行积极而广泛的接触，要建立一套规章制度和具回应性的财政责任体系，以保证其工作的透明度。这套混合形式的最终目的是为了平等地对待全体公民。

在一个具有复杂多样性的社会中围绕公平定义而产生的问题，很容易引起人们的关注和争论，这也是我们从事行政伦理研究中遇到的最为困难的问题之一，但也为研究工作带来了更大的空间。

九　行政伦理学研究的意义

谈论 21 世纪的伦理学发展趋势及其研究范式的转型，是一个既有现实意义又有学术风险的议题。一方面，我们的生活世界的确随着世纪的更替而显露出万象更新的迹象。大处说，全球经济一体化和各种形式的政治、经济、文化之组织的区域化都明显加剧，人类公共性的道德问题日益凸显，诸如民族间的正义问题、现代社会的公共伦理问题以及生态环境伦理、生命伦理、科技伦理、信息网络伦理的问题，都已然迫在眉睫。毕竟，像超越民族国家边界的公共伦理问题、政治社会的制度伦理问题、环境污染、地球沙漠化速度加快、克隆人和器官移植的伦理正当性、网络黑客等道德伦理问题，已经超越了国界而成为当代人类社会面临的共同问题。它们即使不是前所未有的，也肯定是空前凸显的。这无疑给伦理学本身提出了崭新的研究课题，因之将必然左右今天和今后的伦理学理论研究发展。另一方面，这些新的问题是否必然带来伦理学研究范式的根本转变？却仍然是一个值得探讨的知识社会学问题。哲学是时代精神的精华。作为哲学的一个学科分支，伦理学当然会随着时代的前行而有所改变。但另一种说法同样值得注意：迄今为止，哲学家们所谈论的一切仍然在重复着柏拉图、亚里士多德（或许还有孔子、耶稣、佛陀）所谈论的问题，甚至在哲学知识和理论上也没有超越他们的境界。不用说哲学和伦理学这样经典的人文学知识谱系或理论图式，就像经济学、社会学一类的现代性社会科学知识体系，也具有它们各自独特而连贯的知识传统和理论系统。这种知识传统和理论系统的连贯性有时并不一定会随时更新，因势而变。原因是知识的增长和理论的延续有其自在独特的规律。既如此，任何学科的理论研究范式转型都可能是一件极为重大的学术事件，需要严肃对待。有鉴于此，我们更相信这样一种判断：伦理学及其研究范式的转型肯定会受到我们生活世界本身变化的影响，有时，这种影响也的确是根本性的。这一点对于像伦理学这样具有强烈实践性品格（康德的所谓"实践理性"）的知识体系来说尤其明显。但人类生活实践的变化在理论或知识层面上的反映并不都是直接"镜像"式的，毋宁说，这种反映更多的是过程性的、渐进式的。因此，我们在讨论 21 世纪的伦理学发展及其研究范式转型的时候，采取了一种我们自认为还算慎重的学术姿态。我们只是选择性地讨论了当代伦理学理论发展的几个值得注意的侧面，并力图通过这些侧面展示当代伦理学研究范式的某些明显变化。比如说，制度伦理和政治伦理的研究取向；伦理学的技术发展及其学理效应；当代生态环境伦理研究中所遇到的"环境正义运动"的新挑战；以及作为个案的现代宗教伦理的理论关切点等。当然，我们也试图从某一视角对当代伦理学发展和研究的整体趋势发表我们自己的见解。总之，我们没有刻意地追求某种程式化和总体化的谈论方式，而仅仅是通过表达我们自己的理论感受和判断，引起学界同志的关注和讨论，权作抛砖引玉之言。

　　人类的知识增长与其物质文明的进步总是相辅相成的。但这是否意味着作为体系化的知识学科、尤其像诸如伦理学这样的经典人文学科，也会随着人类文明的进展而产生根本性的知识结构或知识范式的转变？对此，人们一直存在着不尽一致的看法。确切地说，人们看法的分歧并不在于是否会发生这种转变，而在于这种转变究竟是何种意义上的转变？其转变的程度或性质究竟如何？很显然，人类的知识增长与知识积累常常是一而二、二而一的事情，不同只在于观察者或评估者所占的学术立场或理解意图。

　　通常说来，对于像伦理学这样的经典性人文学科来说，人们更看重其知识积累方面而非其知识增长方面。这是因为，一方面，学科知识的经典性或权威性主要源于其知识积累性效应，而道德伦理本身即是人类价值意识和价值规范的文化积淀，因而，作为以其为研究对象的伦理学知识也具有传统积累性的特性；另一方面，在人类社会的实际生活中，道德伦理本身以及作为其知识形态的伦理学的改变，往往具有特别明显的（相对于其他文化现象和知识体系而言）文化敏感性。这就是说，人们常常容易把道德伦理和伦理学知识的改变，看做是某个时代和某个社会发展重大文化价值转型或秩序变动的重要的、甚至是根本性的文化症候。与之相对，对于像经济学这样一些现代性的社会科学和诸如技术物理一类的现代技术科学来说，人们看重的则是其知识增长效应。原因在于，现代社会和现代人对于这些学科有着远为急迫和强烈的工具性实用价值的需求。这一点正是为什么现代社会特别强调知识创新、技术创新的重要理由之所在。可是，知识技术的创新与知识本身的积累是无法断然分离开来的两个风火轮，缺其一，则无其二。这是永远存在于传统经典学科与现代技术学科之间不可忽略的源流关系。

　　更为重要的是，知识的门类区分并非源自知识生产本身，毋宁说知识类型学的根源在于人类生活世界和生活方式本身的多样性。知识之源在于人的生活实践。我们不能说，哪一门知识学科比其他知识学科更为重要，但生活实践本身的运行规律和价值指向，肯定会在某一特定的时间和空间范围内，使得一些知识学科比另一些知识学科显得更为凸显，因之其知识生产或增长的速度也更快一些。这种知识增长方式的变化，同样是由人类自身的生活实践需求所决定的。但是，当某一生活实践发展与之相应的知识增长凸显到一定程度时，就会产生对某些其他相关实践和知识条件的要求。当代中国（乃至世界）社会经济生活经验的迅疾增长，似乎也到了这样一种需要其他知识条件支援的时候，伦理学就是这种被需求的友邻知识学科之一。

　　笔者曾经说过,我们这个时代和社会的基本特征是经济中心、文道边缘。也许这样的描述并不确切。"经济中心"不假,但"文道边缘"则不能一概而论,尤其是当我们把所谓"文道"不只是理解为经典意义上的文、史、哲一类传统文科知识,而是理解为一般意义上的知识科学的话。比如说,经济学、法学等"文道"就非但没有被边缘化,反而是借助经济中心和社会改革的热潮而变得显赫起来,成为当今文道的中心和热门。而且,当社会经济的结构性改革发展到这样的程度,即经济自身的结构性变化不仅突破了原有的框架,而且也已经处于新的结构性重建,包括经济制度和秩序的重建的关键时期,这时候社会法制(政治)秩序的重建就成为其能否取得最终成功所必需的制度条件之一,进而,社会道德伦理规范的重估和重整也就紧接着成为社会改革目标得以达成的充分必要条件。换句话说,社会法制秩序和社会伦理秩序是建立并确保社会经济秩序良性运转的充分必要条件。如果说在社会经济改革初期,思想理论和道德价值观念的解放更显迫切和必要的话,那么随着社会经济改革的不断深入和彻底,它对于社会政治法制和道德伦理的条件支援或支撑的需求就会变得日益高涨和急迫。

　　正是在这样的背景下,作为公共权力管理者的国家政府制定了"依法治国"与"以德治国"相结合的基本国策。作为现代公共社会的治理方式,德与法既具有各自不同的特点、范围、层次和功能,又具有共同的或相似的治理目标,这就是为社会的经济改革和发展,乃至为整个社会的现代化转型重建规范和秩序。也正是在这一背景下,伦理学理论或知识的研究开始发生悄悄的然而却是十分重大的范式转型。这一范式转型的重要标志和特征之一,就是作为现代规范伦理学之优先目标的社会制度伦理研究变得日趋重要。

第二章 国内外行政伦理研究现状概述

一 西方行政伦理探源——兴起、原因及其历史演进

（一）西方行政伦理研究的兴起

西方学术界对行政伦理进行系统且连续研究的时间并不很长，共识较多的观点认为始于 20 世纪 70 年代。按照特里·库珀的观点，判断一个学术领域研究是否成熟的标准主要有三条：第一，存在一个对该领域长期感兴趣的学者群体，且至少其中的一些人认为自己是这个领域的专家；第二，有连续性的出版物来推动理论的发展，包括书籍、核心期刊和会议论文等；第三，在大学职业教育课程中设立学术性的课程。

自 20 世纪 70 年代起，美国行政伦理学的研究在上述三个方面都发生了根本性的变化。首先，就学者和著述而言，在 70 年代之前尽管有一些零散的著述谈到行政伦理问题，但行政伦理并没有被作为一个主要的论题加以专门研究。只是在 70 年代之后，一些著名的行政学者（严格来讲是新公共行政学者）开始表现出对行政伦理的持续关注，这些人包括斯科特（Scott）、哈特（Hart）、哈蒙（Harmon）、沃尔多（Waldo）、弗雷德里克森（Frie-erickson）、罗勒（Rohr）等，他们发表了一系列行政伦理方面的论文并开展了伦理大讨论。这一时期产生了一些行政伦理研究的重要著作，如《职业标准与伦理：公务员工作手册》、《官僚伦理：法律与价值的探讨》等，至于有影响的论文则有数十篇。其次，就学术会议而言，ASPA（美国公共行政学会）全国会议中专门探讨行政伦理的会议在 70 年代之前仅有 3 次，而且每次只有一个主题会场；70 年代有 7 次；80 年代有 10 次，而且有时分会场多达 10 个。最后，从伦理教育来看，行政伦理课程最早开设于 1970 年，这

一时期有很多学者开始投入行政伦理教学的研究，公共行政学领域的第一篇专门探讨行政伦理教学的文章《行政伦理课程研究》就发表在这一时期（1976）。80年代以后，伦理教育得到进一步的重视，根据全国公共行政与事务学校联合会（NASPAA）的调查，1987年有31%—37%的高校定期开设行政伦理课程，远远超过1981年的21%，重点高校的开课比率更高，达到80%。以上事实表明，自20世纪70年代开始，行政伦理开始成为行政学的一个新兴的研究领域。

（二）西方行政伦理兴起的原因分析

行政与伦理本是截然不同的两个领域，那么二者是如何联系在一起的，也就是说，是什么原因促成了行政伦理的兴起呢？学者们从不同的角度对此进行了解释。凯瑟琳·但哈特从行政角色转变的角度给出解释，库珀从后现代背景对公共行政的影响进行了分析，而OECD 1996年的报告则从新公共管理改革实践对行政的冲击角度来说明行政伦理兴起。总结起来，大致可以将其整合成如下三个方面。

1. 价值定位的变迁

行政伦理学兴起的根本原因在于行政体系的核心价值发生了根本性的变化。传统行政以政治与行政的严格分野为基础，在此背景下，行政就是执行政策，其最高准则就是价值中立和效率至上。因此，对行政组织以及行政组织中的行政人员而言，经济而有效率地执行任务就是其全部职责。由于他们不参与决策，就没有在决策中进行价值判断和选择的机会，也不会遭遇各种价值冲突。自20世纪70年代开始，政治/行政二分的理论框架开始遭到猛烈的抨击，价值中立不再具有现实解释力，其挑战主要来自于两个方面：第一，行政人员的自由裁量权的存在。在决策中，由于专业知识在治理中的优势，使得行政人员实际上参与甚至主导了法律的制定和重大决策的出台；在政策执行中，由于法律所固有的不完备性，需要行政人员在很多情况下进行价值判断。正如斯·迈耶指出的，"大部分立法建议都出自行政机构，而且在贯彻实施过程中都受到行政机构多方面的影响"。第二，对行政职业重新进行的角色定位。由于社会对行政在治理中的决策职能越来越认同，行政职业的政治色彩不断强化，这就突出了行政伦理问题，即行政人员需要面临不同层面的价值判断和选择，包括职业准则与价值、组织准则、个人准则与价值、社会道德规范等，也就是说，职业意识的增强与变迁增加了行政人员伦理选择的难度。

2. 回应公众多元化需求的外部压力

库珀和登哈特都提到行政对社会需求的回应性问题。一方面，由于同立法机关相比，公众与行政机关的接触机会相对比较多，并且行政在社会治理中的政治角色不断得到社会的认可，因此，公众越来越期望行政人员而不是立法人员对他们的需求作出回应；另一方面，在后现代背景下，社会的多元化直接表现为人们需求的多样性与差异性，也就是说，现代社会没有"统一的公众"，传统的平等对待原则已无法适应形势的发展。如库珀所指出，"建立在官僚理性基础上的政府尽管在努力提供规范化的服务与产品，但它与不同文化背景的公民之间的关系越来越疏远了……标准化的政策、程序与多样化的、敢于直言表述自己观点的公民之间的关系越来越不协调了"。回应性的外部压力突出了行政人员价值判断与选择的困境，为行政伦理研究的兴起提供了外部动力。

3. 行政人员伦理自主性的内部动力

行政伦理自主性问题根源于组织控制的无所不在和行政人员多种身份认同之间的伦理冲突。威廉姆·怀特以组织伦理或者官僚伦理来说明组织外部控制对个人伦理自主性的压制状况：官僚伦理鼓励一种对组织的首要认同感，相信个人最终需要一种组织归属感，并以此为指导原则来解决个人与组织之间的冲突。组织伦理使组织对个人的压制在伦理上得以合法化。但在后现代背景下，行政人员角色的多样化，使得他们能超越组织伦理获得多种身份认同，这种认同包括职业身份认同、政治身份认同和社区身份认同等。当组织从公共服务中脱离出来转而为组织自身利益服务，或者为上级管理者的个人私利服务时，行政人员就需要在组织忠诚与其他的身份认同之间进行选择。在这种情况下，符合道德的行为往往表现为行政人员勇敢地应对不道德的上级和不道德的组织，从而保持个人的道德良知和对公共利益的终极责任。

（三）西方行政伦理的历史演进

西方行政伦理学的诞生与演进，同行政学研究的范式转换密切相关。我们可以在行政学范式转变的大背景下考察行政论理学的历史演进。大致来看，可以分为如下四个时期。

1. 传统行政：行政伦理遭受忽视时期

这一时期大致从 19 世纪 80 年代到 20 世纪 20 年代末，在行政学发展史中属于行政/政治二分法产生与成熟的时期。如果说行政伦理研究包括探讨行政行为的基本伦理构成和如何在操作层面上体现这种伦理结构的话，传统行政学则不存在对行政伦理结构的探讨，而是假定保证政府的效率就能保证行政行为符合伦理原则，因此，研究的重点就放在了如何实现这种效率上。浏览一下这一时期的著名学者伊顿、威尔逊、古德诺、威洛毕等的论著，就会发现他们的理论中都暗含着这样一个假设前提：不管行政要实现怎样的伦理目标，效率与科学原则是最有效的工具，甚至可以将效率与伦理行政（ethical public administration）画等号。不论如何看待效率与伦理之间的关系，四位学者都将实现这种理想的落脚点放在了公务员制度上。如果说传统行政学曾探讨过行政伦理的话，那么这种探讨仅零散见于组织人事理论当中，其核心是公务员制度的改革与完善。这一时期，关于行政伦理的研究主要集中在三个方面：（1）如何看待公务员制度所承载的伦理价值。虽然上述四位学者都十分强调建立基于功绩制且价值中立的公务员制度，但就该制度所传达的伦理价值却有不同的观点。伊顿认为公务员制度改革本身就是一种基础性的伦理行为，从原来腐败而专制的君主任命官员到以功绩和能力为标准选拔官员的转变，推动了"正义与自由"，"公务员制度不仅仅是处理公共事务的方法，更是一个国家政治公正与道德的标志与检验"。而威尔逊以及后来的古德诺、威洛毕等则认为效率是良好政府的标志，符合效率的政府就是符合伦理的政府，公务员制度的目的是效率而不是自由与公正。上述两种观点最终在制度设计上是一致的，都认为公务员功绩制是产生伦理行政的道德结构（moral structural）。（2）如何认识符合伦理原则的行政行为。公务员制度的伦理意义来源于政党分赃制的不道德。因此，道德的行政行为首先是脱离政党的利益争斗，保证行政人员的价值中立；其次，就是利用科学的方法采取有效的行为来执行政治领袖制定的政策。这些伦理行为是通过强化程序和制度等外部控制来实现。（3）如何看待个体在行政伦理中的地位。这一时期的学者基本上否定个人层面上的伦理意义。威尔逊认为，要在公共管理中保证行政行为符合伦理原则，不能指望通过教育和理性引导提升个人的品德的途径，对自由裁量权的结构化控制才是好政府的首要保证。威洛毕虽然也认识到个人美德比如诚实、忠诚、工作热情等在实现行政责任中的重要性，但他认为要对这些品质进行评估的难度很大，因此，个人伦理从属于组织的外部控制。

2. 政治与行政二分法受到挑战：行政伦理萌芽时期

从 20 世纪 30 年代到 60 年代末，是政治与行政二分法受到严重挑战的时期。这一时期的学者们认识到行政伦理研究的紧迫性和必要性，提出了行政伦理研究的发展方向，但就总体而言，缺乏对行政伦理的系统性研究，大部分著作的重点放在对旧行政模式的批判上。从探讨的主题来看，大致可以归纳为四个方面：（1）对自由裁量权的研究。对行政自由裁量权的深入研究，突出了行政伦理研究的必要性。对行政裁量权的认识经历了一个从否定到肯定，由消极限制到积极引导的过程。高斯指出，公共行政实践中存在着大量的自由裁量权，这就引发了行政人员应该就其裁量决定向谁负责以及负什么责任的问题。迪莫克指出，"我们在政治与行政的正式分化上走过了头"。他不仅注意到行政官员的自由裁量权几乎可以同司法、立法官员的权力相提并论，而且还预见到这种权力将呈现继续增长的趋势。对自由裁量权的研究最深入全面的是李斯（Leys）。与以前学者的观点不同，他认为自由裁量权不仅是立法模糊的结果，更是现代社会的一种积极性的需要，需要为其运用提供智慧，仅仅对其进行消极性的限制是不够的，还必须给予更多的伦理考量。他认为，伦理的引导需要针对不同的裁量权进行，因此他将裁量权分为技术裁量、社会规划裁量和缓解社会冲突裁量，并针对不同的裁量形式提出了伦理指导的建议。（2）批判效率与价值中立。迪莫克对效率在美国行政中的核心地位进行了批判，指出美国公民对行政效率的态度已经到了崇拜的程度，效率已经成为一种口号（slogan）。他认为公共行政应该重视以原则和价值为内容的行政哲学的研究，同时指出有必要拓宽行政哲学研究的范围，其内容应该包括忠诚、诚实、热情、羞耻以及所有一切有利于高效、满意服务所必需的美德和行为。对价值中立的批判同对行政人员政治责任的研究紧密相连。列维坦（Levian）在承认要限制政党政治对行政的影响的同时，特别强调行政人员需要忠诚于公民，献身于民主，主张对行政人员进行公民身份的教育和美国民主政治传统的熏陶。格德维尔（Galdwell）认为行政人员对宪法的责任优先于对一切法律的遵从，只要人们保持社会责任感和热爱个人自由，只要公共人员被杰斐逊所提倡的服务意识和自我约束所支配，美国就不必担心行政角色在当代的扩张。（3）对内部控制与外部控制的辩论。在采取何种途径来保证行政行为符合伦理原则的问题上，学者们分成了两个派别。一派以弗雷德里克为代表，认为要在复杂的组织环境下实现行政责任，光靠外部控制是不行的，主张通过职业价值、职业标准和伦理的讨论和教育，实现个人的内在控制，以内部控制取代或补充政治官员的监督和法律约束等外在控制。另一派以赫尔曼·芬纳（Herman Finer）为代表，认为内部控制无法满足人类对理性的追求，只有通过法律、各种规章制度和制裁手段等外部控制来控制行政行为。（4）对行政伦理内涵的探索。这一时期对行政伦理内涵的探讨并不系统，大致可以归为四类：对行政人员个人美德的重视；将职业规范与价值纳入行政伦理；将对公民的责任和对宪法的责任纳入行政伦理中；提出组织伦理的概念，主张兼以犹太教和基督教的价值作为行政伦理标准的基础。

　　3. 新公共行政：行政伦理正规化时期

　　20世纪70年代到80年代的新公共行政运动是行政学发展史中的一个重要转折点，其贡献在于对以往研究方法的批判和对伦理价值的全面而深入的探讨，而且更为重要的是，它促成了行政伦理学作为一个独立研究领域的形成。一群著名的行政学家们第一次在一个达成共识的伦理概念——社会平等下聚集在一起开展讨论。尽管这场运动为时不长，但它引发了日后学界对行政伦理核心价值的持续争论，从而推动了行政伦理研究的正规化。这一时期的研究大致可以从三个方面来理解：（1）批判实证主义的研究方法，主张用形而上学的方法去研究行政伦理。斯科特（Scott）和哈特（Hart）首先对组织研究中所采用的实证主义方法进行了攻击，认为传统实证主义研究把事实和价值分割开来，过分注重对事实的调查研究，而不愿意对组织作出价值判断，这种对形而上学研究的忽视必然导致"行政危机"的出现。由于在研究中缺乏哲学层面的反思，结果导致那些控制组织以及下级员工的高层精英们总是隐藏在暗处，无法对他们的价值选择和行政权力的合法性等道德因素作出正确的判断。因此，斯科特和哈特主张放弃实证主义，呼吁从哲学层面上进行价值研究，认为只有这样才能保证行政伦理的健康发展。（2）对社会平等的探讨。社会平等（social equity）是新公共行政的核心伦理概念，其基本内容主要受罗尔斯的正义理论的影响。学者们将罗尔斯正义的两条原则整合为行政伦理的价值基础，并阐发了这两条原则在行政实践中的具体意义。将正义理论细化并应用于行政学，使得行政伦理研究第一次走出了对公共利益等模糊概念的泛泛讨论，人们根据社会平等的具体原则来讨论具体的政策方案，以此论证了行政伦理在实践领域的重大意义。尽管社会公正最终并没有被接纳为行政领域的中心原则（仅是原则之一），但对它的探讨却为行政伦理赢得了前所未有

的合法性，并确立了其在理论和实践中的重要地位。(3) 对政体价值
(regime value) 的探讨。罗尔 (Rohr) 从历史中寻求其探讨行政伦理规范
基础的参照点，提倡以美国政治传统中的"政体价值"作为行政伦理的价
值基石。该价值存在于美国宪法中，行政人员对宪法的责任高于其他一切
责任。为做到这一点，需要对他们进行宪法传统教育，让他们理解宪法所
隐含的伦理价值。考虑到宪法解释的抽象性，他提出可以通过学习判例来
理解最高法院对宪法的解释，以此获得对宪法传统的感性认识。格德维尔
的观点同罗尔的相似，认为行政伦理的试金石就存在于宪法传统中，宪法
涵盖了一系列的价值前提，这些前提构成了美国公共生活的道德义务，这
些道德义务共同汇成了"公民信仰"。格德维尔将构成宪法根基的政治信
仰及其实际应用进行了提炼和归纳，从而拓宽了罗尔的研究范围。

4. 行政伦理的当代发展及未来方向

从 20 世纪 90 年代至今，行政伦理得到了前所未有的大发展。学者们对
行政伦理的各个主题进行了全面的研究，有些主题尽管在此前已被不同的学
者论述过，但这一时期的探讨更深入、更充分，其对行政伦理的研究无论深
度上还是广度上都是以往所不及的。从研究主题上来看，这一时期的研究大
致可以分为六类，即公民与民主理论 (citizenship and democratic theory)、德
行 (virtue ethics)、奠基思想与宪法传统 (founding thoughts and constitutional
tradition)、伦理教育 (ethics education)、组织背景 (organizational context)、
哲学理论与观点 (philosophical theory and perspectives)。从哲学思考、制度
设计到行为引导，从伦理价值的探讨到实施方法的选择，这些主题几乎涵盖
了行政伦理学研究的各个层面。更为重要的是，这一时期出现了对行政伦理
研究内容的归纳与整理，并对行政伦理研究的方法和途径进行了研究，就是
说，这一时期的研究开始重视对行政伦理体系的构建与反思，学者们试图从
整体上把握行政伦理研究的内容与逻辑。可以说，库珀的行政伦理手册就是
这样一种努力的表现。学者们在这一时期通过反思行政伦理研究的现状，对
未来行政伦理学的研究指明了具体的方向：(1) 虽然学界认识到行政伦理植
根于政体价值的必要性，但这种共识刚刚兴起，且方向依然不确定。既然行
政人员不可避免地具有政治性，一个规范行政伦理只能自一个规范的政治伦
理当中产生，因此对这种规范理论的研究需要引起人们的关注。(2) 有必要
对行政伦理行为进行经验主义研究。库珀指出，学界目前正在进行这方面的
努力，但仅仅处于早期的起步阶段。伦理学家和经验主义的方法论专家需要

更多的对话，需要进行项目合作，这样就可以进一步揭示影响伦理反思及组织行为的诸多因素了。（3）需要有讨论和展现研究成果的舞台。尽管《公共行政评论》和《行政与社会》上探讨伦理的文章有了显著的增长，但有必要创立一家专门探讨行政伦理问题的专业杂志。

对西方行政伦理的兴起、原因和历史演进的考察，是构建行政伦理体系的基础，从中我们可以发现西方行政伦理研究的主题，研究背景及其研究途径。这对于反思和建构中国行政伦理体系具有很重要的价值。

二　国外行政伦理研究综述

国外行政伦理学研究，早在 19 世纪行政学初创阶段就已经提出。1880 年，英国学者伊顿在《英国公务员考试》一文中就明确把公务员改革作为一个基本的道德行为。美国行政学家威尔逊在 1887 年发表"行政学之研究"，也认识到美国当时的文官制度对公共行政伦理的影响。作为学科范畴，1949 年，莫斯顿·马克斯出版了《行政伦理学与法律规则》，呼吁建立系统的"行政伦理学"。20 世纪 70 年代，美国行政伦理学作为一门独立的学科成立。影响最大的是特里·库珀的《行政伦理学手册》和《行政伦理学：实现行政责任的途径》。在行政伦理的立法方面，1958 年，美国国会通过了《政府工作人员伦理准则》。1985 年，在此基础上制定了《美国众议院议员和雇员伦理准则》。1978 年，美国国会两院通过了《美国政府伦理法》，"目的在于建立某种联邦政府机构，适当改组联邦政府，对联邦政府的工作进行某种改革，保持并提高官员和国家机关的廉洁性等"。《美国政府伦理法》共 7 万字，第一、二、三章分别为立法机关人员、行政人员、司法人员的财务申报规定，第四章是关于政府伦理办公室的设立及职能，第五章至第七章是关于"前受聘导致的利益冲突"等。1980 年通过《公务员道德法》。1989 年，通过《美国政府行为伦理改革法》，1992 年，美国政府颁布《美国行政部门雇员伦理行为标准》。美国国防部在 1987 年就颁布了长达 4 万字的《美国国防部人员行为准则》。在国际范围内，1998 年联合国经合组织理事会通过《改善行政伦理行为建议书》。在日本，1999 年和 2000 年相继颁布《公务员伦理法》和《公务员伦理规程》。韩国有关公务员伦理立法，已经形成一系列较为完整的法律体系，如《国家公务员法》、《公职人员伦理法》、《公职人员伦理实施令》、《公职人员伦理法实施规则》、《防止腐败法》等，对于公职人员的财产登记和公开、利用公职取得财产、公职人员申报礼品、退职公职人员的就业限制等作出具体规定。根据相关法律，韩国在国会、大法院、中央选举管理委员会、政府、地方自治团体等，分别设立公职人员伦理委员会，负责对规定的财产登记对象的财产登记事项进行审查等事宜。

总之，行政伦理在西方国家有着长久的历史，纵观西方国家的行政伦理发展历史，可以分为三个阶段：萌芽阶段、初步发展阶段和成熟发展阶段。

1. 萌芽阶段（19 世纪 80 年代末到 20 世纪 20 年代末）

最早认识到行政伦理问题的是英国著名学者伊顿（Dorman B. Eaton），1880 年他在《英国公务员考试》一文中很明确地把公务员改革作为一个基本的道德行为。而美国最早关注行政伦理的是美国行政学者威尔逊，他在 1887 年的《行政学之研究》中提到文官制度对公共行政伦理的影响。

2. 初步发展阶段（20 世纪 30 年代到 60 年代末）

1936 年，高斯、怀特和迪莫克合著的《公共行政新领域》一书问世。高斯（John Gous）主张行政官员应有较大的自由决定权，提出行政官员向谁负有自由决定权的责任和自由决定权的裁决责任的含义等；迪莫克（Dmock）也看到了自由权的增长，他也主张允许行政官员拥有更大的自由决定权，但他们绝不是要行政自由决定权的任意膨胀，而是主张对其控制。对于控制的方式出现了两种意见，即外部控制和内部控制，以赫尔曼·芬纳（Herman Finer）和卡尔·弗雷德里克为代表人物。

3. 成熟发展阶段（20 世纪 70 年代初至今）

这一时期对于行政伦理的研究到了成熟的发展阶段，从研究的数量和质量上都有很大的提高。约翰·罗尔斯（John Rawls LunWen）倡导社会平等，并且使之成为新公共行政运动的核心概念。专家学者们主要从四个主题对行政伦理进行了深刻的讨论：第一，公民权和民主理论；第二，德行伦理；第三，奠基思想和美国宪法传统；第四，伦理教育。

国外的学者开展行政伦理研究时间较长，而且在西方公务员制度建设中经过了实践的长期检验，其中的经验和教训，值得我们学习和借鉴。

三　国内行政伦理研究综述

20 世纪 70 年代以来，行政伦理受到了国际社会的普遍关注。在我国，随着社会主义市场经济的初步建立以及政治体制改革的逐步深入，行政伦理也越来越受到国内学术界的高度重视。我国行政伦理研究始于 20 世纪 90 年代，起步虽然较晚，但近几年来，学者们对包括行政伦理的界定、行政伦理学的性质和研究对象、行政伦理学的框架体系、行政的价值追求、官僚制、行政伦理的含义、意义以及在我国的建构和运作等一系列重要问题进行了较为深入的探讨，在某些问题上还提出了原创性见解。现试就其研究现状作如下综述。

（一）对行政伦理资源的梳理

行政伦理作为行政学或公共行政学与伦理学交叉学科，属于应用伦理学一个分支。在西方，行政伦理作为一门单独学科，奠基于 20 世纪 30 年代到 60 年代，当时由于行政科学和行政管理实践发展对伍德罗·威尔逊"政治、行政"二分学说产生了冲击，人们开始关注公共行政中"责任"、"效率"等伦理问题；形成于 20 世纪 70 年代，随着公共行政实践中伦理问题出现而逐渐引起人们重视，在随后作为公共行政理念变革"新公共行政运动"和"新公共管理运动"中，行政伦理地位与作用也不断提高和加强，相关理论研究也越来越多。而国内对行政伦理研究是与中国政治体制改革尤其是行政制度改革基本同步的，从 20 世纪 80 年代开始，90 年代以后，尤其是进入 21 世纪之后，随着行政理论不断发展，行政改革实践不断深入，对行政伦理研究也逐步展开并不断地深入。

从目前国内研究现状来看，理论成果主应有三种：一是包含在行政管理、行政学、公共行政学或公共管理学教科书中，或是作为其中一章，或是作为行政文化中一节；二是以论文形式探讨行政伦理问题，从中国期刊网检索情况来看，1994 年至 2003 年期间，题目中含有行政伦理论文有六七十篇，以行政道德为关键词论文有一百一十篇；三是以行政伦理或行政道德为题的专著，目前国内出版行政伦理或行政道德专著有十几本。从目前国内研究现状来看，研究内容主应包括这样几个部分：行政伦理理论资源，如西方行政伦理、中国古代行政伦理；行政伦理基本理论，如基本概念解释、行政伦理规范等；面向现实行政伦理，如行政伦理失范现象及其原因，行政伦理制度建设和行政伦理现实作用等。目前，我国行政伦理研究的主要问题是：行政伦理的视角分析，行政伦理的概念和范围，行政实践和发展中的伦理规范，行政制度和行政程序中的伦理问题，公共行政的道德化，行政人员的伦理修养及培养途径，行政伦理与以德治国的关系，等等①。

（二）对行政伦理含义的理论界定

理论界对行政伦理含义的界说，主要有以下几种观点。

1. 政府职业道德论

把行政看做一项职业，作为职业，它就应该具有其职业道德和职业规范。因此，所谓行政伦理就是政府职业道德。持这种观点的人较为普遍。

2. 文化合成体论

把行政伦理看做是社会政治规范的形态之一，是主导意识形态的基本价值观念和基本道德原则在行政领域的反映。因此，行政伦理就是在特定的文化系统内，由多种因素整合而成的行政文化和伦理文化的共同体。

3. "责、权、利"统一论

把行政伦理与公共责任相联系，认为行政伦理就是以"责、权、利"的统一为基础，以协调个人、组织与社会之间的关系为核心的行政行为准则和规范系统。

4. 行政主体论

认为行政伦理就是关于行政主体道德规范的总和。但由于对行政主体认同不一，也出现了两种不同的观点。其一把行政主体主要看做行政机关群体和公务员个体，因此他们认为行政伦理就是行政机关及其公务员的道德理念、道德准则、道德操守等。另一种观点认为行政主体不仅仅是行政机关和公务员等活动主体，还包括配合和参与行政活动的社会各阶级、阶层、团体等"行政相对人"和行政制度、体制、结构、程序等多种行政构件。据此他们认为行政伦理就是行政活动主体的德性伦理，行政相对人在参与和配合行政活动中所表现或必然具有的伦理要求以及行政制度、体制、结构、程序等行政构件的作用中所体现的制度伦理的总和。

5. 多维度界定论

还有学者从主体性、政治性、层次性、职业性、现实性、体系性等六个维度对行政伦理的含义作了阐释。即（1）从主体性角度分析，和"行政主体论"者第一种观点基本相同，不作赘述；（2）从政治性角度分析，本质意

---

① 史鸿文：《当前国内外行政伦理研究与推广的现状及意义》，《高校理论战线》2003 年第4 期。

义上，行政伦理也是一种政治伦理；（3）从层次性角度分析，行政伦理包括社会主义道德和共产主义道德两个层次的内涵；（4）从职业性角度分析，行政伦理的核心内涵是全心全意为人民服务；（5）从现实性角度分析，行政伦理的基本内容就是党的十四大所明确提出的"廉洁奉公、勤政为民"；（6）从体系性角度分析，行政伦理是包括行政理想、行政态度、行政义务、行政技能、行政纪律、行政良心、行政荣誉、行政作风等八个主要范畴的行政伦理体系。

（三）行政伦理学的研究对象、学科性质以及行政伦理学的框架体系

1. 行政伦理学的研究对象

代表性的观点有两种。一种观点认为，"行政伦理学要研究各种行政道德现象，并通过对行政道德现象的全面研究，来揭示行政道德的本质特征和发展规律"[①]。但由于这种观点对行政伦理的界定只是行政人员的职业伦理，这决定了其研究视野只能局限于行政主体个体的道德。另一种观点认为，尽管行政伦理学的研究对象既包括行政个体又包括行政组织，既包括公共政策制定又包括政策法律的执行等方面的价值选择的正与误、善与恶问题，但这些问题最终是行政人员在相互冲突的价值之间的选择问题，因而行政伦理学关注的焦点是行政人员的德性及其实践的价值选择[②]。我们认为，这种理解是不周全的，它把行政人员的德行作为其理论建构的基础。姑且认定这种理论假设成立，那就意味着不会有行政人员所面临的价值选择困境，因为理性行政人会在不同价值冲突中恰当地作出选择。这样行政伦理存在的必要性就值得怀疑了。这种把行政伦理学的视野限制在一个非常狭小领域的观点，值得商榷。

2. 行政伦理学的学科性质

学者们对行政伦理学作为一门新生的应用伦理学科这一点没有疑义，问题在于对应用伦理本身的不同理解。一种观点认为，行政伦理在本质上是一种政治伦理。这种观点认为，国家意志的表达与国家意志的执行的内在一致性，决定了历史上的政治与行政二分的种种企图都是不成功的，行政摆脱不了价值的纠缠，要受政治的影响。行政伦理学作为对行政伦理的研究，其性

---

① 吴祖明、王凤鹤主编：《中国行政道德论纲》，华中科技大学出版社 2001 年版，第 5 页。

② 李春成：《行政伦理学的研究旨趣》，《南京社会科学》2002 年第 4 期。

质也从属于政治伦理学，且行政伦理学本身是从政治伦理学和行政学中分化出来的，就其学科性质来说，当然属于应用伦理学的范畴①。有人认为行政伦理学属于应用伦理学。不过他们对应用伦理学的理解就是伦理学的基本理论、原理在不同具体领域的运用。按照这种观点，现代社会是高度分化的社会，社会分为政治、经济、教育、法律、军事、科技等领域，相应就分门别类存在政治伦理、经济伦理、教育伦理、法律伦理、军事伦理、科技伦理等不同的应用伦理学。这种观点至少存在两点失误：第一，它忽视了人类社会本身的不可分割性。社会是一个整体，它被划分为不同领域不过是人们的知识体系的一种反映而已，没有也不可能有一个不受政治、行政影响的纯粹的经济领域。第二，即使社会分为不同的独立领域的观点成立，它也没有看到各个领域的特殊性，没有看到行政伦理作为一门独立学科存在的特殊性，没有看到行政与伦理统一的历史机缘与学理上的依据。把应用伦理仅仅理解为伦理学的一般原理在各个具体领域的简单应用，在事实上取消了各门应用伦理学，也降低了一般伦理学的地位。行政伦理学不是伦理学的一般理论在行政过程中的简单套用，它有自己的特殊规定性。事实上，20 世纪 80 年代以来应用伦理学研究的异军突起、方兴未艾，从一个侧面反映了这种理解的缺陷。

3. 行政伦理学的框架体系

由于学术界占主流地位的观点是把行政伦理学看做是伦理学的一般原理在公共行政领域的具体应用，因此，行政伦理学框架体系的建构没有摆脱伦理学原理的模式。如果说伦理学原理是针对整体社会的一般性理论原则的话，那么行政伦理学的范围则仅局限于公共行政领域。一般伦理学有道德范畴、道德规范、道德选择、道德品质、道德行为、道德评价、道德教育和道德修养等，行政伦理学也不例外，它有行政伦理范畴、行政伦理规范、行政品德、行政伦理监督、行政行为的伦理选择、行政伦理评价等。因此，有人指出，行政伦理学的框架体系完全是伦理学原理的"克隆"②。

（四）行政的价值

一种观点认为，行政伦理的价值基础是廉政，行政伦理的价值核心是勤

---

①　朱贻庭主编：《伦理学大辞典》，上海辞书出版社 2002 年版，第 221—222 页。

②　可参见罗国杰主编《伦理学》，人民出版社 1989 年版；王伟等：《行政伦理概述》，人民出版社 2001 年版；吴祖明等主编：《中国行政道德论纲》，华中科技大学出版社 2001 年版。

政，行政伦理的价值目标是行政人格。我们认为，这种观点仍然局限于把行政仅仅看做是行政主体的管理活动，没有进一步追问行政本身存在的价值合理性。

朱坚强论述了行政效率的概念、内容和标准。他认为行政效率是"在圆满完成行政机关的使命与任务以及既定目标的基础上，投入和工作量与获得的工作效果之比"。在他看来，行政效率具有工具性价值。但行政是向社会提供公共产品和公共服务的，在很多情况下，它们很难量化。为此，他做了某些变通，即认为效率本身是不自足的，必须在其他价值的规定下才有意义[1]。

金太军从公共行政学术史的角度分析了西方公共行政价值的历史演变，分析了古典公共行政效率至上的价值观，新公共行政以"社会公平"为核心的价值观以及新公共管理以"企业化"、"市场化"和公共服务"质量"为核心的行政价值观之利弊得失[2]。

丁煌以新公共行政为切入点，分析了新公共行政的价值诉求。新公共行政对古典公共行政效率至上的价值观进行了激烈的批判。新公共行政认为，公共行政不仅是执行政策的工具，而且承担着广泛的社会责任。新公共行政强调政府提供服务的平等性；强调公共管理者在决策和组织推行过程中的责任与义务；强调公共行政管理的变革；强调对公众要求做出积极的回应而不是以追求行政组织自身需要满足为目的。效率是公共行政的价值追求和目标之一，而非其核心价值，更不是唯一的和终极的价值。现代社会中的公共行政要追求多种价值，比如安全、秩序、效率、公平等，其中社会公平是公共行政的核心价值。在新公共行政看来，效率和公平是相辅相成的，效率对公共政策来说，作为一种要追求的价值，本身并不是自足的，它必须受到其他价值的规定，即置于其所维护的价值体系当中才有意义。也就是说，真正的效率是建立在公平基础上的社会效率[3]。

张康之在梳理官僚制历史演化的基础上，从理论和实践两个方面对官僚制进行了反思。从理论上来说，官僚制的客观性是不可能的。官僚制所追求

① 朱坚强：《论行政管理效率观——兼谈我国行政管理效率的现状及其改观对策》，《东南大学学报》（哲社版）2000 年第 1 期。

② 金太军：《西方公共行政价值取向的历史演变》，《江海学刊》2000 年第 6 期。

③ 丁煌：《寻求公平与效率的协调与统一——评现代西方新公共行政学的价值追求》，《中国行政管理》1998 年第 12 期。

的客观化、形式合理性背后隐含着对人的否定。人是社会的最高价值，既是社会发展的动力，也是社会发展的目的。公共行政也不例外，它存在的合法性理由就在于对人的价值、人的尊严与人的权利的尊重和维护。但韦伯的官僚制的科学化、技术化的设计却从根本上否定人的价值，它把人当做一种工具，把人降低为物，从根本上否认人的价值与意义。从实践来看，官僚制并没有实现责任与效率的完美结合，反而在责任与效率问题上陷入更大的混乱。官僚制并不必然带来高效，也无法有效保障官员对公共利益的责任。特别是官僚因对管理知识的独占，在实际生活中形成了庞大的官僚集团，这使得官僚们有可能把这种管理知识作为谋取个人或集团利益的手段。因此，张康之认为，官僚制在理论和实践上都存在着巨大的矛盾，必须用人文精神来进行救治，即要超越工具理性，引入价值理性，在科学精神中加入人文精神，在公共行政领域即实现公共行政的道德化①。然而问题在于，官僚制的实践困境是在西方语境下出现的，我们不能忘记西方社会深厚的法治传统，官僚制的弊端在这种背景下可以只谈道德化的救治，这是以法治作为前提的。但西方文化背景下的解决方案有无普适性？对于像中国这样的晚发民族国家来说，长期以来就缺乏法治精神，缺少对法律的敬重感，西方国家出现的道德化救治方案是否有效，是值得进一步思考的。另外，官僚制的道德化救治方案，也没有看到现代社会的组织化趋势。随着各个民族国家步入现代化的历程，各个国家都不同程度地出现了组织化的趋势，在企业、政府、社会，几乎所有领域都采取了官僚制的组织形式，人成了组织人，组织对人的影响几乎渗透到各个方面。因此，在一定意义上可以说，只要选择了现代化，官僚制的弊端是人们不得不接受的代价。

（五）行政伦理的建构与实践

学者们还进一步探讨了行政伦理在我国的建构与实践问题。

1. 行政伦理建设的指导思想

关于行政伦理建设，理论界普遍认为必须以马列主义、毛泽东思想、邓小平理论、"三个代表"重要思想为指导。在学者们看来，毛泽东《为人民服务》、《整顿党的作风》，邓小平《党和国家领导制度的改革》、《关于政治体制改革问题》等一系列名篇和著作都对行政伦理和公务员的理想、信念等

---

① 张康之：《寻找公共行政的伦理视角》，中国人民大学出版社 2002 年版。

作了大量的论述，当前的行政伦理建设应当以其作为标准。江泽民"三个代表"重要思想，特别是代表最广大人民的根本利益，本身也是行政伦理建设的核心内容，所以也应该作为行政伦理建设的指导思想。

2. 行政伦理建设的价值目标

一种意见认为，当前，行政伦理建设的目标就是行政信用的打造。所谓行政信用，就是民众对行政组织、行政人员、行政活动、行政制度等信誉的价值评价，其核心是民众对行政行为的满意度和认同、归属等。现代行政伦理建设就是要打造以诚信为基础的行政价值观。另一种意见认为，行政价值关系是行政领域的基本内容之一。作为行政价值主体的各级党政机关和国家公务员，总是按照社会和自身的需要去设计、追求和实现理想中的行政价值。在这个意义上，确立和完善行政人格，便成了行政伦理建设的价值目标。

3. 行政伦理建设的基本原则

一种意见认为，行政伦理建设应当遵循以下原则：（1）行政伦理规范应当简明易行；（2）应当纳入法制框架之中；（3）着重对公务员进行伦理教育和引导；（4）领导干部要做好表率；（5）各种决策、政策应当促进行政伦理行为的改善；（6）完善的责任机制应当切实到位。另一种意见引入了当前政府治道变革中的"顾客导向"，即政府必须为实现公共利益而努力这一概念，认为行政伦理建设的基本原则应当是促成政府的角色转换，即由一般的"治理"转向负责任的"善治"，由"政府本位"转向"社会本位"。

4. 行政伦理建设的方式问题

一种意见认为，行政伦理建设需要大力加强道德教育。应首先从加强行政伦理学科建设入手，从高校课堂入手，从现在的受教育者即未来国家行政机关工作人员开始培养。另一种意见认为，行政伦理建设重在实践。学者们分析了新中国成立以来我国的行政发展，强调行政伦理光靠教育是不行的。过去我们一直用"公仆"等形象来感召和教化公共行政人员，期望其摈除个人私利，全心全意为人民服务，但结果并不尽如人意，领导干部腐败等行政伦理失范现象较为突出。所以行政伦理建设不是光喊喊口号就行的，要脚踏实地在实践中发展和完善。

5. 行政伦理建设的途径

一种意见认为，行政伦理建设的突破口应放在构筑有效的监督上。这是因为道德行为的选择更多的来自于外部社会的舆论和国家的约束等压力。所以应通过政务公开和行政管理制度的创新来促进现代行政管理的实现，可从电子政务、政务超市等开始尝试。另有意见认为，行政伦理建设作为一种现实的实践活动，是同社会实践活动的其他方面密切联系着的，因此不能仅仅停留在伦理的视野内来建设行政伦理，应当跳出伦理来窥视伦理，全面审视影响我国当前伦理发展的各种因素，多途径、多渠道地推动我国的行政伦理建设，并据此提出了四项措施：一是从制度基础上，坚定不移地进行行政改革；二是从外在保障上，加强道德立法和道德制度化建设；三是从内在动力上，肯定道德权利，建立道德奉献与回报机制，褒扬行政"善"举；四是从机制保障上，建立行政伦理咨询评议机构，建立行政伦理的社会监督机制。

6. 中国传统行政伦理与国外行政伦理

关于中国传统行政伦理思想研究，研究者首先把中国传统行政伦理思想史划分为四个发展时期：（1）先秦传统行政伦理的形成时期；（2）汉唐传统行政伦理的发展时期；（3）宋元明清传统行政伦理的继续发展时期；（4）近代行政伦理的启蒙时期①。吴祖明的研究拓展了传统行政伦理的内涵。对中国来说，传统不仅包括老的传统，还有新的传统，即革命传统的行政伦理。它是中国共产党领导人民，经过新民主主义革命和社会主义革命与建设的长期奋斗，在取得革命和建设的伟大成就的同时，逐步形成的宝贵精神财富。其主要内容有：坚定的共产主义信念；全心全意为人民服务；艰苦奋斗，勤俭节约；言行一致，不尚空谈；谦虚谨慎②。论者还对在长期历史发展中形成的传统行政伦理规范进行了总结梳理。其主要内容有：克明俊德，正人先正己；公忠正义，廉洁勤政；以民为本，实行德政；选贤任能，兴天下利③。

一种意见认为，中国古代哲人提出了丰富多彩的行政伦理思想，这些语言简洁、思想深刻明快的行政伦理观念和原则应当值得当前的行政伦理建设借鉴。但另一种意见对此提出了质疑，认为中国古代行政伦理虽有借鉴意义，但不能估价过高。而现代西方资本主义国家有较成熟的行政伦理体系，并且这种体系是在业已发达的市场经济和工业化、现代化的背景下产生的，这正是我国当前建设市场经济、建设现代化最缺少的东西，因此应该大力吸收、借鉴国外先进的行政伦理规范。

---

① 王伟等：《行政伦理概述》，人民出版社 2001 年版，第 276 页。

② 吴祖明、王凤鹤主编：《中国行政道德论纲》，华中科技大学出版社 2001 年版，第 229 页。

③ 王伟等：《行政伦理概述》，人民出版社 2001 年版，第 313 页。

（六）问题与展望

尽管国内行政伦理研究起步较晚，至今在许多重大问题上仍处于争论和探索阶段，但随着讨论和研究的深入，目前已初步形成了我国行政伦理研究的三大问题群系：（1）行政伦理学的基本理论研究，包括对行政伦理的界定、行政伦理学的学科性质、行政伦理学的框架体系等问题的探讨。这些研究为行政伦理学的发展奠定了基础。（2）有关行政的价值问题的研究。学者们普遍认识到行政并非与价值无涉，行政是社会基本价值的承载者与实现者，并进一步探讨了行政价值的内容及其相互关系。（3）对中国传统行政伦理思想的发掘。学者们在梳理中国传统行政伦理历史发展脉络的基础上，总结了历史上所形成的基本行政伦理规范。

我们认为，今后我国行政伦理的研究将进一步聚集于上述三大问题域，并在研究内容和研究方法上取得新的进展。（1）研究内容将从表面走向深入。行政的价值问题尚需进一步探索。学者们普遍认识到效率作为行政核心价值的缺陷，那么行政的目的性价值是什么，行政所追求的基本价值之间的合理关系如何确定，以及行政的二重性即技术性与价值性的关系，将成为研究的重点。现代社会中行政自由裁量与法治的合理关系、公共管理的合理性限度及其局限性，也将为学者所关注。对这些基本理论问题的探讨，将使行政伦理的研究逐步深入到行政哲学的层面，推动行政伦理学学科体系的进一步完善。（2）研究方法也将从单一走向多样。目前，国内行政伦理研究主要采取宏大叙事的方式，其长处在于可以从宏观上把握、考察各种关系，不足之处在于可能会使研究流于形式。越来越多的研究者日益深切地意识到，除了原有方法外，采用案例研究、现场调查等方法是推进我国行政伦理研究的重要途径。

值得注意的是，目前国内行政伦理研究主应涉及国内外理论资源梳理、基本概念解析、行政伦理规范阐述、行政伦理失范现象及其原因、行政伦理制度建设和行政伦理现实作用等几个方面。从目前研究现状来看，尽管学界对行政伦理的研究有了很大进展，虽然取得了很多成果，但也还存在着理论基础薄弱、缺乏系统性、理论交流不够、功利性太强等缺陷，需应在今后研究中小心克服。具体说这些不足体现在三个方面。1. 学科体系虽有创立，但较不完善。学界虽有若干专著问世，但体系不一；学科归属究竟是侧重行政学还是伦理学，仍划界不清；一些相关概念如行政伦理与政治伦理、行政伦理与行政道德理论区分尚不明确等，这些都影响了问题本身的研究。2. 研究层面较浅，限于行政与伦理两个方面，中介领域研究不够，理论体系发生断裂。3. 理论与实际结合不足，要么从学术概念出发，囿于理论探讨，实际运作考虑不详：要么从现实问题出发，囿于解决问题，缺乏理论论证。两个方面未能有机统一起来，这些都应当是今后研究亟待解决的问题。

第三章　国内外行政伦理思想述评

一　国外行政伦理思想的基本观点

上海师范大学跨学科研究中心王正平教授在《当代美国行政伦理与实践》一文中对美国行政伦理的理论与实践进行了系统总结，认为当代美国行政伦理的基本价值理念在个人价值上重视诚实和正义；在职业价值上重视专业和敬业；在组织价值上重视效率和规则；在合法价值上重视依法和守法；在公共利益价值上重视为公共利益服务。

（一）　美国行政伦理的基本价值理念

美国社会在 20 世纪经历了公共服务改革、公民权利运动。1960 年以"重塑政府"为主旨的新公共管理运动，1978 年以美国国会参议院和众议院通过《美国政府行为伦理法案》为标志的"道德立法"行动，1989 年美国公共行政学会在华盛顿召开第一次"全国政府伦理学大会"，1992 年美国政府颁布由政府伦理办公室制定的《美国行政官员伦理指导标准》等活动，使"行政伦理"、"官员道德"成为全社会共同关注的一个热点。美国学者把公共管理者的价值取向区分为许多方面，并试图从中找出主要的价值根源。蒙哥马利·范瓦特认为，有五种重要的价值理念影响着公共政策的制定，并成为美国公共管理者的基本价值理念，其中包括个人价值、职业价值、组织价值、合法价值和公共利益价值。

1. 个人价值：诚实和正义

与西方传统伦理价值理念相一致，美国行政伦理把诚实和正义看做是个人价值理念的基础。公务员所具有的正义感肯定可以带来非常强烈的社会责任心。美国公共行政管理的正义中，包含一些重要的道德理念或文化价值：诚实，坚持原则，协调一致，互惠互利。美国行政伦理通常鼓励政府工作人员为了表达个人的信念而大胆地讲权利。关键是要以公正、合理的方式来实现个人的权利，以诚实和正义来提升个人价值。

2. 职业价值：专业和敬业

美国行政伦理关于职业价值的理念，首先要求进入这一领域的人员具备较高的教育和实践标准。在美国公共管理领域，对从业人员受教育程度有较高的要求，有计划地接受继续教育，几乎是带有强制性的。蒙哥马利·范瓦特认为，从业人员的高教育标准会导致公共管理领域内职业道德水平的提高。美国行政伦理关于职业价值的理念，把敬业、尽责作为其基本点。ASPA 伦理准则，把"力争成为优秀的职业人员"作为其成员的基本伦理要求。

3. 组织价值：效率和规则

美国行政伦理关于组织价值的理念，把组织机构的工作效率放在首要的地位。为了提高组织机构的工作效率，一方面应当以为公众服务作为管理系统的目标，使机构有好的声誉，吸引和留住高质量的人才，一方面要建立合理的规则，来克服官僚主义和教条主义的倾向。ASPA 伦理准则明确提出："鼓励组织成员运用伦理的手段提高组织的能力，为公众提供有效的服务。"

4. 合法价值：依法和守法

美国公共行政伦理中强调的合法价值理念，主要表现在遵守宪法、地方法律、与法律有关的制度与规则、法律解释、为人们的基本权利而设定的合理程序等方面。当管理决策出现道德两难时，人们都是运用法律及合法程序来处理问题的，法律通常是人们解决两难问题的重要方法。合法是公共行政管理的重要道德理念。ASPA 伦理准则把"遵守宪法和法规"作为公共管理者的重要道德职责，要求其成员遵守、支持、学习政府的宪法和法规，以明确公共机构、公职人员的依法、守法责任。

5. 公共利益价值：为公共利益服务

美国公共行政伦理通常倡导"民有价值观"，把维护公众普遍利益看做公共管理者最根本的道德职责，公共管理者应当成为那些已经受到不公平待遇的或正在受到不公平待遇的个体权利的保护者，保护公众的权利是政府工作的一部分。ASPA 伦理准则的第一部分开宗明义是"为公共利益服务"，明示公共管理领域的公务员，"为公众服务高于为自身服务"，它是光荣的。

（二）美国行政伦理规范的制定、演进与实践

政府官员及其工作人员的道德行为规范是行政伦理建设的重点。美国行政伦理的上述基本价值理念，集中反映在美国政府行政伦理规范的制定、修改和实践的过程中。

1. 美国行政伦理规范的制定、修订和演进

美国政府部门行政伦理规范的制定，始于20世纪50年代。1958年7月，美国第85届国会通过了共同决议《美国政府部门伦理准则》。尽管这一伦理准则在当时并无法律约束力，但政府雇员和国会成员必须遵守这项决议中规定的行为标准。在此基础上，1965年，约翰逊政府颁布了《政府官员和雇员伦理行为准则》；1978年卡特总统签署了美国国会参议院和众议院通过的《政府行为伦理法案》；1984年，在美国98届国会官员行为标准委员会指导下，制定了《众议院官员行为准则》和《参议院职务行为规则》；1989年，美国国会通过了《美国政府伦理改革法案》；1990年布什总统以"总统行政命令"的方式，颁布了《政府官员及其雇员的行政伦理行为准则》；1992年，美国政府又颁布了由政府伦理办公室制定的内容更详细、操作性更强的《美国行政官员伦理指导标准》。这些行政伦理准则和道德法案为判断公务人员的行为是非提供了具体标准，反映了美国行政伦理发展的历史进程。

1990年10月，美国政府在广大民众要求政府官员实行廉政的推动下，总结多年政府行政伦理建设的经验，以总统行政命令的方式发布了《政府官员及其雇员的行政伦理行为准则》，不仅更加具体、全面地规定了公务人员的行政伦理行为准则，而且更加重视对政府官员和雇员行政伦理行为的监督，进一步明确了"政府伦理办公室"作为公务员行政伦理行为监督机构的责任和权力。

2. 美国行政伦理的管理与实践

20世纪50年代以来，美国国会和美国政府不仅制定了一系列公务员的行政伦理行为准则，并将道德要求在一定意义上法律化，而且成立了相应的管理与监督机构，把"道德自律"与"道德他律"结合起来，推动行政伦理的具体实践。

美国的行政伦理监督机构可分为立法、行政、司法三大系列。众议院在制定《官员行为准则和关于行为标准的规定》、《联邦众议员和众议院雇员伦理手册》等规范的同时，专门设有"众议院官员行为规范委员会"，负责

对官员的行为道德进行监督，对有违纪行为的议员进行惩罚。联邦宪法规定，有 2/3 议员的一致同意，众议院有权驱逐某个违反伦理准则的议员。违反伦理准则的议员会受到开除、指责、训诫、罚款、谴责、暂停职务或要求道歉的处罚。参议院设有"参议院道德特别委员会"，负责管理、解释、强制执行《参议院公务行为规范》明确规定，"议员从事违反道德的行为同样会受到开除、指责、申斥、罚款、定罪、停职或被要求道歉等处罚"。大法官会议设有"司法道德委员会"，负责监督司法伦理行为规范的执行。

手中握有实权的政府部门公务员行政伦理状况，是美国行政伦理监督的重点。美国联邦政府 1979 年 7 月成立了"政府伦理办公室"，最初隶属于人事管理局。1989 年 10 月，美国"政府伦理办公室"进行了机构改革，升格为一个具有独立性的政府机构，直接向总统、国会和国务院负责。办公室负责的工作包括美国总统及 3000 名最高级公务员的财产收入的申报，参加高级公务员的行政伦理和廉政问题的听证会，等等。

为了加强对公务员行为的伦理监督，美国不仅在国会和联邦政府设有"道德委员会"和"伦理办公室"等专门机构，而且许多州、市、地方的议会和政府也设有伦理办公室或伦理委员会。例如，得克萨斯州伦理委员会成立于 1992 年，由 8 名委员组成，其中 4 人由州长委派，4 人由州议会委派。又如，洛杉矶市伦理委员会成立于 1990 年，因为广大民众需要"强有力的伦理委员会对政府进行监督"。该委员会奉行的宗旨是"公正、廉洁、不分党派"。参加委员会的成员首先都是志愿者，一旦当选，在 5 年任期内不能随意离开。该委员会保持对政府行为监督的独立性，对处理问题有相当大的决策权。

在美国，一些非营利的民间组织对政府的监督调查机构，在反映民众意志，加强对公务员行政伦理行为的监督方面发挥着重要作用。如，芝加哥的"改进政府工作协会"，华盛顿的"公仆廉政中心"，丹佛的"卡门考草根游说组织"等。它们的活动经费经常由商界、慈善组织及民众自愿捐助，以调查和揭露政府官员的贪污、腐败和不公正行为，维护公共利益为职责，在唤起民众对政府官员行为的监督意识，提高公务员行政道德水平方面具有独特的重要职能。

（三）美国行政伦理建设的启示

1. 重视对公务员职能行为的"外部道德控制"。

2. 重视对公务员职能行为的"内部道德控制"，加强公共行政管理人员的行政伦理培训和道德自主意识培养。

3. 设立行政伦理的专门管理与研究机构，监督与促进行政伦理规范的贯彻。

二　国内行政伦理思想的基本观点

理论资源是进行理论研究基础和前提，不进行理论资源学理梳理无异于不打地基就想建高楼！作为行政伦理理论资源，主应是指现代西方行政伦理思想和中国古代行政伦理思想。其中现代西方行政伦理思想多数是对美国行政伦理理论介绍和研究，尤其是与公共行政理论发展相结合，以新公共行政运动和新公共管理运动为理论背景，结合作为公共行政基本理念的行政哲学或政治哲学的发展，以"公平"、"正义"等基本概念为核心，以建立负责任政府为基本价值取向，面向现实公共生活本身的美国行政伦理，主应研究内容涉及：美国行政伦理立法，从 1958 年 7 月美国国会通过《政府工作人员道德准则》到 1979 年 7 月 1 日生效《美国政府道德行为法》，至 1992 年美国政府颁布由政府伦理办公室制定内容更为详细、操作性更强的《美国行政官员伦理指导标准》；美国行政伦理管理及其机构，如美国众议院内设置有众议院行为规范委员会，美国政府伦理办公室等机构，另外在美国许多州和市议会和政府，也设有伦理办公室或伦理委员会，以及美国行政伦理社会监督机制等。对其他国家行政伦理研究还包括其他西方国家以及韩国、泰国、联合国经合组织行政伦理等。这些研究在很大程度上代表了当代行政伦理前沿，所以尽管存在政治体制背景不同问题，但是对于建构中国特色行政伦理理论体系仍然有积极的借鉴作用和指导意义。

中国传统社会是一个伦理型社会，伦理思想深厚而广博。汉代以降直至近代中国，实际上即是一部儒家伦理道德观念转化成国家意识形态、社会制度以及民间礼俗历史。据张希清先生考证，我国上自西周下至明清，讲授为人之应、为官之道、从政之法等各种"官箴"之类书籍达 300 多种计 1000 多万字，大都以大量史实总结了官吏从政之道、官德修养等经验教训，在不同程度上提出了"德行"为先的择官标准和从严治吏的思想，把"无德"、"缺德"、"损德"的官吏斥之为"小人"，而把重"德行"的官员尊称为"君子"。在深受儒家伦理文化熏陶的中国，理所当然应继承和弘扬中国传统伦理思想和伦理文化。很多学者都对中国传统行政伦理思想进行了阐述和总结，主应是以儒家思想为核心，对孔子、孟子及其传人的有关著作进行了深刻理论分析。归纳出的结论大同小异，有人认为是："掌权为公，从政为民；坚持正义，处事公平；厉行节俭，清正廉洁；忠于职守，敬业勤政；以身作则，严于律己。"也有人认为是："克明俊德，正人先正己；公忠正义，廉洁勤政；以民为本，实行德政；选贤任能，兴天下利。"还有人从公忠、诚信、廉政、勤政、爱民、用贤、修身等品德出发阐述古代中国的行政伦理思想。从这些结论中不难看出，所有这些古代中国的行政道德规范在今天基本上都依然适用，当然其中所蕴涵的政治理念已发生了变化，这也正是需要我们加以研究和鉴别的。

第四章　国内传统行政伦理思想述评

一　目前国内理论界对行政伦理研究的不足

从对目前行政伦理研究现状考察中，不难看出目前国内理论界对行政伦理研究还处在起步阶段，尽管已经开始了系统研究，并且取得了丰硕成果，但是也还存在一些不足之处。

首先表现在对基础理论研究的不成熟，缺乏必要的理论支撑。行政伦理是行政学和伦理学的交叉学科，行政学基本理念和价值取向是行政伦理理论基础之一，而我国行政学理论本身还很不完善。从目前教科书体系来看，行政学、行政管理学、公共行政学、公共管理学等多种名称都在使用，而各种同名专著之间理论体系也不尽相同，这种现象本身就说明了这一学科还不成熟，因此也很难为行政伦理研究提供有力理论支持。另外，从学理渊源上来说，行政学或公共行政理论本身的发展历程也应该在行政伦理理论中得到体现。事实上，西方尤其是美国行政伦理理论就是在公共行政理论发展中提出和建立并不断完善的，从"新公共行政运动"到"新公共管理运动"再到"后现代公共行政"，每一次行政理念转变都会对行政伦理产生冲击。因此，今后应该继续加强相关学科的基础理论研究，积极引进和消化吸收国外相关学术领域的研究成果，为行政伦理发展提供更好的理论支撑。

其次，从目前研究现状来看，各个行政管理学科点都是在"单兵作战"，对行政伦理研究很分散，没有形成共识，在各自编写的行政伦理教科书中都在构建自己的理论体系，甚至连基本概念解释都不相同，理论框架和结构差别更大，相互之间普遍缺乏共识。这样做的结果必然使得行政伦理研究缺乏一个公共理论平台，使研究者之间交流与探讨缺乏理论基础，不利于学科整体的发展。当然，对于一门新兴学科来说，在发展初期出现这种状况有其必然性，但是，不能清楚地认识到这种状况并努力加以改进就会阻碍这门学科的进一步发展。因此，今后应该加强学者之间理论交流，在探讨与合作的基础上形成共识，构建行政伦理研究学术平台，共同努力，深化和完善我国行政伦理研究。

第三，目前研究多数是面向现实，功利取向比较明显。论述伦理规范、总结道德失范、提出制度建议比较多，而真正进行学理分析、梳理基本理念、建构理论基础的学术研究比较少。当然，作为应用伦理学的一个分支，行政伦理学为现实服务，使行政制度更好地体现行政价值取向，使行政行为更加规范，提高行政主体的道德素质等，都是行政伦理的内在理论目的和价值取向。而且这与当前现实也有很大关系：一方面，我国正处于社会转型、政治体制改革、行政体制改革时期，行政伦理失范现象比较严重，需要相关理论指导和建议；另一方面，我国高等教育体系中行政管理、公共事业管理专业才刚刚起步，非常需要相关教材建设来填补空白。但是，现实要求并不代表学术发展需求，真正学术研究还是应该从理论本身出发，遵循理论发展基本规律，踏踏实实地构建行政伦理基本理路，只有理论真正地得到发展才能更好地为实践服务。为此，我们一方面应充分吸收、借鉴西方成熟的行政伦理成果，另一方面应从自己的国情出发，充分发掘、消化传统文化中丰富的行政伦理思想的内涵。

二 传统行政思想的内涵及其借鉴的必要性

行政文化是行政体制的深层结构，是行政管理的灵魂。行政文化通过行政人员的思想意识影响着行政实践。发轫于夏、商、周三代，定型于两汉，因袭发展于隋、唐、宋、元、明、清各代，横贯数千年经久不衰的传统行政文化，虽然在当代遭到西方行政文化的强烈冲击，但仍以坚韧的生命力固存于当代中国的行政文化系统中。

从文化哲学的角度看，传统行政思想与传统行政心理和传统行政观念这三个互为关联的方面一起，共同构成了传统行政文化的内涵。传统行政思想是古代人们在行政实践中形成的主观想法和见解的总称，是理论化、系统化的行政认识。

世界著名管理大师德鲁克认为，管理以文化为转移，如能很好地利用当地的传统、价值观和信念，管理就会获得更大的成就。中华文化的传统、思想和精神如遗传基因一样，深藏于人们的潜意识和显意识之中，并在人们日常的思想、语言和行为上不断地表现出来。所以，行政管理体制改革，只有考虑到传统文化的各种影响，才能更好有效地推进；行政管理行为方式的选择和运用，只有以对传统文化的较深理解为基础，才能取得较好的管理效果，达到预期的行政目的。

中国是一个尊道贤德的国家，素有"礼仪之邦"之称。中国文化是中华民族对于人类的伟大贡献。立足于 21 世纪的时代高度，中华民族的文化认同绝不是向传统文化的全面认同和复归，而是基于现实，从传统文化中汲取可以为今天所用的东西。鲁迅说过："夫国民发展，功虽在于怀古，然其怀也，思理朗然，如鉴明镜，时时上征，时时反顾，时时进光明之长途，时时念辉煌之旧有，故其新者日新，而其古亦不死。若不知其所以然，漫夸耀以自悦，则长夜之始，即在斯时。"正因为此，经过批判扬弃和创造发展的中国传统伦理道德智慧，对于人类社会的价值提升仍具有时代意义。伦理道德是中国传统文化的核心，也是中国文化对人类文明最突出的贡献之一。现代行政文化建设离不开对传统文化的继承和发展，建立符合中国社会和经济发展的现代行政文化是行政管理改革和行政发展的重要环节，是行政管理现代化的重要保证。

三　传统行政伦理思想的主要特征

中国传统社会是一个伦理型社会，古代中国的行政伦理思想深厚而广博，传统中国政治是典型的"教化政治"、"伦理政治"，整个政治系统中弥漫着浓厚的道德气息。就孔子而言，就有"节用而爱人，使民以时"①、"为政以德"②、"赦小过，举贤才"③、"修己以安百姓"④、"有国有家者，不患寡而患不均，不患贫而患不安"⑤、"民无信不立"⑥。就孟子而言，则有"君

---

① 《论语·学而》。
② 《论语·为政》。
③ 《论语·子路》。
④ 《论语·宪问》。
⑤ 《论语·季氏》。
⑥ 《论语·颜渊》。

有过则谏"①、"民为贵，社稷次之，君为轻"②、"乐民之乐"、"忧民之忧"③、"得天下也以仁，其失天下也以不仁"④。就荀子而言，有"礼之所以正国也"⑤、"从道不从君，从义不从父，人之大行也"⑥、"君子之能以公义胜私欲也"⑦、"用国者，得百姓之力者富，得百姓之死者强，得百姓之誉者荣"⑧、"无德不贵，无能不官；无功不赏，无罪不罚；朝无幸位，民无幸生"⑨。此后有董仲舒"正其义不谋其利，明其道不计其功"的主张，柳宗元的"吏为民役"的思想，朱熹"存天理灭人欲"的思想，黄宗羲关于做官是"为天下，非为君"的主张及其"天下为主，君为客"、"官者，分身之君也"的思想，王夫之"一姓之兴亡，私也；而生民之生死，公也"的"公天下"的思想，顾炎武提倡"清议"，即利用舆论力量来强化道德的主张。这些思想言论，都是从不同侧面为创建一个合乎理性和正义的社会而提出的行政伦理方面的建议。

　　不过，总的来说，以上这些传统行政伦理所规定的道德要求主要是针对官员个人，对于公共行政管理和行政组织自身则缺乏系统的伦理规范。现代社会的专业分工日趋严密，行政官员不再是一种身份、地位的象征，而只是作为一种社会职业而存在。这样，行政伦理就应该更多地关注于伴随着行政职位而产生的角色伦理、责任伦理，并随着社会结构、伦理观念的变迁而在内容上进行相应的转换与变更。尽管如此，传统的行政伦理思想观点，直到今天仍然具有其自身的价值和意义。

（一）值得借鉴的中国传统行政伦理思想

1. "民为邦本"和"仁政"的行政价值观

　　当前我国政府机构改革的目标是建立办事高效、运转协调、行为规范的行政管理体系，提高为人民服务的水平。它内在地包括了民主和效率两个相

---

① 《孟子·万章下》。
② 《孟子·尽心上》。
③ 《孟子·梁惠王上》。
④ 《孟子·离娄上》。
⑤ 《荀子·王霸》。
⑥ 《荀子·子道》。
⑦ 《荀子·修身》。
⑧ 《荀子·王霸》。
⑨ 《荀子·王制》。

互依存的价值取向，这与传统行政文化的某些民主性思想有相通之处，而这些在现代社会中仍具价值的思想对政府机构改革目标的制定和实现有着促进的作用。

反观中国古代政治思想史，历代在对行政伦理基本问题的处理中基本坚持以民为本。行政伦理的基本问题是官与民的关系问题。我国传统行政伦理对这个问题的处理大体有两种根本对立的观点。一种观点坚持以官为本，即在官与民的关系中，坚持官是根本的，官决定民。另一种观点则认为，民更是根本。而在二者的较量中，后者占据主导地位，历朝历代都有许多有关民本思想的论述，以人为本、民本治国的思想源远流长。春秋时期，齐国著名政治家管仲最先提出了以人为本的概念。他在《管子·霸业》中说："夫霸王之所始也，以人为本，本治则国固，本乱则国危。"又如《尚书·五子之歌》中的"民惟邦本，本固邦宁"；孟子的："天时不如地利，地利不如人和"①；荀子所谓："传曰：'君者，舟也；庶人者，水也。水则载舟，水则覆舟。'故君人者，欲安则莫若平政爱民矣，欲荣则莫若隆礼敬士矣，欲立功名则莫若尚贤使能矣，是君人者之大节也"②；和《淮南子·氾论训》中"治国有常，而利民为本。政教有经，而令行为上。苟利于民，不必法古。苟周于事，不必循旧"等，都表述了行政伦理上的民本思想。这些以人为本的思想与孔子的"大道之行也，天下为公"的思想及孟子的"民为贵，社稷次之，君为轻"的思想不断丰富、融合、发展，形成了历经千年而不衰的朴素的民本思想体系。古代"民本"思想的主要内容既包括"君为民立"、"吏为民役"、"得其心，斯得其民矣"的民本价值观，也包括爱民、利民、保民、富民等实现民本思想的措施和手段，还包括察民情、顺民意、安定民生、体恤民疾和取信于民的方式和目的。古代"民本"思想与共产党的宗旨有相通之处：共产党的宗旨是全心全意为人民服务，为实现此目的，必须走"一切为了群众，一切依靠群众，从群众中来，到群众中去"的群众路线。在新的历史条件下，我们党明确提出以人为本的理念，既是社会主义的内在要求，又是全面建设小康社会实践的需要。当前中国的政府机构改革，归根结底是要提高为人民服务的水平。从这个意义上讲，"民本"思想有助于政府机构改革目标的制定和实现。

---

① 《孟子·公孙丑下》。
② 《荀子·王制》。

在《礼记·哀公问》中，孟子要求为政者"以不忍人之心，行不忍人之政"。古代"仁政"思想同霸政思想相对立，是一种"以德行仁者王"的王道行政学说，它以"德治"为基础，是一种将行政问题道德化的学说，其主要内容包括治民以"恒产"、薄税赋、轻刑罚、救济穷人、保护工商等，这种思想至今仍有超时代、超阶级的价值。对政府机构改革而言，要实现民主和效率的改革目标，就必须精简机构，裁撤冗员，减轻纳税人的负担，同时又要完善社会保障制度，"惠顾在社会竞争中的最不利者"。所以，古代"仁政"思想对促进政府机构改革仍具有积极意义。

2. 在行政的内容方面强调明道善策和举贤任能

在最一般的意义上，行政的内容不外乎"处事"和"用人"两个方面。我国的传统行政伦理把这两个方面联结起来，强调明道善策，即治理国家必须择善人，行善政。据《左传·昭公七年》记载："国无政，不用善，则自取谪于日月之灾，故政不可不慎也。务三而已，一曰择人，二曰因民，三曰从时。"可见历史上的统治阶级已经认识到选拔贤才以从政，根据民众的意愿而为政，顺从天时而执政的重要。在举贤任能方面，历史上的统治者注重使用人才，认为打天下需要人才，治理天下也需要人才，正像唐朝思想家吴兢在《贞观政要·崇儒学》中指出的："为政之要，惟在得人；用非所才，也难政治。"北宋学者胡瑗在《论语说》中也指出："致天下之治者在人才。"

在怎样选拔人才、使用人才方面，我国历史上的统治者也有许多可资借鉴的思想，譬如，诸葛亮在《便宜十六策》中指出："夫柱以直木为坚，辅以直士为贤；直木出于幽林，直士出于众下，故人君选举，必求稳处。"这里表达了选拔人才要不拘一格的思想。而在用人方面，历史上的统治者以对人的一般才能的分析为前提，强调用人所长，唐朝政论家陆贽的《陆宣公集》中就有这样的论述："人之才行，自昔罕全。苟有所长，必有所短。若录长补短，则天下无不用之人；责短舍长，则天下无不弃之士。"从这里出发，他们强调："简能而任之，择善而从之，则智者尽其谋，勇者竭其力，仁者播其惠，信者效其忠。"①

3. 在行政的方式方面，我国传统行政伦理坚持教而后刑

一般来说，强调以德执政是我国传统文化，从而也是传统政治的一大特

---

① 《旧唐书·魏征传》。

色。这是因为，历史上的统治者认为，"道之以政，齐之以刑，民免而无耻；道之以德，齐之以礼，有耻且格"。① 也就是说，只有诉诸礼教，施行德治，才能从根本上有效地行政。对此，孟子也曾经强调："仁言不如仁声之入人深也，善政不如善教之得民也。善政，民畏之；善教，民爱之。善政得民财，善教得民心。"② 管子在这方面的思想更明确，他说："政之所兴，在顺民心；政之所废，在逆民心……故刑罚不足以畏其意，钉戮不足以服其心。故刑罚繁则意不恐，则令不行矣。"③

4. 在行政者的私德方面，我国传统行政伦理提出的基本要求是立身唯正或清正廉洁

有关这方面的思想见诸历代思想家的经典著作，比如季康子问政于孔子，孔子曰："政者，正也。子帅以正，孰敢不正?"④ "其身正，不令而行；其身不正，虽令不从。"⑤ 陈宏谋在论述为官之道时指出："官之法，惟有三事：曰清，曰慎，曰勤。知此三者，则知所以持身矣。"⑥ 此外，他还说："当官大要，直不犯祸，和不害义，在人消详斟酌之尔。然求合于道理，本非私心专为己也。"⑦ 实际上，类似的观点还有很多，如"上无骄行，下无隐德"⑧，"上邪下难正，众枉不可矫"⑨，"未有不能正身而能正人者"⑩ 等。

5. "和而不同"的行政协调观

中国传统文化主流是提倡"和"的。但这个"和"不是牺牲掉多样性，而是在包容多样性的前提下实现的统一。西周末年，郑国的史伯就提出了"和实生物，同则不继"。到了春秋末期，齐国思想家晏婴更进一步指出"和"与"同"的差异，认为从日常生活到国家大事，都是靠不同的事物、不同的意见"相成""相济"，形成和的局面，方能生存发展；如果拒斥不同，追求一律，只能一事无成。与晏婴同时代的孔子在《论语·子路》中更

---

① 《论语·为政》。
② 《孟子·尽心上》。
③ 《管子·牧民第一》。
④ 《论语·颜渊》。
⑤ 《论语·子路》。
⑥ 陈宏谋：《从政遗规·舍人官箴》。
⑦ 同上。
⑧ 《晏子春秋·内篇问上》。
⑨ 何承天：《上邪篇》。
⑩ 苏辙：《盛南仲知衡州》。

把"和""同"思想提炼为道德箴言，叫做"君子和而不同，小人同而不和"。"和而不同"的要旨可归结为三个层次：社会中不同的人有不同的认识；不同的人和认识互相补充，共同促进；在统一的前提下使整个局面达到和谐。从微观说，这是处理人际关系的原则；从中观说，这是为政之道；从宏观说，这也是建设和谐社会的需要。所谓"和而不同"，即和睦相处但不盲目苟同之意。这对于今天我们通过政府机构改革，提高我们的执政能力和善政水平都有着重要的现实意义。首先，一项公共政策的制定或执行，如能运用"和而不同"的思想，经过专家论证、人大常委会审议等法定程序，或让广大社会成员参与决策，就能集思广益，保证决策的科学性、现实性和可行性，防止决策的重大失误，降低决策成本和社会成本。其次，在改革中央政府和地方政府的关系，调整地方政府内部利益关系的过程中，"和而不同"的思想也具有积极的意义。一是要按照市场经济条件下政府间职能配置的基本原则以及"和而不同"的思想，对中央政府与地方政府的事权加以合理安排，明确规范，避免职能配置趋于"同构化"以及中央高度集权。同时，在规范各级政府事权的基础上，加强政府间的协调和统一。二是要按照市场经济的要求，遵循"趋向综合、宜粗不宜细"的总体原则以及"和而不同"的思想，重新调整政府部门间的职能结构，做到职责明确、分工科学，同时注意加强部门之间的协调与合作。

6. 为政以德、以德治国的行政伦理观

"为政以德"是孔子的观点，他认为道德教化是为政的基础，而每个社会成员的道德自觉则是社会秩序稳定的基础："道之以政，齐之以刑，民免而无耻；道之以德，齐之以礼，有耻且格。"① 孟子继承并深化了孔子的思想，指出："仁言不如仁声之人人深也，善政不如善教之得民也。善政，民畏之；善教，民爱之。善政得民财，善教得民心。"②

如何才能实现"为政以德"呢？那就是执政者率先垂范。"政者，正也"，为政者应先正己。"其身正，不令而行；其身不正，虽令不从。"③ "政者，正也，子帅以正，孰敢不正？""君子之德风，小人之德草。草上之风，必偃。"④ 同时中国传统行政伦理、行政文化特别重视执政者的道德示范力量

---

① 《论语·为政》。
② 《孟子·尽心上》。
③ 《论语·子路》。
④ 《论语·颜渊》。

对于保持政治廉明的重要意义，认为国家政权的决策者和各级官吏的品德好坏，直接决定着国家的兴衰治乱。孔子说："为政以德，譬如北辰，居其所而众星共之。"①

政治道德，体现为官员从政须加强道德修养和以"仁义"为政纪的要求。这在中国漫长的封建社会中，有其阶级的局限性，但它毕竟是历代统治阶级或集团对于治理国家实践经验的理性思考，在一定程度上有助于清正廉洁、开明政治的出现。实事求是地说，"为政以德"是中国封建社会政治文明的具体体现，也是中国封建社会不断发展的重要因素之一。当前政府机构改革，建设高素质的公务员离不开行政伦理建设。我国传统行政思想中有丰富的可资借鉴的行政伦理思想。如孔子在《论语》中说，"为政以德，譬如北辰，居其所而众星共之"，即认为道德教化在政治中的作用，绝非刑罚所能达到的。孔子要求统治者必须有表率的作用，"政者，正也。子帅以正，孰能不正"？孟子也说："行仁政、正君心、修德性。"江泽民提出的"以德治国"思想是在继承传统治国之策基础上的升华，将其提到了一个新的更高的境界。他指出："要坚持不懈地加强社会主义法治建设，依法治国，同时，也要坚持不懈地加强社会主义道德建设，以德治国。对于一个国家的治理来说，法治与德治从来都是相辅相成、相互促进的。二者缺一不可，不可偏废。"所谓以德治国，一是治国者要有德，二是治国者要以德教化天下。普天之下，从上到下，从官到民，皆为有德之士，这是以德治国的最终目的。"官德"是以德治国的首要问题。因此，具有德治思想传统的中国历来重视行政伦理即官德的建设。历史上规范官员行为的官箴要求官员要贯穿"自律"精神，坚持"公"字为重。官箴属于行政法的范畴，但又有浓厚的习惯法色彩。官箴的重要表现形式——戒石铭，作为行政伦理的载体将世世代代的行政主体联结起来，成为规范行政行为的道德准则。官箴、戒石铭的价值原则，是把朝廷所代表的"公家"（国家利益）置于无可动摇的最高地位，要求各级官吏正确处理"国"与"家"的关系，公正行事，即所谓"公生明，偏生暗"。但当官员发生"角色冲突"时，各级官吏的"组织人格"，在官箴、戒石铭的警示之下，变道德义务为行政责任，避免出现"公、私"倒置，"权利与义务"错位，这就是传统行政伦理的现代意义之所在。

---

① 《论语·为政》。

7. 德教为先

"德教为先"与"为政以德"是儒家政治伦理思想递进的上下两层。"德教为先"并不仅仅在说道德教育为先，同时还明示了道德在儒家的政治蓝图中的核心地位，即把道德视为治国安邦的最根本的手段，视为立国之本。

德教是否可能呢？孔子通过"性相近，习相远"①回答了这个问题。孟子继承和发展了孔子这一思想，认为人与禽兽的差别原来并不大，即"人之异于禽兽者几希"②，并进一步分析说："人之有道也，饱食暖衣逸居而无教，则近于禽兽"③，即是说，人之所以为人，主要是因为有道德，道德是人区别于禽兽的标志，"德教"当然就是人成为人的基础。反过来说，人必须"有教"，人也可以"教化"。所以，孟子回答别人"'人皆可以成尧舜，有诸？'孟子曰'然'"④。荀子虽然持性本恶的观点，但其德教思想却和孔孟殊途同归，认为人性本恶，但后天教化却可以成善，人必须"有教"，人也可以"教化"。"'涂之人可以为禹'，易谓也？……涂之人也，皆有可以知仁义法正之质，皆有可以能仁义法正之具，然则其可以为禹明矣。"⑤

正因为如此，两千多年来儒家学说教育并培养了一代又一代的志士仁人，无论是在地主阶级上升和发展时期，还是在没落时期，都有许多士大夫从儒家学说中汲取了营养，具有高尚的道德情操，并为中华民族的生存和发展作了积极的贡献。同时，在德教为先的思想下，形成了中国十分注重道德的伦理文化，被誉为伦理之邦。

8. 修身为本

修身是中国传统行政伦理道德中最具特色的概念，在孔子那里被称为"修德"、"克己"、"正身"、"修己"。孟子发扬光大为"存其心，养其性，所以事天也。寿不贰，修身以俟之，所以立命也"⑥。而荀子讲得更清楚，"扁善之度，以治气养生，则身后彭祖；以修身自强，则名配尧、禹"⑦。从内容上讲，修身就是要正其心，整饰自己的心情欲念，保持心地平和，净

---

①　《论语·阳货》。
②　《孟子·离娄》。
③　《孟子·滕文公》。
④　《孟子·告子下》。
⑤　《荀子·性恶》。
⑥　《孟子·尽心上》。
⑦　《荀子·修身》。

化、纯化自己的意念，不自负，严格要求自己，经常解剖自己，不掩饰自己的"不善"，逐步达到至善的境界。

但为什么要"修身为本"呢？关键之处就在于"本"。孔子说："克己复礼为仁，一日克己复礼，天下归仁焉。"① "克己"的目的在于"天下归仁"。孟子说："君子之守，修其身而平天下。"由此可见"修身为本"与"德教为先"是相贯通的，它们是实现"为政以德"的两翼。只不过"德教为先"的着力点在社会、在统治阶级整体或集体；"修身为本"的着力点在于从天子到庶民的个体。《大学》中有这样一段家喻户晓的文字："大学之道，在明明德，在亲民，在止于至善……致知在格物。格物而后知至，知至而后诚意，诚意而后心正，心正而后身修，身修而后家齐，家齐而后国治，国治而后天下平。自天子以至于庶人，壹是皆以修身为本。"可见"修身为本"的本就是"修"、"齐"、"治"、"平"。

修身为本的思想影响了封建社会两千余年，不仅知识分子多形成"一箪食，一瓢饮，在陋巷，人不堪其忧，回也不改其乐"的安贫乐道的气节，而且一切志士仁人把修身作为齐家、治国、平天下的基础和前提，作为实现自己政治理想和道德理想的基础和前提，毕其一生去追求、去践行。这种重视修身的道德思想，影响了整个中华民族，不仅在知识分子群体当中，而且在广大的劳动人民中间都表现出重视追求精神生活的民族品格。

9. 天下为公

天下为公其实质是中国传统行政伦理思想中的整体意识。中国传统伦理行政思想中的天下，既有"普天之下，莫非王土"的天下；也有以仁义为内容，以社会道德风气为主要表现的天下。如顾炎武说："仁义充塞，而至于率兽食人，人将相食，谓之亡天下。"② 显然，这两个天下有不同的内涵和阶级属性。但它们或把统治阶级的利益，升华为一种神圣的、必须普遍遵守天命的整体意识，或超越个体的、局部的利益，形成统一的、具有社会性利益的整体意识。因此，出现了中国传统行政伦理、行政文化的核心规范——公忠。什么是公？"背私之谓公"③、"公者通也，公正无私之谓也"④。即是说

---

① 《论语·颜渊》。
② 顾炎武：《日知录》卷十三《正始》。
③ 《韩非子·五蠹》。
④ 班固：《白虎通·爵》。

与私相悖、相反，就是公。而"忠也者，一其心之谓也"①，忠就是"尽己"，是对人、处事的一种态度。一个人为人处世能尽心尽力，全力以赴，没有任何保留。"忠者，中心而尽乎已也。"② 这样"忠"外延就很广，"临患不忘国，忠也"③，"教人以善谓之忠"④。以身报国，尽力帮助别人，并且始终如一，都谓之"忠"。

"公忠"则兼有公与忠两个字的含义，讲的是对于国家利益、民族利益、社会整体利益的忠诚。它强调的是国家利益、民族利益至上，"以公灭私"，"至公无私"；强调的是为社会尽责、为天下尽忠的献身精神，实际上包含了爱"君"之国家和爱"大家"之国家这两种内容和性质的爱国主义，其中虽然具有局限性，却也形成了"得民心者得天下"、"不以天下之大私其子孙"、"天下兴亡，匹夫有责"、"先天下之忧而忧，后天下之乐而乐"等之类的政治伦理观念。

10. 清官、廉正的行政伦理思想

在文化系统中，伦理道德是对社会生活秩序和个体生命秩序的深层设计。我们的祖先创造了丰富的廉政文化，创作了丰富的廉诗、廉文、廉戏和廉政格言警句，形成了牢固的民族文化心理和精神纽带。商代"六德"就提出了知、仁、圣、义、忠、和六个规范；孔子伦理思想中的道德规范主要包括"仁"、"孝"、"悌"、"忠"、"信"等；《管子·牧民》中提出，"礼义廉耻，国之四维"的政治伦理规范；战国时期，孟子上继孔子，提出了"仁"、"义"、"礼"、"智"四德说，以及"五伦"，即父子有亲、君臣有义、夫妻有别、长幼有序、朋友有信的伦理原则。董仲舒根据孔子的"君君，臣臣，父父，子子"，提出"三纲"（《春秋繁露》），即君为臣纲，父为子纲，夫为妻纲；和仁、义、礼、智、信"五常"（《举贤良对策》）说。宋元时期，人们在管子的礼义廉耻上，配以孝悌忠信，就成了"孝悌忠信、礼义廉耻"八德。

当前的廉政文化建设既要保持优良传统，又要体现时代特色。廉政文化建设作为一种无形的、潜在的力量，为反腐倡廉提供智力支持和思想保证。中国传统伦理道德与廉政文化建设二者是途径与目的，相辅相成的关系。

---

① 《忠经·天地神明章》。

② 《谭嗣同全集·治言》。

③ 《左传·昭公元年》。

④ 《孟子·滕文公上》。

"廉政文化"首次出现在党的十七大报告之中，凸显了它的价值和地位。加强廉政文化建设是新时期我国反腐败斗争的一个重大的基础性课题，继承、发掘古代清官、廉正的行政伦理思想，认真分析当前廉政文化建设面临的问题，积极寻求对策，对于增强廉政文化建设的实效性，不断提高廉政文化建设水平具有重要意义。

（1）注重预防，加强廉洁自律意识教育

要扎实开展"克己奉公"理念教育，中国伦理道德历来强调公私之辨，把"公义胜私欲"作为道德的根本要求，乃至把"公"作为道德的最后标准。从近几年相继发生的程维高、陈良宇等高级领导干部违法违纪行为来看，无不与他们的权力观、地位观、名利观的扭曲与异化联系在一起。天下为公、先国后家、慎独慎微、人生三戒等信条，对今天来说，依然具有积极的引导作用。

（2）与时俱进，重塑公职人员的价值理念

廉政文化价值理念的重塑，就是要使政府官员摒弃"官本位"意识，树立服务理念，由"官本位"转向"民本位"。全心全意为人民服务，是一个政治要求，同样也是一个道德要求。见利思义，对义利关系的处理集中体现了中国伦理道德的价值取向。先义后利以义制利是传统义利观的基本内容和合理内核。勤俭廉正，中国人民历来就以勤劳节俭，廉明正直著称于世。三国时，诸葛亮提出"俭以养德"的思想，要求"淡泊明志，宁静致远"。"俭以养德"的德，主要指廉德。廉既是对为政者的要求，也是一般人应有的品德，因为无"廉"则不"洁"，无"廉"则不"明"，"公生明，廉生威"。

（3）创新举措，完善廉政制度建设

反腐斗争的实践证明，必须通过制度建设的强化和创新，从源头上预防腐败问题的发生。从现实要求来看，应在不断推进体制、机制、制度创新，精心设计综合治理的改革框架和制度框架的过程中，抓紧建立健全相关的法规制度。要建立健全有关廉洁从政的法律制度，加快廉政立法进程，把那些经过实践检验、适应形势发展的党内制度和行政规章上升为法律法规，尽快形成较为完整的反腐倡廉法规制度体系。

（4）真抓实干，营造廉政文化建设的环境氛围

在廉政文化建设中，要着力营造良好的环境，积极推动廉政文化进机关、社区、家庭、学校、企业和农村，使广大党员干部和人民群众从中得到

感化和升华。廉政文化"六进"等活动，目的是要引导群众广泛参与，培养群众的廉政意识，使廉洁奉公、遵纪守法的观念在人民群众的心中牢牢扎根。

总之，我们要积极地继承古代传统行政思想中科学有益的成分，并发展成现代行政思想，促进当前进行的行政改革乃至整个政治文明建设健康顺利发展。

（二）传统行政伦理的特点和主要缺陷

总体来看，中国传统行政伦理有以下主要特征：历史悠久，良莠杂陈；紧密结合社会政治，服务于宗法等级制度；入世尚仁，重义轻利；重个人操守而轻角色伦理；重教化职能而轻管理职能；重道德品行而轻行政实践等。这些传统行政伦理对今天的公务员的行政伦理道德产生了一定的影响。

1. 历史悠久，良莠杂陈

中国传统行政伦理思想最早可以追溯到原始社会末期的尧舜时代，但主要形成于奴隶社会向封建社会过渡时期。儒家学派的创始人孔子就生活在这一时期，他在这新旧制度交替的大变革时代，形成了以"仁"为最高的道德境界，将"孝"、"悌"、"礼"、"信"等置于其下的中国最早的道德学说。自己统治虽然孔子的思想中也有我们不能接受的内容，但总体上是积极开明的。孔子的道德学说经其弟子，特别是孟子的继承发扬，成为一套完整的体系，但儒家伦理学说在孔孟在世时并不被统治阶级所认可，仅仅以一种学术思想存在着。经秦始皇统一中国，到了汉武帝的时代，统治者不能再把武装力量作为维护自己统治的首选工具，而需要利用文化的力量统一人民的思想，稳定社会秩序。在这时，孔孟的行政伦理观，作为文化遗产受到了统治阶级的推崇。汉代董仲舒应运而生，在《春秋繁露》中提出"三纲"。所谓"三纲"，指的是君臣、父子、夫妻这三种最重要的伦理道德关系，同时实行"罢黜百家，独尊儒术"的思想统治路线。这标志着孔孟的伦理道德文化上升为"御用"的行政伦理文化。

这一阶段，中国传统伦理道德文化的政治性明显增强，它必须服从并服务于统治阶级的利益需要。当然，此时中国地主阶级处于上升时期，他们代表着先进的生产力和先进社会的方向，作为政治伦理的传统伦理道德文化也同样具有思想上、文化上的先进性。不可否认的是，统治阶级也根据自身的需要对之不断地进行整理和改造，使之服务于建立在小农自然经济基础上的封建宗法等级制度。

　　中国封建社会到宋代开始走下坡路，地主阶级在上升和发展时期的勃勃生机逐渐窒息，它狭隘的阶级私利日益膨胀，与此相应，地主阶级的思想家们适应这一时期的社会需要所提出的道德观念也趋于僵化并走向极端。朱熹认为，"圣贤千言万语，只是教人明天理，灭人欲"①。程颐说，"人心私欲故危殆，道心天理故精微，灭私欲，则天理明矣"②。这种所谓"存天理，灭人欲"，从而导致"禁欲主义"和"苦行僧"的价值观，使得先秦以来的道义论走向了禁欲主义。这种变了质的思想在民族国家生死存亡的关键时刻更显其反动性。南宋孝宗时，驱逐外敌，收回中原成为时代的主要任务，而朱熹却对孝宗讲他"平生所学，唯此四字"的"正心诚意"。同样地，明末内忧外患，风雨飘摇，理学家刘宗周对崇祯皇帝讲的依然是"陛下心安则天下安矣"。这时的道德文化已经是腐朽的、反动的文化，在历史上起了束缚人民活动的严重的消极作用，应该受到严肃的批判。

　　2. 紧密结合社会政治，服务于宗法等级制度

　　与社会政治紧密结合的是中国传统行政伦理的另一基本特征。这一基本特征，反映了先哲们所具有的自觉为社会政治服务，为社会的安定和谐服务的务实精神，希望统治者在治理国家时，实行合乎道德要求的"仁政"，反映了先哲们反对"以道学政术为二事"③，强调学术理论研究必须与社会的客观现实密切结合的学风。而统治阶级也看重了"德治"，常常借用国家力量，把符合自身利益的道德思想、行为规范赋予政治和法律的权威。在这一点上统治阶级和思想家们真正地达到和谐统一。

　　中国古代社会制度有两个基本特点，一个是宗法制度，一个是等级制度。在中国社会中，家庭是一个最基本的单位和社会细胞，在一个"家"中，有父母子女、兄弟姐妹等之间的血缘关系，还有主人与奴仆之间的社会政治关系。社会治理得如何，从一定意义上说，其关键在家。孔子有差等的爱，就是承认尊卑、亲疏的存在。封建社会的亲疏关系是与社会生产生活相联系的，是按照血缘关系的远近形成的近亲关系和疏远关系。例如：处于首位的是父母与子女的关系，其次是兄弟姐妹的关系，再次是亲戚关系，然后

---

① 《朱子语类》卷十二。
② 《程颐·遗书》卷二十四。
③ 《张载集·文集佚存·答范巽之》。

是邻里乡亲关系，最后是国人关系。从尊卑关系上说，既有家庭内部的尊卑关系，也有国家和社会上的尊卑关系。在家庭内部，以父为尊，以男性为尊，以嫡长子为尊。宗法制度不可能不影响到社会的政治等级制度，如嫡长子为尊的宗法伦理观念，在社会政治领域就有非常鲜明的表现。

这样一种宗法等级制度，要求有适应自己并为自己服务的伦理道德。以血缘关系为纽带的宗法制度，是中国封建社会稳定发展的根本保证。在这种宗法制度里，维护其存在的道德价值观的核心和根本导向是重视个人对家庭、宗族和国家的道德责任，强调个体利益服从家庭、宗族和国家利益，遵循整体主义的利益原则，不允许把个人利益放在宗族和国家利益之上。封建伦理的"三纲"，即"君为臣纲、父为子纲、夫为妻纲"、"孝悌忠信"都非常集中地体现了其为宗法等级制度服务的性质。

3. 入世尚仁，重义轻利

任何社会都需要用道德规范、行为准则来调整人与人、人与社会的关系，形成社会的价值观念和价值取向，引导人们如何为人处世，如何在社会中共同生活。然而，道德的这些超越性和理想性的根据在哪里呢？外域的道德学说更多的是从"彼岸"或"来世"中寻找道德的合理性，表现为出世的特点；中国则相反表现出入世的性质，孔子"未能事人，焉能事鬼？""未知生，焉知死？"[①] 就是对自己学说的入世性质的最好诠释。

"仁者，爱人"，"居处恭，执事敬，与人忠"，以及"恭、宽、信、敏、惠"等都是人情世故。孟子坚持了孔子的入世原则，说"亲亲，仁也"[②]，"仁，人心也"[③]，"亲亲而仁民，仁民而爱物"[④]，强调不仅要爱自己的亲人，而且要仁爱百姓、爱万物。孟子还进一步把孔子的道德规范，上升为伦理原则，提出"五伦"，即父子有亲，君臣有义，夫妻有别，长幼有序，朋友有信。从逻辑结构讲，仁的逻辑起点为孝、悌，进而延伸到人与人之间的社会关系，要求人讲忠、恕、恭、让，并通过修己、推己、克己，使天下之人归于"仁"，从而达到调和人际关系，清除社会矛盾的理想的道德境界。这样，中国传统伦理道德就从社会现实中获得合理性，从而使其根植于现实的社会生活，能在社会生活中获得滋养和营养而经久不衰。

---

① 《论语·先进》。
② 《孟子·尽心上》。
③ 《孟子·告子上》。
④ 《孟子·尽心上》。

中国传统行政伦理在坚持其入世性质的同时，却又在世俗生活中尚义不尚利，提倡先义后利，以义制利。孔子告诫人们要"见利思义"，见到利益要想到道义。同时，孔子根据对义利的不同态度又划分出君子和小人："君子喻于义，小人喻于利"①，倡导要做讲究大义的君子，而不做只讲利益的小人。孟子更进一步，认为"何必曰利？亦有仁义而已矣"②。董仲舒更概括出"正其谊不谋其利，明其道不计其功"③ 的命题。"重义轻利"这种道德观念是"君子"追求的道德观念，因为"君子"只有通过节制人对利欲的追求，自觉"存义去利"，才能保持为政清廉和公平。这就形成了中华民族在现实生活中特有的义气：对国家民族——尽忠义，对父母长辈——行孝义，对亲人——重情义，对朋友——讲信义。人们义不容辞、见义勇为、伸张正义、施行道义直至舍生取义。"为义"已成为整个社会道德的重要信条，"舍生取义"的高尚境界激励着一代又一代中国人为国捐躯、为民献身。

中国传统行政伦理及其文本是一种历史性存在，不同时代、不同精神归宿的人会解读出中国传统行政伦理、行政文化不同的价值。我们认为，解读中国传统行政伦理甚至简单地重复和张扬中国传统行政伦理的历史上的某种解释是不够的，继承中国优秀传统行政伦理更重要的是要使中国传统行政伦理面向当代中国行政建设的实践。然而，我们曾经全面地否定过这一传统文化，中国传统行政伦理在至少两代人的精神中形成断层。正如罗国杰先生所说："一旦一个民族抛弃或失去了自己的民族传统，或者被别的民族的文化所征服，那么，这个民族的生存也就岌岌可危了。"④ 在这样的情况下，解读中国传统行政伦理就既是一种学习宣传，又是一种承袭和弘扬。

4. 重权轻利

权和利是相关联的。一般来说，权所代表的是政治关系，而利所体现的是经济关系。按照马克思主义的基本原理，政治以经济为基础又反过来为经济服务，在这个意义上，权是为了利的；在人的活动中，权为手段，利为目的。然而，在儒家学说占据主导地位的条件下，我国历史上的统治阶级多看重政治而轻视经济，因而他们行政的原则往往是重权轻利。正因为如此，有

① 《论语·里仁》。
② 《孟子·梁惠王上》。
③ 《汉书·董仲舒传》。
④ 罗国杰：《我们应当怎样对待传统》，《道德与文明》1998 年第 1 期。

些哲人认为，日耳曼是思辨的民族，大不列颠是利欲的民族，中国则是一个权力民族。权力在我国漫长的封建社会中，一直是国人仰慕、嫉妒之神。在它面前，一切神都不得不甘拜下风，甚至会失去其作为神的光辉。它从无数个人中产生，又凌驾于每一个人之上，并作为一种外在的力量统治着每一个人，使人们对之顶礼膜拜。不仅如此，权力还是人们追求的目标。当人们处于无权地位的时候，往往是屈从和附着于权力，并仰仗着权贵的鼻息；而一旦权力在握，便会变本加厉地运用它来攫取其原来所不可企及的一切，甚至不惜迫害自己的同类。

尽管我国历史上不乏贪官，但为官之道所强调的却是轻利。轻利的思想在我国由来已久。春秋时期，孔子就对此作过说明和论述。比如，他曾说："君子喻于义，小人喻于利。"又说："不义而且贵，于我如浮云。"由此生发的治世之道则是："不患寡而患不均，不患贫而患不安。""无产相安"、"安贫乐道"等。

5. 重人治轻法治

人治与法治是相对而言的两种不同的治国方法。我国的行政伦理史上既有人治思想也有法治思想。但是在这两种思想的斗争中，人治思想占据主导地位。这种思想认为，国家治理的好坏，关键在于统治者是否贤能，而不在于是否有完善的法律。孔子所谓"政者，正也"，"文武之政，布在方策。其人存，则其政举；其人亡，则其政息"① 等观点，就是典型的人治思想。这种思想把国家政事的兴衰看做是由统治者的个性决定的，因而认为，要想把国家治理好，只能寄希望于贤德之君。

6. 重自律轻他律

他律与自律是就道德规范对道德主体起作用的方式而言的。前者对道德主体的约束是外在的，而后者则强调道德主体将道德规范内化为自己的道德品格。我国传统行政伦理在自律与他律的区别中，更强调自律。在他们看来，道德规范不是外在的要求，而是人之为人的根本。因而，强调道德主体的能动性、主动性，要求道德主体"自己为自己立法"，即自己制定道德准则要求自己遵守。这样一来，必然把自律看做一切真道德的源泉，认为只有出自自律的行为才是真正道德的行为。这同西方历史上强调他律的思想有着明显的差别。

---

① 《礼记·中庸》。

7. 重整体轻个体

整体与个体孰重孰轻是行政伦理必须设定的价值目标。我国传统行政伦理的价值目标主要在于重整体轻个体，即强调整体的价值，忽略个体的价值，甚至主张以牺牲个体的价值为代价而实现整体的价值。设定这种价值目标的根源在于，其一，生产力水平不高，人们只能依靠某种集体的力量才能有效地作用于自然实现自己的利益。其二，封建社会的一切权力都归于封建君主及其所豢养的特权阶级，人们只有依附于君主和特权阶级才能获得生存的条件。其三，由生产方式决定的大一统的思维方式对伦理道德的影响。

8. 重个人操守而轻角色

一般说来，行政伦理应当包括两个方面的内容：一方面是针对行政职位的角色要求，另一方面则是针对行政人员个人的道德要求。在中国传统行政伦理中，后者的发达程度远远超过前者，无论是"清官"意识、"父母官"观念，还是"牧民"思想都体现了这一特征。在现代官僚体系中，行政性的公职首先是一种"职业"。对某一具体的职位而言，权力和责任是统一的，二者不能够被割裂。但在中国的政治现实中，行政职位却主要是一种"身份"的象征。中国政府中最看重的是"级别"问题，行政官员所有的一切，包括工资、住房、用车等，均与级别挂钩，甚至包括座位的顺序、走路的顺序，都反映着不同的职级差别。这种"官本位"的意识根深蒂固，使得中国的官员无法区分"社会公职"和"个人身份"，即便是退休以后，他也仍然是享受一定行政待遇的干部，与普通公民有着本质的不同。缺乏角色伦理的结果就是缺乏相应的"行政责任"概念。这容易产生两种不良情况：第一，角色的分离、责任的分离必然使行政人员产生角色的冲突，产生维护个人经济利益与维护公众利益之间的矛盾，使得腐败行为难以从根本上得到控制；第二，公共政策缺乏明确、客观的评价体系，各级行政官员所关心的，只是维持自己的地位和确保下级对自己的忠诚，至于社会福利、普通民众的利益则关注甚少。

9. 重道德品行而轻行政实践

传统中国行政伦理虽然确立了十分完备的针对行政官员个人的伦理规范，但所看重的只是道德品行，对于行政实践的能力则并不重视。士大夫们虽是博览群书，有着深厚学术功底的学者，但对于行政管理实践大多一无所知。正因为如此，古代中国政治生活中才出现了"有形政府"和"无形政府"这一奇特的区分。前者指正式的职官制度、政府各行政部门，而后者则是指承担着钱粮、刑名、河工等专业性行政管理职能的幕僚和书吏。重道德品行而轻行政实践的另一表现就是，在传统中国的伦理型政治中，道德理想主义对中国政治生活有着非常强烈的影响，"清流"传统一直不绝如缕。从东汉的太学生到明末的东林党人，这些以标榜道德操守为己任的儒生，自认为掌握着道德评判的终极标准，多以道德操守来衡量官员的能力，臧否人物，放谈天下。一旦真正负起行政管理的实践重任，却又捉襟见肘，举步维艰。"平日袖手谈心性，临危一死报君王"是对他们绝妙的讽刺。

与古代政府相比，现代政府的职能已经大大膨胀，行政管理的领域也日渐扩张。"角色的分配是以技术资格为基础进行的，这种资格是通过正规化和非人格化的程序（如考试）确认的。"现代政府有许多专业性很强的部门，如税务、审计、金融、司法等，这就要求在这些部门中担任公职的行政人员具有必备的行政技能和专业知识。但在目前的中国政府中，受传统中国行政伦理的影响，对官员的专业知识背景仍然不甚重视，还有许多"万金油"式的干部，因人设事、因人设职的情况依然存在。事实证明，官员的个人道德操守固然重要，但"术业有专攻"，每个人适合做的工作也是不一样的，在某一个岗位上可能做得非常出色，但在另一个岗位上就可能只是个平庸的领导。因此，必须重视对行政官员的专业性要求，培养、选拔真正具有专业素养的行政人才。

10. 重教化职能而轻管理职能

传统中国的政治精英——士大夫们，遵循儒家教义的基本准则，出则居庙堂为官，退则处乡野为绅，"位卑未敢忘忧国"，既是维系政治体系的主导力量，也是传统文化的现实载体。同时，儒家学说强调政治秩序必须建立在文化秩序之上，这就要求政府官员具有双重的身份，既要履行行政管理职能，同时又要兼顾"士"的教化职能。这就意味着，读书人做官，既是吏（行政管理者），也是师（风俗教化者），二者相比，后者的功能更为重要。新中国成立以后，政府（官员）的道德教化职能依然保留，只是内容有了相应的转变，更偏重于社会公德和社会主义道德要求与传统道德规范的结合。在各级党委的宣传部门中，都设有专门的社会主义精神文明办公室，专门负责在社会中对全体公民进行道德教育的职能。多年来，在全社会广泛开展的"五讲四美三热爱"活动、"爱国卫生运动"、宣传《公民道德建设实施纲要》、"三讲"教育、"八荣八耻"教育等群众性和党性教育运动，均反映了传统道德教化职能在当代中国的体现。

四　我国传统行政伦理的客观依据和理论基础

我国传统行政伦理作为我国历史上统治阶级的道德生发于封建社会的土壤。它作为封建社会的思想上层建筑的重要构成因素，既有客观的根据又有理论背景。其客观的根据在于：

其一，自然经济以及小生产的交往方式。封建的生产方式是我国传统行政伦理生发的土壤。这种生产方式中的生产力以铁制的简单农具为客观标志。运用这样的工具，劳动者只能作用于有限的对象，产出少量的产品。在漫长的封建社会发展过程中，生产力的水平只有缓慢的提高，广大的劳动者在与自然的抗争中，只能屈从于自然、适应自然。从生产关系方面看，土地分封制的占有形式使劳动者依附于土地的所有者——地主，地主对农民的剥削主要是通过收取实物地租的方式，而以简单农具为媒介的人际交往关系也只能在狭小的范围内展开。这样，一方面，广大的农民和小生产者被紧紧地束缚在狭隘领域里从事彼此隔绝而又大体一样的简单劳动，他们由于人身依附关系和血缘、宗法、家族关系的捆绑，受着自然和社会双重压迫，从而难以掌握自己的命运，不能形成自己独立的阶级意识和思想体系。另一方面，经济上占据统治地位的地主阶级为了维护和巩固本阶级的利益，必然在思想上推行本阶级的思想道德体系。

其二，君主专制的政体和等级制的社会结构。我国历史上的国家作为地主阶级的国家以君主专制为其政权的组织形式，等级结构是封建社会的基本结构。这种结构就像一座"金字塔"。皇帝或天子作为最大的封建主高踞塔顶，拥有至高无上的权力。在其之下，由高到低依次排列着不同级次的官僚和臣民，其中，官分九级，人有五等，而各等级之间有着不可逾越的鸿沟。在这里，不仅官职、财产、特权有严格规定，就是生活消费和风俗习惯等，也都有着明显的界限。传统道德，特别是行政伦理就是为这种宗法等级关系服务的。

传统的行政伦理作为我国传统文化的构成要素是我国传统社会现实的理论反映。它的最直接的理论基础是传统伦理学，最深刻的认识根源是传统哲学，最广泛的观念背景是传统文化。

　　我国传统行政伦理作为传统道德的构成部分直接受传统伦理学的影响。这是因为它作为社会道德在行政领域的应用和体现，以宏观伦理学为直接的理论基础。我国传统伦理学作为封建统治阶级的意识形态以抽象的人性论为出发点；以道德源于"天意"并超越物质生活为基础；以"三纲五常"为基本的规范；注重道德修养和教育；以至善为目标。这样的理论直接规定着行政伦理的立场、原则和规范。

　　其实，我国传统行政伦理最深刻的认识论根源还在于传统哲学。这是因为，哲学作为世界观的理论形态总是为各种具体的意识形态形式提供认识世界的模式。尽管我国传统哲学流派繁多，观点各异，但是自汉朝以后儒家学说就占据主导地位。儒家在解释世界的本质时，坚持天命观，即认为天命主宰自然界，也主宰人类社会；作为封建社会的最高统治者天子是天的代表，从而也是人间的最高统治者。这样的理论立场和观点规定着行政伦理必然把统治者看做制定道德规范的主体，把民看做执行道德的主体，那么道德规范为统治者服务则是不言而喻的。

　　无论是道德还是哲学都是观念文化的构成要素，它们都从属于具有更广泛意义的观念文化。我国传统文化作为社会现实的反映是一种封建的政治道德文化。在与其他形态文化的对比中，我国传统文化大体上属于封建文化，它以封建的生产方式、生活方式为原型，以大一统为其思维定式。在文化系统内部，这种传统文化注重道德，特别注重政治道德在社会生活中的地位和作用。在一定意义上，传统文化甚至把道德看做人之根本，从而也把道德看做社会稳定的决定性因素。譬如，传统文化强调，"为政以德，譬如北辰，居其所而众星共之"①。《尚书·尧典》中也有类似的记载："克明俊德，以亲九族。九族既睦，平章百姓。百姓昭明，协和万邦，黎民于变时雍。"如此看来，历史上的统治阶级认为，德政不仅是天下归顺的关键，而且是家族和睦、百官职守昭明、民众和善的根本。由于善与恶的对立，他们还认为"树德务滋，除恶务本"②。更为可贵的是，他们把法治与德治结合起来，不仅看到道德在社会生活中的重要地位和作用，而且在一定程度上看到德治与法治的互补关系，正像包拯在《上殿札子》中强调的："法令既行，纪律自正，则无不治之国。"

---

① 《论语·为政》。
② 《尚书·泰誓下》。

五　我国传统行政伦理的现代意义

我国传统行政伦理作为封建社会的产物具有历史的和阶级的局限，但是其中包含的中华民族传统美德在当今条件下仍有积极的意义。批判地继承其中的合理成分是加强行政伦理建设的应有之义。从我国传统行政伦理思想中，我们得到的重要启示在于：

其一，重视道德在社会生活中的地位和作用。一段时间以来，人们在深入研究法治，强化法制的同时，忽略了道德及其在社会生活中的地位和作用，在国家的治理问题上，没有把道德与法放到同等高度认识，从而使道德建设和法制建设都受到影响。继承我国传统行政伦理思想中的合理成分，首先要重视道德在社会生活中的地位和作用。正像江泽民指出的："我们在建设有中国特色社会主义，发展社会主义市场经济的过程中，要坚持不懈地加强社会主义法制建设，依法治国，同时也要坚持不懈地加强社会主义道德建设，以德治国。"实际上，在道德与法的关系中，道德是立法的生长点，是法制得以实现的必要条件。

其二，提升民本思想。我国历史上的行政伦理包含着丰富的民本思想。这里的民本思想虽然不可避免地带有宗法思想的痕迹，即它还不是历史观意义上的民众本体论，它所谓的民还不是创造历史的社会主体，它的以民为本还带有一定的功利性，因而它与当今社会的民主意识有质的区别。但是它毕竟在官与民的关系中强调了民的地位和作用。提升历史上的民本思想，就是要把仅限于行政伦理学领域的民本思想提升到历史观的高度，把群众不仅看做执行既定道德规范的主体，而且看做创造历史的主体；不仅看做历史活动的主体，而且看做历史活动结果的主体、社会财富的主体，在道德建设中，坚持从人民的利益出发，以人民利益的实现作为判断道德的标准，切实做到一切为了群众。

其三，在建设社会主义道德体系中推进行政伦理建设。一般来说，行政伦理作为道德体系的核心，总是道德建设的关键。但是在任何条件下，行政伦理都不可能孤立地发展。它总要受到社会现实的规定和社会文化的影响。因此，必须在行政伦理与社会生活的联系中，在行政伦理与其他文化形式，特别是其他意识形态形式的联系中，推进行政伦理的建设。

其四，加强行政人员的私德建设。加强行政人员的私德建设，是加强行政伦理建设的应有之义，这是因为，行政人员的私德及其建设不仅直接规定着他们行政的质量，而且影响着党群关系、干群关系，影响着社会的稳定和发展。在当前条件下，社会的发展和时代的进步对每一个人，特别是对行政人员、党的领导干部提出了更高的道德要求，只有适应这种要求，具备崇高的人格修养和全心全意为人民服务的献身精神，才能担当起管理国家、社会的重任。为此，每一个行政人员、党的领导干部必须自觉地加强自身主观世界的建设，在实践中培养高尚的人格和情操，提高自己，也推进社会的不断发展。

六　构建适合当代中国政治现实的新型的现代行政伦理

20 世纪 60 年代以来，"新公共行政学"（New Public Administration）强调，行政人员不是中立的，他们应以良好管理和社会公正作为基本价值准则。在目前的中国政治体制中，应在借鉴西方行政伦理原则的基础上，继承和发扬中国传统行政伦理中适合现代中国社会结构和伦理道德体系的合理因素，同时适应现代中国政治发展的需要，处理好行政角色与个人角色之间的伦理冲突，强调责任伦理和职业道德，由此而构建适应中国政治特色的现代行政伦理。

（一）强化责任伦理，加强对行政组织的伦理要求

1998 年，中国开始了 1949 年以后的第七次大规模的政府机构改革。这一次机构改革的总目标是：建立办事高效、运转协调、行为规范的行政管理体系，完善国家公务员制度，建立高素质的专业化行政管理干部队伍，逐步建立适应社会主义市场经济体制的有中国特色的行政管理体制。这是一个高度概括的要求。其实，机构改革的关键在于实现从"身份"到"职位"的转变，真正把行政职位作为一种社会公职，从而把职位与生活待遇等"级别问题"分离开，淡化官员的身份特征。一个运转良好的社会组织，应该是高效、稳定、开放的组织。现代政府应该是一个廉洁、高效的政府，它的基本职能应该实现从"管理"到"服务"的转化；而对于整个社会而言，它的运作应该是透明、开放的。近年来，各地在实施《行政诉讼法》的过程中，出现了不少"民告官"的案例，这就使得人们开始关注行政机关的组织伦理，对于作为组织的行政行为提供了必要、有效的约束。当然，对行政组织

的伦理要求最终还要落实到行政官员身上。为了达到责、权、利的统一，必须强化对行政官员的责任伦理要求。目前，部分地方政府已经在开始试行干部引咎辞职制度、离任审计制度，在加强干部监督的同时，也反映了对行政官员责任伦理的强调。

（二）继承传统行政伦理的道德关怀，注重效率与公平的统一

现代官僚制缺乏人文伦理的关怀，这一点早已为西方的政治学者所注意。因此，目前各国推行的行政改革的基本目标就是：1. 按照市场逻辑来改造政府机关，使其更加注重效率与服务；2. 在行政管理过程中添加伦理关怀，构建新型的行政伦理学，避免官僚制结构"冷冰冰"的非人格化色彩。公共政策的制定和实施，应当以社会普遍福利的增进为目标，这其中就有一个效率和公平如何统一的问题。1998 年，经济学者何清涟在《现代化的陷阱》一书中，首次系统地提出了中国改革进程中的公平问题。作者以大量实例分析指出："在转轨期，变形的权力之手介入资源配置，导致腐败现象丛生，寻租活动猖獗。所谓分配不公，其实不是体现在国民收入的一次分配、二次分配中的不公，而主要是资源分配和占有（即市场前权力分配）的不公。我国在理论上坚决反对私有化的同时，因没有有效地阻止腐败现象的蔓延，少数权力的不法使用者却利用权力系统的机制缺陷完成了资本的原始积累。"相比较而言，传统中国的行政伦理有着较为强烈的人文关怀，它的优势在于注重行政官员个人的道德修养，要求在言行中处处遵循社会普遍的道德规范。这在当今的"失范"社会形势下大有提倡、发扬的必要。行政机关虽然是一个独立自存的社会组织体系，但它的根本目的还是在为社会服务，为人民的利益服务。因此，应当大力提倡行政伦理的人文关怀，避免盲目追求行政组织自身团体利益最大化的不良局面，使政府真正发挥调控宏观经济运行和实施二次分配的社会职能，最大限度地惩治腐败，确保社会公平的实现。

第五章　行政伦理对于行政效率的影响

　　行政伦理是行政活动中的诸种伦理因素及其作用和结果的总称。它是政府过程中的伦理，是行政人员职业伦理，是国家机关以及公务员道德规范的总和，主要表现在行政人员的道德素质、行政组织的道德属性和行政运作的道德控制三个方面。本章试图探讨行政伦理和行政官员道德风险的内在联系，为此先分析行政官员道德风险的成因，然后讨论行政伦理何以能够有效地规避道德风险提高行政效率，最后具体阐释行政伦理规避行政官员道德风险的具体途径和措施。

一　行政人员的道德素质对行政效率的影响

（一）行政伦理是降低行政官员道德风险的有效途径

　　根据制度经济学的观点，道德风险指自利的个人受某种因素的引诱，会违反有关诚实和可靠的一般准则，因为环境允许他们这样做而不受惩罚。行政人员的道德素质是指行政人员内在化的职业道德品质，主要包括对行政工作的高度的道德责任感和廉洁奉公的道德操守。高度的道德责任感，使行政人员能够尽心尽力做好自己的本职工作；廉洁奉公的道德操守，则使行政人员能够正确地行使手中掌握的权力，而不是以权谋私。行政人员的道德素质的这两个部分，对于提高行政效率有着重要的作用。因为如果行政人员没有对于行政工作的高度的道德责任感，不把做好行政工作作为自己应尽的道德责任，那么，他就可能玩忽职守、消极怠工、出勤不出力，其所做的工作量和质都可能难以令人满意；如果行政人员不能廉洁奉公，那么，公共权力就会蜕变为谋取私利的工具，国家对公共领域的投入就可能被转移到私人领域，从而导致公共产出的减少。此外，在行政人员具备一定的道德素质的前提下，可以运用道德激励的方式，有效地激发行政人员的工作积极性，使之提高行政效率。现代社会公共领域和私人领域的分化，在行政官员身上体现出公共利益和私人利益的二元分离。如果公民对行政官员的行为缺乏了解或者保持"理性的无知"，那么，行政官员就会在利己主义动机的驱使下，为了特定组织或者个人的利益，偏离谋求最大化公共利益的行政目标。同时，因为传统行政模式下行政官员会陷入"道德困境"，他们往往会以效率为名义，牺牲其他重要的伦理目标，导致偏离公共利益的要求行为。可见，在公共利益和私人利益二元分化的背景下，因为行政领域的信息不对称，行政官员的利己主义动机，以及传统行政模式的"道德困境"，不可避免地会带来行政官员的道德风险。虽然它来自于体制本身的弱点，但是作为行政文化重要组成部分的行政伦理，却可以在有效的范围内减少行政官员的机会主义行为，降低道德风险。因此，建设行政伦理，是降低行政官员道德风险的有效途径。

（二）行政官员道德风险的成因

1. 公共利益和私人利益的二元分离

现代社会市场经济的发展，促使公共领域与私人领域分离开来。公共领域成为相对独立的领域，体现社会整体的公共利益，满足私人领域公正和秩序的需求。行政官员作为公共利益的维护者，公民和公务员双重角色的统一，在行使公共权力的过程中，必须同时兼顾公共利益最大化和私人利益最大化的双重取向。这样一来，公共领域与私人领域截然相反的利益取向，就都集中到了行政人员身上。行政人员作为个人，是私人领域中的成员，以个人利益作为行为诉求；但是由于他又扮演着公共权力行使者的角色，就决定了他还有维护公共利益的一系列责任和义务。由于行政人员的责任和义务与其个人的利益诉求之间的矛盾，仅仅通过立法和制度安排，还不能够完全避免行政官员个人利益对公共利益的侵害。

正如公共选择理论所揭示的那样，作为自利的、理性的效用最大化者，行政官员在其行为选择中，经常不是按照集体逻辑行事，而是与市场中追求个人利益最大化的个体一样，将个人或者所属组织的利益凌驾于公共利益之上。在利己主义动机的驱使之下，两者之间有时可能存在不可回避的冲突。因此，建立在行政官员都遵循公共利益最大化取向基础之上的现有制度，将无可回避地面对行政官员的道德风险。一旦失去道德目标的规范和约束，行政人员手中的权力往往会演变成其谋取私利的工具。

2. 政府官员作为代理人的机会主义行动

政府可以被看做一个多级授权组织，某一级政府总是上级政府、权力机关、全体公民的代理人。当代理人不需要完全承担其行动的全部后果时，就会产生代理人的激励问题。行政官员作为代理人，比之他们的委托人，外部公民，拥有十分明显的信息优势。并且，行政领域的信息不对称，比起竞争性企业，其监督成本要高昂得多，企业还受到市场竞争机制的约束，而行政部门则垄断了公共服务的生产和提供。所以行政官员作为内部人，拥有十分强烈的机会主义行为激励。

这种机会主义行为主要表现在两方面：一方面，包括我们通常说的"打擦边球"、"钻空子"、利用职权获取灰色收入等；另一方面，则是以腐败为代表的违法乱纪行为。第一种道德风险来源于行政官员对社会规则的变通性处理，从而能在规则的边界上，既不违反形式上的合理性，又能实现自己主观策略性的介入，造成一种形式上的名实相符但实际上名实分离的结果。第二种道德风险来自于社会特定利益集团和行政官员的共谋。针对原本应当是普遍适用于全体社会成员的制度，特定利益集团通过行贿而寻求有利于自身的歧视性变通，而行政官员也有意地设租，以寻求政治支持和物质利益，两方面的力量使行政过程演变为一场权钱交易。

3. 传统行政模式下的"道德困境"

在政治与行政二分的官僚制行政模式中，行政官员的职责，只在于忠实地履行政治官员的决策，他们是不应该也不能够承担任何主体性责任的。米歇尔·哈蒙揭示了这种政治—行政二分法假设下的"责任困境"，按照这种二分法的逻辑，"如果行政人仅仅负责有效执行由政治家制定的目的，那么，作为他者权威的工具，他们就不应对其行为承担任何个人的道德主体责任。反之，如果行政人积极参与公共目的的决定，那么，他们的责任性又成问题，而且政治权力将受到削弱"。因为行政官员的责任只在于遵循工具理性去执行国家意志，只要他有效率和经济地完成了被指定的工作，那么就是道德的。由于效率本身成为唯一的伦理目标，当面临多元道德目标的冲突时，正义、公民权利等对于公共利益至关重要的价值，就都有可能在效率的名义下被湮没。

这一"道德困境"从更深的层次上说，还潜伏着另外一个冲突，即行政官员到底是对上级负责，还是对公民负责之间的冲突。行政官员总是属于特定组织的，他所属的组织利益与公众利益之间可能存在冲突，一旦发生这种情况，效忠组织的公务员道德要求，与维护公共利益的伦理要求，就会构成对行政官员道德选择的严峻考验。由于前者的道德约束力和激励机制强大而具体，而后者却往往是模糊而缺乏硬性约束的，此时，行政官员就可能为了组织利益而牺牲公众利益。

（三）以行政伦理规避道德风险的原理

1. 以行政伦理减缓"机会主义行为倾向"

由于政府官员具备专业内的绝对信息优势，基于其自利的行为动机，行政官员倾向于采用机会主义的行为方式。通过行政伦理的作用，可以增加政府官员的利他主义行为倾向从而降低行政过程中的道德风险，以更有效地实现公共利益。

在民主和法治社会，法律规定和制度设计基本都遵循了权力公有的导向，并且设计了一整套制度来防范公共权力对公民权利的侵害以及以权谋私行为的发生。但是，制度和法律始终都只能在基本的层面上规范行政官员的行为。况且，制度和法律应该在多大程度上为行政权力留下自由裁量的空间，这种自由空间如何才能不被行政官员滥用，脱离伦理约束，都会成为一个难以解决的问题。

要解除公共利益和私人利益之间的紧张关系，在很大程度上还是必须依赖于行政伦理的建设。因此，在法律和制度不能有效约束行政官员行为的领域，往往都需要运用伦理观念和道德准则来唤醒行政官员的行政良心，从而对其行为给予道德方面的约束。物质利益和利己主义尽管在相当大的程度上主导着我们的行为，但是，像自我成就、社会认同、道德良心等伦理因素，也同样起着不可忽视的作用。行政伦理关键在于通过调动这些因素，增加行政官员的利他主义倾向，从而减少行政过程中普遍存在的机会主义行为。

2. 以行政伦理的个人自主性弥补体制缺陷

针对传统行政模式的"道德困境"，个人伦理自主性可以作为制度的补救措施。当组织目标与公共目标发生冲突，或者效率目标与民主、正义、公平等其他价值发生冲突时，行政官员能够遵从良知与信仰，作出选择和纠偏。

个人伦理自主性是指："当行政人员在处理具体伦理困境中或大或小

地界定自己责任的界限和内容时，他们使自己具有了'伦理身份'，这种
伦理身份认同形成了他们的道德品性。"因为"公共行政人员要像一个魔
术师一样处理各种对抗性的义务和利益"，各个价值目标之间的冲突，成
为行政选择过程中行政官员经常面临的尖锐矛盾。显然，在"道德困境"
中进行选择，不仅需要行政官员了解行政伦理准则的内涵和优先权，而且
要具备自主作出伦理判断的能力。在传统的行政模式下，效率在行政过程
中具备超出一切的优先地位，行政官员为工具理性所掌控。要保持负责任
的行政行为，官员的行政伦理自主性就更加成为弥补体制缺陷必不可少的
措施。

　　具备伦理自主性的行政官员，"对待具体权威与制度的基本态度是'合
理服从'，而非盲目服从。与其他行为一样，服从行为也必须接受道德的追
问，必须符合行政人所效忠的'高级法'。因此，当对现实具体制度权威的
遵从与其内心的良知与信仰、与其所信奉的高级法发生冲突时，德性行政人
会选择对后者的服从"。而针对组织利益和公共利益之间的冲突，行政官员
的伦理自主性，也促使他意识到自己首先是一个公民，其次才是公务员，
"政府组织工作人员就是负有特殊责任的公民"。任何时候，当发现行政组织
作出损害公共利益的行为时，他都必须采取行动维护公共利益，否则就违背
了最基本的伦理准则和道德标准。

二　行政组织的道德属性对行政效率的影响

　　行政组织的道德属性是指行政组织在设定组织目标、设计组织结构、
进行组织变革等时均要遵循正确的道德规则，以使其显示出应有的道德
品格。组织目标是行政组织所预期的最终结果，或者说是行政组织为之
奋斗以争取实现的一种未来状况。一般认为，行政组织以实现社会公益
为目的，而社会公益性，就是对于行政组织目标的道德规定。实现社会
公益的最大化，是行政组织的应有效率。而如果在设定行政组织目标时
偏离了道德轨道，就会导致行政组织目标的错位，即可能以私利的满足
置换社会公益的实现，这显然会降低甚至取消行政组织的应有效率。行
政组织结构形成行政组织的基本框架，规定行政组织的法定权力、职责
及行政组织中各行为主体之间的相互关系。在设计行政组织结构时，必
须坚持公平、公正的道德原则。如果违背公平、公正的道德原则，就可

能因人设岗、职责不清，或有意造成部门之间的权力与利益的不均衡。而由于结构是功能的基础，如此设计的行政组织结构，会导致机构臃肿、人浮于事以及部门扯皮，这必然影响到行政组织的功能不能得以充分发挥，从而降低行政组织的效率。

面对不断变化的社会环境，行政组织为了保持自身的一体化进程并有效地发挥其社会职能，有必要适时地进行或大或小的变革。行政组织的变革关系到组织成员之权力与利益的再分配，而权力与利益之再分配是否合理，则在相当程度上取决于是否有正确的道德指导。离开了正确的道德指导，权力与利益的再分配就可能演变为一场争权夺利的大混战。在这样的混战中，不道德的行政组织成员可能倾向于不择手段地谋取较多的权力与利益，这就可能改变行政组织的性质，使行政组织不能沿着正确的方向发挥其功能和作用，从而导致行政组织应有效率的下降。

三　行政运作的道德控制对行政效率的影响

行政运作的道德控制是指日常行政工作的进行以及行政组织内部上下级之间关系的处理等，都需遵循相应的道德原则。一般而言，现代行政工作必须依据有关法律、法规的要求进行。但有不少具体的行政工作，可能法律、法规并没有予以明细的、直接的规定。在这种情况下，行政机关如何作出和实施行政决定具有一定的自由度，这就是所谓行政自由裁量问题。在行政自由裁量问题上，行政机关当然首先要本于对法律精神、法律理性的理解，但法律精神或法律理性以公平、适当、正义为核心，因此，行政自由裁量问题实质上又是一个道德问题。没有正确的道德准绳，行政机关在行政自由裁量领域就可能因法律没有具体、明确的规定而钻法律的空子，从而导致不能达到应有的行政效率。行政组织内部的上下级关系也离不开道德的维系。因为如果没有道德的维系，上下级关系就会被扭曲为伤害行政效率的不正常关系。缺乏道德意识的行政领导，往往任人唯亲而不是任人唯贤。面对这样的领导，下级则可能倾向于阿谀奉承、吹牛拍马。任人唯亲会导致高素质、能力强的行政人员的流失，而阿谀奉承、吹牛拍马的行政人员则不会重视行政工作的质量和业绩。这样的上下级关系，显然是与提高行政工作效率的宗旨背道而驰的。

四 以行政伦理规避道德风险的途径

(一) 行政伦理标准的确定

伦理标准是行政伦理判断和选择的前提，而行政伦理的判断标准，毫无疑问就是公共利益，因此，行政伦理标准的确定就转化为公共利益的定义。而关于公共利益的定义，行政领域习惯上遵行实用主义的标准。认为一项政策只要总体上提高了所有人的社会满意度的净平均值，即便有某些人受损，也依然是公正和符合公共利益的。这一实用主义传统的伦理标准以边沁、亚当·斯密、大卫·休谟和斯图亚特·穆勒为代表，对公共行政的价值判断产生了最广泛和深刻的影响。所谓"最大多数人的最大幸福"原则就是这一传统的基本结论。

但是，罗尔斯的公正理论则认为这样的政策既不公正，也不符合公共利益，因为它没有保障少数人的权利。他所提出的"作为公平的正义"理论，强调保障个人自由、起点公平和少数人的权利。与实用主义的观点不同，罗尔斯的公正理论，把现代社会道德的基准线，由"最大多数人的最大幸福"提高到"惠顾最少数最不利者"的"最起码"的社会道德正当性的层面上来。因此，这一论证不再是个人价值目的论，而是社会公平道义论，强调的不是社会的价值效益，而是社会的公平、秩序和稳定。

可以看出，实用主义传统与罗尔斯的公正理论，虽然遵循了不同的取向，但是两者都可以作为行政伦理的判断标准。虽然确定行政伦理标准的过程，可以被认为是一个价值判断的过程，但是对于中国这样的发展中国家而言，发展是整个社会的首要目标，出于政府在国家发展中所肩负的不可替代的作用，行政过程的伦理标准的选择，也不能脱离这一宏观背景。因此，选择实用主义以效率为导向的伦理标准，显然更符合中国现在的现实。但是，行政伦理不可以一味对现实妥协，在效率的价值导向下，还必须坚持维护"处于少数的弱势群体"的最起码的尊严和权利。正是基于这一道理，效率优先、兼顾公平也就成为中国现阶段行政伦理选择所应当坚持的价值取向。

(二) 建设行政伦理的基本途径：内在控制和外在控制

通过行政伦理来约束官员的行为，可以通过两个基本途径：内在控制和外在控制。前者由行政官员内心的价值观和伦理准则构成，能够激励行政官员在缺乏规则和外部监督的情况下，自主地从事合乎道德的行为，后者来自于外部因素的控制，包括法律、外部监督或者官僚制组织。

自从 19 世纪 30 年代以来，行政学界就对内控还是外控的行政伦理构建产生争论，其中尤以卡尔·弗雷德里克（Friedrich，C. J）和赫尔曼·芬纳（Herman Finer）之间旷日持久的争论为代表。双方围绕如何使公共行政处于责任状态进行了广泛而深入的争辩，弗雷德里奇主张内部控制的重要性而芬纳则主张外部控制更重要。

这场争论虽然后来仍有发展，但是这并不表示两个观点之间的严重的对立，争辩的焦点在于哪一种观点更为重要。其实，行政伦理的构建，如果要达到理想的效果，保持内部控制和外部控制之间的平衡才是至关重要的。如果没有足够的外部控制，行政官员的利己动机和机会主义行为就会泛滥开来，使得个人完全以私人利益作为行为导向。可是如果没有充足的内部控制，行政官员就会沦入传统行政模式中的"道德困境"无法自拔，利他主义、理想主义、伦理的自主性等值得赞赏的个人品德都会消亡殆尽。并且，停留在外部控制阶段的行政伦理，无论行政官员怎样尽职地去遵守它，只要尚未将其内化为自己的品格，也就是转化到内部控制的阶段，那么行政官员的伦理构建就是不完全的。因此，内部控制和外部控制，对于通过行政伦理实现行政责任，规避行政官员道德风险，都是必不可少的关键因素。

（三）建设行政伦理的具体措施

行政伦理建设的具体措施，在内在控制方面，包括行政良心，而外在控制则包括组织伦理规则、伦理立法。具体来说，包括以下的内容。

1. 行政良心

行政良心是行政官员在行政过程中逐步形成的一种伦理意识，包括行政官员的一整套职业价值观、作为内在道德品质的德性以及自我评判的能力。行政良心对建设行政伦理的作用，主要体现在对行政自由裁量权的伦理指导上。由于法律和制度只可能对自由裁量权给出指导性的意见，而公众对自由裁量权行使，由于信息成本和监督成本，基本上保持"理性的无知"的状态，所以，只有内化为行政官员道德意识的行政良心，才可以在缺乏有效监督的环境中，激励行政官员自主作出公共利益取向的行政决策。行政良心的优点在于，由于它是内化于行政官员内心的价值，所以能够稳定地促进他们的道德决策，也有助于他们积极性和创造性的发挥。其缺点则在于行政良心并不总是一个可靠的伦理因素，况且不同的伦理目标之间也可能产生冲突，从而导致混乱。

2. 组织伦理规则

行政良心虽然根源于行政人员内在的价值观念和伦理准则的主观力量，是行政行为趋向于善的一种内在动力。但是，内在的善并不是在任何情况下都可以自发成长的，它需要有适宜于自身成长的制度环境。行政良心作为软性约束，如果没有相应的硬性约束作为配合，再好的道德体系也难以对实践产生广泛而持续的影响。组织的伦理规则能够促使行政伦理成为具有普遍意义的积极力量，引导行政官员以公共利益作为行为取向，从而成为行政过程中一个不可或缺的价值因素。组织伦理规则的优点在于，比起伦理立法的"防范"作用，它能够更明显地起到激励作用，更富于针对性，并且能够为行政良心的内化过程，提供外在的制度保障和支持。其缺点就在于，它往往是抽象而模糊的，并且约束力也比伦理立法微弱得多。

3. 伦理立法

可能会有观点认为，伦理和立法是不相容的，如果对某一行为立法，那就不是伦理问题，而是法律问题了。但是，伦理立法实际上是一种集体性的道德裁决，是行政过程中建立起来的最低道德标准。因为人本身所固有的自利动机和认识客观事物的局限性，行政官员不可能依靠内在控制而永远正确地行使权力。所以，需要有外在控制来制约行政权力运行过程中的滥用。在现代国家中，越来越多的伦理规范被纳入社会的法律规则体系之中。加强伦理立法，通过法律的强制力来维护道德的纯洁性，已经成为现代国家共同的发展趋势。美国、意大利、日本、新加坡、韩国等国家都对公务员的行为进行了法律方面的规定。伦理立法的优点在于，它为行政官员解决伦理冲突提供了一般性的指导，也为惩罚那些违背最低道德要求的行为提供了依据，但是缺点则在于由于它停留于一般性原则的指导，在实践中往往难以操作，并且如果严格执行伦理立法，也会损害政府部门内部的工作气氛。

第六章　效能政府的行政伦理取向

正如前面所述，公务员的个人道德素质、行政组织的道德属性、行政行为的道德控制都对行政效率有着重大的影响，行政伦理对效能政府的创建起着重要作用，效能政府的行政伦理取向是新时期创建效能政府必须首先要解决的问题。总体说来，效能政府行政伦理的取向主要包括勤政为民、公平公正、务实高效、团结创新，这些价值取向的根本目的就是为了实现政府运作高效。中国共产党是建设社会主义和谐社会的领导者和组织者，加强和提升党的执政能力有利于推动我国和谐社会的进程，而行政伦理建设是提高党的执政能力的内在要求，也是优化党执政能力的价值之维。

构建"和谐社会"作为中国共产党在新的历史时期确立的具有深远意义的社会发展战略，是一项长期性、复杂性和全局性的社会系统工程，涉及经济、政治、文化、社会等各个领域，内含物质文明、政治文明、精神文明和生态文明的协调发展。作为政治文明和精神文明重要组成部分的行政伦理建设在构建和谐社会的历史进程中有着特殊的作用。承担着社会公共管理职能的政府自身的精神风范和道德水准，直接影响着政府的公共管理效能以及社会整体的精神文明状况。中共十六届六中全会指出：构建社会主义和谐社会，关键在党。必须充分发挥党的领导核心作用，坚持立党为公、执政为民，以党的执政能力建设和先进性建设推动社会主义和谐社会建设，为构建社会主义和谐社会提供坚强有力的政治保证[1]。笔者认为，党的执政能力建设既包括党对各种行政体制、制度的改革和社会调控、服务能力的完善，也包括党对担当改革重任的政府机关及其行政人员自身伦理的价值选择和规

---

[1]　《中共中央关于构建社会主义和谐社会若干重大问题的决定》，《人民日报》2006 年 10 月 19 日。

范。党的执政能力建设通过主体行政伦理价值的内化，使公共行政人员切实有效地把客观责任内化为主观责任，使行政主体行为符合法律、组织规范和高尚社会伦理道德标准，显示出党的执政品质和生机。

一　挖掘公共行政的价值取向

公共行政不仅是管理理性的领域，而且是价值追寻的领域。换言之，公共行政除了是管理活动的领域之外，还应该是伦理活动的领域，而且后一个方面由于公共行政的公共性显得更为重要。公共行政活动是在千变万化的行政环境中进行的，许多时候需要行政主体随机作出裁决和自主作出决定，这是刚性的政府管理规则没法也无力约束的。公共行政中、公正与非公正、是与非、善与恶等基于价值的行为选择是存在于社会治理全过程中的基本问题。因为只要是属于人的行为，就必然有一个规范与约束的问题，而公共行政行为更是如此。进一步说，接纳与实现行政行为的规范与选择又要与行政主体的良心、责任感、正义感作为内心的依托，即需要行政伦理的作用。为了规范行政行为，以公民的期望去实施行政，在强调外在强制性的刚性规范的同时，还必须重视行政伦理的自律意识，以提高行政主体的伦理修养来弥补政治法规等的有限作用。这样就形成了对行政行为的伦理判断。最早意识到行政伦理问题的是英国著名学者伊顿（Dorman. B. Eaton）。1880 年他在《英国公务员考试》一文中很明确地把公务员改革作为一个基本的道德行为。在悲叹"长期制造公共权力商品的活动"中，他指出这一活动已污染和麻木了英国关于公共行政这一主题的道德感，以致使公务员的改革比以往困难十倍。在我国，对行政行为的伦理判断进行学理研究长期受到忽视，只是近几年，行政伦理才被提及。由张康之博士所撰写的《寻找公共行政的伦理视角》①，从伦理、哲学的角度来探讨公共行政问题无疑是为公共行政学的深入研究开辟出一片崭新的天地。

受实证主义方法论的影响，20 世纪主流公共行政学更加强调价值与事实的区别与分离，试图建立一种"价值中立"的科学。理论研究上，重点在于"技术的合理性"和"工具的合理性"，完全忽视了"目的合理性"。在工具理性的指导下，视"效率"为公共行政的终极目标和目的，把公共行政管理

---

①　张康之：《寻找公共行政的伦理视角》，中国人民大学出版社 2002 年版。

简化为一套行政程序和管理技术，从而忽略了对公民基本价值的捍卫，缺乏对公共行政管理的基本价值和目的的探讨与重视，以至于在公共行政实践中政府出于缺乏对自身行为价值的反思、认同和内化，逐步受到商品化、官僚化的侵袭和法律、道德的挑战。产生于 20 世纪 60 年代末和 70 年代初的新公共行政学在反观了主流公共行政学弊端的基础上，开始关注与政府社会目的有关的价值取向问题，主张以公共行政的"公共"部分为研究重心，它不仅认为公共行政应以经济、有效的方式为社会提供高质量的公共物品，而且更强调把社会公平作为公共行政所追求的目标。"他们建议的是以顾客为中心的行政管理，以及非官僚制、民主决策和行政过程的分权，这一切都是为了更有效、更人道地提供公共服务。"① 这实际上就意味着行政管理人员不能是价值中立的，他们应当担负起对社会的责任，应当把出色的政府管理与社会公平、应当履行的必要职责和应遵循的社会准则作为一种新的公共行政的基本追求，而且社会公平这一社会准则本身又赋予了新公共行政以崭新的使命，即它有责任改革那些在制度上、功能上、效果上妨碍社会公平的政策与影响实现社会公平目标的政府行政管理体制。受到新公共行政学思潮的影响，20 世纪 80 年代公共行政学中兴起的诠释学和批判学派正是力图发掘公共行政的意义及价值层面，以高扬公共行政研究的"超越理性行动"②。《寻找公共行政的伦理视角》一书从威尔逊、古德诺的政治—行政二分这一主流公共行政学的逻辑前提出发，对在"20 世纪的政治统治、公共行政和社会各类组织的管理中最具有影响的理论"③——韦伯的官僚制理论进行深入的探讨和剖析，认为官僚制是基于工具理性建构起来的。"工具化、技术化在官僚制的运行中的典型化把整个社会都推向了窒息着人的生存价值与正义，排斥人类的价值判断和道德自觉。"④ 而且"当基于工具理性的官僚制排斥了道德的价值时，实际上却无法避免不道德的价值的纠缠"。因此，"无视价值因素甚至排斥价值的因素是不可能的，关键在于应当选择什么样的价值因素"。于是作者明确指出，"官僚制在 20 世纪中的所有失败都在于它根据工具理性的原则排斥了正向的道德价值的介入"，解决官僚制弊病的出路就是

　　① ［美］菲利克斯·A. 尼格罗、劳埃德·G. 尼格罗：《公共行政学简明教程》，中共中央党校出版社 1997 年版，第 18 页。
　　② ［美］罗伯特·丹哈特：《公共组织理论》，华夏出版社 2002 年版，第 163 页。
　　③ 张康之：《寻找公共行政的伦理视角》，中国人民大学出版社 2002 年版，第 77 页。
　　④ 同上书，第 104 页。

要"在政治生活和公共行政体系的建设中，超越工具理性的思维，引入政治的和行政的道德价值，走以德治国和以德行政之路"①，也就是通过价值因素的引入和政府的道德化来实现对现代官僚制的超越。作者还专门讨论了韦伯、哈贝马斯的合法性理论，论证了超越合法性的理论问题。显而易见，《寻找公共行政伦理的视角》一书的理论观点与新公共行政学、公共行政学研究中的诠释学和批判学派的理论追求是相一致的，都要突显"精神"在公共行政中的作用，通过对主流行政学的反思重新为公共行政注入或者唤起公共行政原有的"价值"。事实上，伦理道德和公共行政管理并不是格格不入的。公共行政管理不仅是一个执行法律和实施政策的过程，而且是一个实现伦理价值的过程，它有着丰富的伦理学内涵。主张政治—行政二分的美国公共行政学的创始人伍德罗·威尔逊早在1887年就承认，"行政管理的领域是一种事务性的领域……却同时又大大高出于纯粹技术细节的那种单调内容之上，其事实根据就在于通过它的较高原则，它与政治智慧所派生的经久不衰的原理以及政治进步所具有的永恒真理直接相关联的"②。行政伦理学家特里·L.库珀宣称："负责任的行政不仅仅是公共行政工作者的任务，它更是所有的试图在行政事务中追求民主社会的人的事业。"③

二　行政人员特殊的道德价值取向

　　行政人员是一个特殊的职业群体，他需要拥有作为社会成员的一般价值取向，又必须具有作为行政人员特殊的价值取向。而且在行政人员的职业生涯中，他的那种特殊的道德价值取向是他的行政行为的准则。他只有时时刻刻用这种特殊的价值取向校准他的行政行为，才能成为社会公众所期望的合格的公务人员。当然，行政人员的这种特殊的价值取向并不是在他作为社会成员而在市场经济的活动中生成的，而是在他作为行政人员的职业活动中产生的，是市场经济的公共要求在行政人员思想意识深层的凝结，也是一个合格的行政人员必备的条件。

---

　　① 张康之：《寻找公共行政的伦理视角》，中国人民大学出版社2002年版，第111页。
　　② [美]伍德罗·威尔逊：《行政学研究》，彭和平、竹立家等编译：《国外公共行政理论精选》，中共中央党校出版社1997年版，第14页。
　　③ [美]特里·L.库珀：《行政伦理学：实现行政责任的途径》，中国人民大学出版社2001年版，第236页。

　　我们所处的时代是一个以市场经济为特征的社会，这个社会分化为公共的领域与私人的领域，活动于公共领域或活动于私人领域，对道德价值取向的要求也就不同。对于活动于私人领域中的经济人的道德价值取向，人们已经有了比较充分的探讨。但是，对于活动于公共领域中的行政人员的道德价值取向的探讨是在 20 世纪的后期才开始的，应当说这是一个崭新的课题。为了搞清行政人员特殊的道德价值取向，我们思考问题的逻辑也需要沿着学术史的路径前进。

　　在市场经济的早期，亚当·斯密对活动于市场经济中的经济人的道德价值取向是这样规定的，"……由于他管理产业的方式目的在于使其生产物的价值达到最大程度，他所盘算的也只是他自己的利益……"① 也就是说，活动于市场经济中的经济人，他的道德取向是建立在追求自我利益最大化的基础上的，是在追求个人利益最大化的过程中生成他的道德意识的，而且这种道德意识完全来源于个人利益最大化的可持续性。因为经济人不是孤立地游离于社会之外的人，他追求个人利益最大化的行为本身就证明了他是社会的人，是在与他人的联系中进行生产以及其他各项活动的。事实也证明，经济人的一切追求个人利益最大化的活动都只有在与他人和社会的联系中才能成为现实，一个孤立的个人是无所谓道德问题的，而个人一旦构成一个人群就自然存在着道德的问题了。既然经济人必然要与他人发生关系，所以对于经济人来说，必然要接受道德的规范，并有着一定的道德价值取向。但是，经济人的道德价值取向不是原生的，而是派生的，亚当·斯密深刻地指出了这一点："我们每天所需要的食料和饮料，不是出自屠户、酿酒家或烙面师的恩惠，而是出于他们自利的打算。"②

　　尽管经济人的道德价值取向是在他追求经济利益最大化的愿望中派生出来的，但却是现实的。因为，经济人的利益最大化的追求如果不是仅仅停留在愿望的状态，而是转化为行动的话，那么他立即就要面对着他的个人利益与他人利益和社会利益的关系问题，他的个人利益如果希望得到长期实现的话，他就必须尊重他人利益和社会利益，否则，他的个人利益在一次性的实现中就不再得到延续，甚至会受到更大的损失。所以，经济人为了自己的利益最大化成为持续的可能性，必然要在自己的行为中包含着道德的内容。也

---

　　①　亚当·斯密：《国民财富的性质和原因的研究》下卷，商务印书馆 1981 年版，第 27 页。
　　②　同上书，第 14 页。

正是在这个意义上，不能把经济人与自私自利的个体画等号。这也就是哈耶克所评价的："毫无疑问，在 18 世纪伟大作家的语言中，人类的'自爱'甚至人类的'自我利益'，都描述成是'普遍的动力'，并且通过这些术语，他们首先认为这样的理论观是应当被大众广泛接受的，但是，仅从一个正常人的眼前的需要这一狭义角度看，这些术语不意味着利己主义。"①

亚当·斯密的经典论述是理解经济人道德价值取向的锁钥，但不是行政人员及其行政行为的价值准则。因为对于经济人来说，他在普遍的个人利益最大化的追求中可以受到一只"看不见的手"的制约，就如亚当·斯密所说："确实，他通常既不打算促进公共利益，也不知道他自己是在什么程度上促进那种利益。……在这场合，像在其他许多场合一样，他受着一只看不见的手的指导，去尽力达到一个并非他本意想要达到的目的，也并不因为事非出于本意，就对社会有害。"② 对于经济人来说，只要其行为不是对社会有害的就已经是善了，这种善不合乎义务论伦理学的要求，但经济人如果能够在其追求个人利益最大化的过程中做到不对社会有害，实际上就以其利益最大化的结果做到了对社会有益。这就是私人领域中道德价值的逻辑。但是，在公共领域中情况就完全不同了，行政人员是无法用其行政行为作出对社会无害的选择的，因为行政行为如果不是对社会有益的，就必然是对社会有害的。

首先，公共领域与私人领域不同。虽然公共领域与私人领域的区分更多地带有理论抽象的性质，但在现实社会中，公共领域与私人领域的区别还是非常明显的。在私人领域中，对个人利益的追求是合理的，而且也是有益于社会的存在和发展的，但是，在公共领域中，个人利益的存在任何时候都是恶的源泉。不仅因为公共领域中的个人利益必然破坏着公共利益，而且也会侵蚀着私人领域的健康，破坏私人领域的契约平等。特别是当个人利益要求得不到遏制的时候，公共利益就会荡然无存，并置私人领域于无序的状态，整个社会就会陷入不稳定的状态。当然，现代社会中的每一个政府都极力以维护公共利益为宗旨，运用法律制度的手段来维护公共利益也是人们所极力推举的方法。然而法律制度的手段只能起到维护公共利益的作用，却无法起到直接遏制个人利益要求的作用。所以，只有寄托于行政道德，才有可能对

① A. 哈耶克：《个人主义与经济秩序》，北京经济学院出版社 1989 年版，第 14 页。
② 亚当·斯密：《国民财富的性质和原因的研究》下卷，商务印书馆 1981 年版，第 27 页。

公共领域中的个人利益要求加以遏制。

其次，行政人员是公共权力的执掌者。单就私人领域来说既没有权力也无所谓权利，但是，就对私人领域的理解而言，我们经常看到关于经济人的权利问题的议论，其实私人领域中的所谓权利是由公共领域所赋予的，是公共领域根据私人领域的运行规律赋予了经济人以自由、平等等权利。但是，在私人领域中却存在着关于人的人格的价值判断，并且在近代社会得到了公共领域的肯定和确认，成为人们所拥有的不可侵犯的权利。在这些权利的基础上，私人领域中的经济人建立起契约关系体系。所以，私人领域只有在与公共领域所构成的系统之中才可以看到权力的作用，即使这样，它也是一个被作用了的领域，而对私人领域的单独分析中，我们是无法看到权力的存在的。没有权力，就没有支配与被支配的关系，在理论上也就不存在假以他人力量而进行的排他性占有，更不具有借用公共力量而对公共资源和他人物品的侵占。而公共领域的基本结构就是一个权力结构，行政人员就是专门被选择出来执掌和行使权力的人。权力任何时候都首先是一种支配力量，是由公众的力量所凝结而成的，是用以维护公共利益、保障社会秩序、协调私人领域中的契约关系、捍卫个人权利的公共力量。这种力量一旦背离其公共性质而被行政人员用以服务于个人利益，就会造成极其恶劣的后果，即使权力不能有效地发挥作用，其后果也是有害的。然而，恰恰是在公共领域中，普遍地存在着行政人员运用权力不当甚至是滥用权力的问题。对于这个问题，人们大都倾向于通过建立健全监督制约机制来加以纠正。其实，监督制约机制必然会使权力的运行陷入公正与效率的二律背反。所以，谋求行政人员内在的道德制约与外在的监督制约机制的相互补充是必需的。也就是说，行政人员的道德价值取向来自于公共领域的存在价值的客观要求。

上述两点是最为基本的和最为主要的，它们决定了行政人员道德价值取向的特殊性。因为行政人员是在公共领域中活动的人，所以他不同于经济人，他没有追求个人利益的合理性。所以，行政人员必须无条件地在公共利益前提下作出自己的行为选择；同样，由于行政人员掌握着公共权力，使他拥有了可以支配他人、公共资源以及他人物品的权力，他必须正确地运用这种权力，有效地发挥这种权力的作用。如果他不能使这种权力发挥出其应有的作用，或者改变了这种权力发挥作用的方向，就是非法的或不道德的，而且在这个问题上，行政人员不仅不应当满足于遵纪守法，而且必须有着更高的道德自律。这些都是经济人所没有的特殊道德要求，却是一个合格的行政人员必须具备的道德价值取向。

（一）行政人员道德价值确定的意义

行政人员与经济人的区别决定了行政人员的道德价值确定也不同于经济人。或者说，经济人是权利主体，他的道德价值确定来自于外在的压力；而行政人员则是权力主体，他的道德确定必须来自于行政人员的内在自觉。

在以上的叙述中我们可以看到，经济人的主观价值是利益最大化的追求，这是推动社会进步的动力源，在受到社会科学的肯定之后而成为一种科学价值被人们承认和接受，在被现实的制度设置所包容之后则成为一种法理价值。但是，经济人追求利益最大化的动机是在契约关系中得到实现的。契约关系建立的前提是自由与平等的权利，而契约关系得以存续则依靠经济人的诚实守信，即要求每一个经济人都能够对自己的行为负责，这也就是义务。权利和义务都是对经济的约束力量，而且在契约关系的总体中是作为一种客观的约束力量而存在的，经济人无论在追求个人利益最大化的过程中有多大的主观性，但在接受权利和义务的总体性约束力量制约的过程中是没有选择的。所以这是一种客观价值，也就是经济人的道德价值。

经济人的道德价值确定是在经济人的权利义务的总体中实现的。具体地说，在市场经济活动中，每一个经济人都追求个人利益的最大化，而这种追求个人利益最大化的行为无一例外地要依赖其交换共同体才能成为现实。所以在错综复杂的经济关系中就会自然地形成经济活动的惯例、规则和建立起一系列成文的和不成文的契约。在进一步规范的市场经济中，又形成了维护和保障契约关系的法律制度，以一种强迫性的力量为经济人道德价值提供保证，使经济人相互尊重对方的利益最大化的愿望、加强彼此利益的相容性和相互促进彼此的利益最大化，这也就是市场经济的秩序。所以，对经济人的道德价值确定来说，经济人的权利义务总体包含着三个层次：第一，是市场行为的惯例体系；第二，是市场活动的规则和契约体系；第三，是保障市场经济秩序的法律制度体系。这三个层次所构成的总体无处不在地调节着经济人的行为，把经济人追求利益最大化的行为纳入道德价值的范畴之中。

这种权利义务的总体在行政人员那里的作用就完全不同了，因为行政人员是权力主体，他手中所掌握的权力可以随时随地改变权利义务关系，使权利和义务发生畸变。当然，近代社会以来，人们在行政人员与经济人同等的意义上思考权利义务关系，探索了一整套规范行政人员权利义务的法律制度体系和运行机制，但是，这类法律制度体系和规范的运行机制对行政人员只是一种外在的规范，它可以在形式上把行政人员的行为纳入合理合法的范畴之中，却无法保证行政人员拥有道德价值判断的能力，更不用说行政人员能够依此实现对自我的道德价值确定。所以，法律制度的体系以及规范的行政运行机制对行政人员来说是一种永恒的外在确定，它并不像在经济人那里一样，能够转化为一种遵循惯例、遵守规则、尊重他人和诚实守信等内在确定。道德价值的确定实际上也就是内在确定，行政人员缺乏这种内在确定，也就意味着他无法达到对自我的道德价值确定。

当然，就行政人员作为社会的人而言，他也有着自己的权利以及对社会对他人的义务。但是行政人员一旦被选择出来作为行政人员，他就不再被作为一般的社会人来看待，或者说权利和义务只是一般的、不是执掌公共权力的人的价值形态，一个人一旦执掌公共权力，权利义务就不再是他唯一的或基本的价值形态，甚至也不是他的存在的主要的价值形态。那么，对于行政人员同时也是社会人这一点如何理解呢？答案就在于行政人员是社会人的二重化，一方面，他是社会人，有着一般意义上的社会生活；另一方面，他又不同于一般的社会人，是执掌公共权力的行政人员。也许人们会把行政人员的这种二重化看做是理论的抽象，即把行政人员仅仅看做是一个抽象的概念，其实这绝不是一个单纯的理论抽象，虽然我们通过理论抽象达到了这一层面的认识，但行政人员的二重化却是公共领域的根本性质的现实要求，即要求执掌公共权力的行政人员在他的公共生活中必须放弃他作为一般社会人的权利义务意识，追求作为行政人员的道德价值。

在这里，关于行政人员的道德价值确定问题包含着两个需要思考的方面：第一，对于经济人来说，其外在确定可以转化为内在确定，并可以通过外在的确定达至与内在确定的统一。而对于行政人员来说，从外在确定向内在确定的转化是困难的甚至是不可能的，外在确定永远属于法律制度的范畴，只有内确定才属于道德价值的范畴。第二，行政人员的外在确定和内在确定的作用是不同的。外在确定作为法律制度的规范性力量，只能在基本上保证公共权力的性质和确定公共权力的运行方向，永远不能够在权力行使的具体过程中保证权力的性质不发生改变和保证权力具有应然的效率。也就是说，外在确定无法在保证权力的公共性质的前提下把权力执掌者的主观能动性纳入权力的运行中来。所以，既要保证权力的公共性质又要保证权力发挥应有的功能，就只有通过执掌公共权力的行政人员的内在确定才能实现。

关于第一个方面的思考，我们认为关键问题还是一个利益问题，即个人利益与公共利益的关系问题。经济人是个人利益的追逐者，公共利益是在经济人对个人利益的追逐过程中自然生成的。而在行政人员那里则不同，行政人员是公共利益的代表者和维护者，他如果也像经济人那样追逐个人利益，不仅不能自然地生成公共利益，反而会对公共利益造成极大的危害。而公共利益又是私人领域中无数个个人利益存在的基础和实现的前提，公共利益受到侵害，也就意味着普遍的个人利益受到侵害。所以，要求行政人员不能够在对个人利益的追逐中去达到对自我的道德价值确定。然而，失去了对个人利益的追求，岂不失去了促进自我道德价值化的动力？也正是由于这个原因，近代社会一直谋求对行政人员的外在确定而极力淡化内在确定。这个问题也就是我们常常谈论的所谓人性恶的假设，或者说，迄今为止的制度设计和法律规范的订立，都是建立在这样一个普遍的人性本恶的假设的前提下的，认为除了个人利益之外，人也就不再拥有其他的生存动力。其实，情况并非如此，人之所以不同于动物，是因为人是文化的载体，人是走向文明的动物。对于动物来说，食物与性就是它的全部生存内容，而人则不同，人是极其复杂的，人有各种各样的要求，并不是每一个人天生就是个利益的拜物教徒，我们在现实的社会中之所以处处看到人们对个人利益的贪恋，正是由于近代社会以来根据人性本恶的制度设计把人们引导到恶的方向，封闭了人们主动通向自我进行道德价值确定的出路。根据这个判断，我们认为，当前公共领域走不出恶的怪圈，是由于法律制度作出了恶的引导，行政人员实现道德价值确定的匮乏，是由于外在确定的过于发达。当然，法律制度的彻底改变也许不是我们这一代人所能够实现的，但是我们在公共领域中实现行政人员道德价值确定有着选择的自主性。也就是说，我们完全可以选择那些淡视个人利益而不是那些斤斤计较个人利益的人去充当行政人员。而这一点恰恰是没有引起充分重视的，即使有一些政府提出了这个愿望，但并没有将其落实，或者根本不准备落实，或者让那些从个人利益出发的人去落实，结果只能是把一切具有能够实现自我道德价值确定的人排斥在行政人员的队伍之外。

关于第二个方面的思考，我们认为问题主要是公共权力的公共性与其效率的关系问题。经济人的个人利益追求也就是利益最大化的追求，这种利益最大化之中是包含着效率最大化的内涵的。所以，对于经济人的活动而言，效率问题总是一个技术问题，绝不可能上升为一个价值问题。但是，在公共领域中情况就不同了，效率问题首先是一个价值问题，其次才是一个技术问题。然而，现有的行政管理科学却恰恰把这个问题颠倒了。长期以来，把效率问题作为一个技术问题来加以探讨，而不愿意把效率问题作为一个价值问题来加以思考。结果是在效率问题上提出了无穷无尽的新学说，却在实践中永远无法付诸实施，所有政府都在效率的起伏中跌宕。实际上，在公共领域中，公共权力的公共性固然是个价值问题，公共权力的运行效率也是个价值问题，而公共权力的公共性以及公共权力的运行效率又都是与行政人员联系在一起的。这样一来，就把我们导向了一个全新的思路，因为把效率问题作为一个技术问题，必然谋求权力结构设计的科学性，忽视行政人员道德价值的确定；反之，把效率问题作为一个价值问题，就必然会把效率的问题与行政人员联系起来加以思考，即在权力与权力主体的互动中来认识效率和促进效率的实现。所以，技术性的设计所提供的只是效率的制度性结构，却不能够真正地发挥公共权力的功能，只有当公共权力的运行完全接纳了行政人员的主动性才能获得充分实现了的效率。同样，公共权力的公共性也需要作出如此理解，之所以在现实的公共权力运行中总是无法解决公共权力的异化问题，近代以来几百年在法律制度建设方面作出的努力不仅没有根除公共权力的异化，反而使这种异化变得更加激烈，根本原因就是没有从权力主体的角度寻求出路。由此可见，公共权力的公共性以及公共权力的运行效率，都需要通过行政人员来实现，而行政人员又只有在实现了其道德价值确定时，才能真正地担负起这一职责。

（二）行政人员道德价值的坐标

长期以来，关于道德价值的伦理学思考是在个人主义和整体主义之间进行的，个人主义主张个人权利，整体主义倡导社会秩序。但是，这是一般性的伦理学思考。实际上，关于个人主义的还是集体主义的思考是从属于两种目的的，一个是理解的要求，另一个是宣示的要求。个人主义的伦理原则是出于理解的要求而建立起来的，它理解人的道德价值的基础、来源；而整体主义的伦理原则则是出于维护社会整体动态发展的要求而作出的教化性宣示，即希望人们树立这种道德价值观念。其实，两者之间并不是必然对立的。因为，就近代社会的现实而言，要理解它的道德价值形态，是需要从个人主义的立场出发，才能作出有力的证明，而就人类社会存在和发展的客观要求来说，是应当建立起整体主义的道德价值观念的。所以，在我们看来，这场旷日持久的争论并没有实质性的意义，即使像罗尔斯和诺齐克那样要在社会的公平和正义与个人的权利之间一较短长的做法，也只是这种所谓个人主义还是整体主义的陈旧思维范式的回光返照，并没有在伦理学的发展史上作出有价值的建树。

一般伦理学或普通伦理学是需要的，它研究人类道德生成的规律，并倡导一些一般性的伦理原则，人类共同的道德价值。但是，它不能扮演为整个社会的每一个阶层、每一个特定领域中的特定人群确立具体的道德价值和行为规范的角色。所以，对社会生活中的每一个特定的领域，都需要作出具体的分析研究，以便确立具体的道德价值，并建立起具体的道德规范体系。社会是分为不同的领域的，不同领域中的人的行为方式在性质上是不同的，其结果也是不同的。同样是对个人利益的追逐，在私人领域中是道德的和合理合法的，但在公共领域中就是不道德的、不合理的，甚至是不合法的。所以说，在我们对公共领域的研究和对行政人员的道德价值的思考中，个人主义和整体主义的伦理原则都不再适用。因为在公共领域中，伦理思考的直接对象就是行政人员与公共利益的关系，行政人员如何自我定位，如何行使公共权力，其价值目标是什么等，应当根据什么原则来加以确立，这才是有积极意义的研究。因为只有明确了这些问题，才能够为行政人员的道德价值确定提供建设性意见。

在公共领域与私人领域、行政人员与经济人的比较中，我们已经看到他们之间的各种不同，这些区别引导我们走向了行政人员在公共领域中的特殊坐标系。

首先，行政的道德价值确定来自于他对公共利益的态度。公共领域是私人领域的调节领域，而在近代社会产生之前，公共领域与私人领域没有实现二重化，整个社会在一体化的结构中是通过家国同构的体制而进行着内部性的调节。自从近代社会公共领域与私人领域开始分化以来，公共领域就是作为私人领域之外的一种独立的外部力量对私人领域进行调节的领域。所以，在公共领域中必须摒除私人领域中的个人利益至上的原则，并以公共利益至上的原则取而代之。应当说，在私人领域中，个人利益追求是一种现实的活动，而在公共领域中，公共利益至上是一种信仰，行政人员是基于这种信仰而作出自己的行政行为选择的。也就是说，一个人能否成为一个合格的行政人员，取决于他能否建立和是否拥有这种信仰，如果一个人不能够建立和拥有这种信仰，他就不应当进入行政人员的队伍，如果他进入了行政人员队伍，等待他的不仅是个人利益追求得不到实现，而且是一种惩罚。从制度设置的角度来看，也必须保证那些拥有对公共利益有崇高信仰的人才能够进入到行政人员的队伍中来，并且不断地通过各种措施宣示和引导行政人员对公共利益信仰的确立，使那些不能够建立这一信仰的人有自动退出行政人员队伍的自由。

其次，是行政人员的主观定位。行政人员是专门执掌和行使公共权力的特殊群体，他能否正确地行使和有效地行使公共权力，主要取决于他对自己所处的位置的正确认识，以及对公共权力性质的正确把握。公共权力是为公共利益服务的，它作用于社会和私人领域的公平与效率都是以其公共性质能否得到保证为基准的，行政人员只有充分地认识到自己所掌握的公共权力的性质和作用方向，才能正确地行使这种权力，否则，他就会在不知不觉中改变公共权力的性质和作用方向。所以，公共权力运行的状况主要是以行政人员的自觉为根据的。在马克思学说的影响下，人们倡导行政人员的公仆定位。其实，马克思在使用这个词语时，较多地具有比喻性质，在某种意义上具有夸张的内容。行政人员与其他社会成员的人格平等是毫无疑问的，但由于他与其他社会成员不同，他掌握着公共权力，所以他需要更多地正确对待其掌握的公共权力。

最后，是行政人员应当确立什么样的价值目标。我们已经指出，行政人员绝不是一个纯粹的理论抽象，行政人员也是有血有肉的现实的人，他必然有着自己的价值追求，如果说经济人的基本价值追求是他的个人利益，他的个人利益在何种程度上实现了最大化，他也就在何种意义上实现了自己的价值。行政人员也需要实现自身存在的价值，但他实现自身价值的方式则完全不同，他不是以个人利益实现的程度为标志的，而是以他对公共事务的投入为前提的。所以，一个人一旦成为行政人员，就必须实现价值目标的根本性转移，即把一种占有的追求转化为一种奉献的追求。如果没有这种奉献的追求，也就不应当进入行政人员的队伍。在上述的分析中，我们已经看到，占有的追求并不是恶，它可以成为社会发展的动力，而且在社会的总体运行中，占有最终依然要被社会所占有，所以，占有的追求最终还是必然要奉献给社会的追求。对于行政人员的所谓奉献的追求来说，也是合乎这种辩证法的，他的奉献也应当是与他最终的占有成正比例的。这样一来，行政人员就可以用自己的奉献的追求把公平与公正的问题交由制度来加以解决，如果制度无法解决这个问题，那么它就是一个溃烂了的制度。

在行政人员道德价值确定的问题上，我们所给定的这个坐标系都来自于行政人员的主观方面，那么是不是意味着我们对客观方面的忽视呢？不是，公共行政近代的发展已经证明，客观性的制度设计已经取得了足够的进步，单纯就制度设计来说，它已经达到了相当完善的地步，之所以在现实的公共行政运行中有着层出不穷的问题，那是由于在这种制度中缺乏行政人员道德价值的一维。所以，我们是在已有的成功的制度设计的基础上来探讨行政人员的道德价值问题的。

还应当指出的是，公共领域是一个永恒的价值领域，这也是公共领域与私人领域的根本性的区别。也就是说，私人领域总是一个利益的领域，在公共领域中我们也使用利益的概念，但当我们确定它为公共利益时，实际上也就是承认它的价值内涵。或者说公共利益并不是明确的利益，在公共领域中，它是一种价值形态，只有当它再一次辐射到私人领域中时，才是利益形态。所以，关于公共行政的一切研究都以价值的思考为依归，而行政人员的道德价值，又是公共领域中的最高的价值形态。

三 行政伦理、行政伦理价值和党的执政能力

行政伦理主要是针对行政部门及其人员的一种道德规范和约束。而对什么是行政伦理、行政伦理的性质界定、行政伦理的作用等，学术界没有一个统一的标准阐释，不同的研究领域和不同的视角都可以切入行政伦理的研究。当然，立足点应该是在"行政"的基点上进行。我国关于行政伦理的研究在进入 21 世纪后显得更为迫切和需要，国内关于行政伦理的理论研究也日趋丰富。"所谓行政伦理，就是行政领域中的伦理，准确地说是公共行政领域中的伦理，也可以说是政府过程中的伦理。这个概括表明，行政伦理只是属于自己的独特领域，它渗透在行政、公共行政与政府过程的方方面面，体现在诸如行政体制、行政领导、行政决策、行政监督、行政效率、行政素质等方面，以及行政改革之中。"[1] "公共行政伦理，是公共行政领域的道德理论体系，它涉及一切公共管理与服务的机关、团体或组织中的公共行政理念、公共行政责任、公共行政目标、公共行政态度、公共行政技能、公共行

---

① 王伟：《行政伦理概述》，人民出版社 2001 年版。

政纪律、公共行政良知、公共行政荣誉、公共行政作风等重要环节。"① 笔者认为，行政伦理是一种内在地存在于公共行政领域的执政理念，这种执政理念伴随着行政主体的内心、言行和执政方式，体现着一种情感诉求、道德规范和价值追求。在我国现行的体制下，行政伦理表现的是执政党、国家机构、公共管理部门和国家公务员在社会生活领域，特别是公共行政领域所应遵循的行为规范的总和，本质上是政治伦理。它渗透在行政管理、公共行政与政府过程的方方面面，体现在诸如行政体制、领导、决策、监督、效率、素质等领域，直至政治体制、行政体制与政府机构的改革之中。

价值是一个复杂的范畴，不同的出发点对价值有不同的理解和解释。一般认为，价值是事物和现象对于人的需要而言的某种有用性，是其对个人、群体乃至社会生活和活动所具有的积极意义。国内学术界对行政伦理的价值理论研究还不是很成熟，成果也不是很多。"中国现代化发展过程中呈现出多元社会形态并存的情况，是中国行政伦理价值取向的基础，并从本质上影响和制约其对方向的选择。具体地讲，这一基础包括制度基础、技术基础、社会基础和公共财政基础四个方面。"② 笔者认为，行政伦理的价值是公共行政领域内的一种价值选择参照，不同的价值选择会表现出相异的价值功能，这种价值功能在现实社会中又会产生不同的影响。行政伦理作为一种特殊的道德，要解答的是公共行政系统的合理性、正义性问题，对于整个公共行政系统而言，关系到社会主义事业的前途命运。对中国共产党来说，公共行政伦理建设是一项全新的工程，只有从党员的思想深处把与党的性质不符的错误观念清洗出去，才能在源头上保持共产党员的本色，经得起各种执政环境的考验，赢得全国各族人民群众的支持和拥护。

党的执政能力问题伴随着党的发展历程。《中共中央关于加强党的执政能力建设的决定》指出：党的执政能力，就是党提出和运用正确的理论、路线、方针、政策和策略，领导制定和实施宪法和法律，采取科学的领导制度和领导方式，动员和组织人民依法管理国家和社会事务、经济和文化事业，有效治党治国治军，建设社会主义现代化国家的本领③。党的十六届四中全会为巩固和扩大执政基础，构建社会主义和谐小康社会明确了三大执政理

① 张玲：《提高党的执政能力的行政伦理思考》，《江西社会科学》2006 年第 5 期。
② 李桂华：《当代中国行政伦理价值取向探微》，《云梦学刊》2006 年第 3 期。
③ 胡锦涛：《中共中央关于加强党的执政能力建设的决定》，人民出版社 2004 年版。

念：我们党必须始终成为立党为公、执政为民的执政党；成为科学执政、民主执政、依法执政的执政党；成为求真务实、开拓创新、勤政高效、清正廉洁的执政党。这三大执政理念，回答了建设一个什么样的执政党及为谁执政、怎样执政和以什么样的形象来执政的问题。我国学术界也有学者从不同的思维视角对党的执政能力进行了思考和研究。"党的执政能力建设是一个系统工程，它内在地关涉到政党伦理建设问题。执政党的政党伦理构成执政能力的精神凝聚剂和价值核心，政党伦理建设构成执政能力建设的价值之维。"① 党的执政能力建设具有双重内涵，一方面作为执政党领导中国特色社会主义建设全局的能力建设，它包括制定正确的治党治国治军战略决策的能力，提出和正确运用理论的能力，制定正确的路线方针政策的能力，创制有效的领导制度和领导方式的能力，动员和组织人民群众依法管理国家和社会事务的能力；另一方面党的各级组织和党的干部的执政能力建设，他们既要行之有效地贯彻和执行党的战略决策，提高工作能力，又要不断提高自身素质，为执政能力建设奠定基础②。

四　行政伦理与党执政能力的关系

（一）行政伦理理念丰富和优化了党的执政能力内涵

在行政领域的实践中，行政伦理理念在社会公共领域中显现出了它作为一种道德行为规范和价值判断选择的功能。"行政伦理是一个新兴的实践性很强的学科。从公共行政的发展历程来看，特别是在工业社会向后工业社会的转型过程中，行政伦理研究变得越来越重要。当代行政伦理的内在价值向度表现为行政责任伦理。行政伦理的核心价值是社会的公平、正义与秩序，公共行政也以社会公平（公正）为其价值诉求，一方面社会公平是现代公共行政的首要价值选择，这由政府的公共性决定；另一方面也只有政府才有能力维护社会公平，政府是维护和实现社会公平的主要力量依托。实现公平行政，既是一个建立公正制度体制的过程，同时亦是一个哺育、塑造与提升公民的德性精神的过程。"③ 行政伦理在政府行政过程中的重大作用，日益显

---

① 张晓东：《党的执政能力建设的价值之维》，《学海》2006 年第 3 期。
② 邓如辛：《党的执政能力建设内涵两重性探讨》，《理论学刊》2006 年第 6 期。
③ 刁立明：《加强行政伦理研究促进和谐社会建设》，《光明日报》2005 年 11 月 29 日。

现，从而也引起人们的关注。在提高政府执政能力建设的过程中，我们需要有着更多道德内涵的公共行政；在提高政府效率时，需要作出道德的选择。"廉洁的行政、健康的政府运行机制，是离不开行政伦理的。"① 中国共产党执政力倡"立党为公，执政为民"、"权为民所用，情为民所系，利为民所谋"等执政理念，从行政伦理角度分析，这是对我国公共行政领域群体的基本要求和道德规范。从党的执政历史看，中国共产党的形象主要是靠代表政府执政功能的公共行政领域群体体现出来的。各级政府是治理国家和管理社会公共事务的行政主体，通过立法和加强群众监督的方式，革除公共行政组织及其工作人员的错误的行政伦理思想，正确行使公共权力，维护与促进公共利益，建设好责任型、服务型政府，展示出中国共产党内在生命力和良好的执政形象。

（二）党的执政能力内含行政伦理的价值表达

从表面上看，党的执政能力是一种执行国家公务和社会事务的程序，是政府代表党治理和服务国家的手段。而在党执政能力的过程中，内在的伴随着行政伦理理念，或者说党的执政能力内含行政伦理的一种表达。我们知道，党的执政能力中执政的最关键问题，就是如何认识和处理党与人民群众的关系。中国共产党的执政能力，是与"全心全意为人民服务，立党为公、执政为民"的宗旨理念和"以人为本"、公正廉洁的权力道德紧密相关的。这就启示我们：政党伦理建设是加强党的执政能力建设之整体工程的核心内容，必须把政党伦理建设贯穿于执政能力建设的全过程，既通过政党伦理建设来为执政能力建设整体实践提供精神动力、价值支撑和正确方向的保证，又通过党的执政能力的整体提升来书写、印证和丰富我们党政党伦理的先进性、生命力和改造世界的实践功能。"现代行政伦理的建设离不开执政党的推动。执政党的推动包含两层含义。第一层含义指的是，我国现代行政伦理建设必须在中国共产党的领导下进行，中国共产党是政府改革的领导者；第二层含义指的是，中国共产党作为执政党，在国家政治权力中占主导地位，是成功推进我国政府改革的主要政治因素。"② 行政伦理道德建设的好坏关乎民心的向背、国家的兴衰成败，构建现代行政伦理是中国共产党的使命和任

---

① 朱歌幸：《行政伦理及其价值选择》，《求索》2005年第1期。
② 杨秀萍：《我国现代行政伦理的构建及实现》，《中共贵州省委党校学报》2006年第1期。

务。只有真正做到立党为公、执政为民，实现好、维护好、发展好最广大人民的根本利益，才能充分发挥全体人民的积极性来全面建设小康社会和社会主义和谐社会。

五　强化行政伦理理念提升党的执政能力的路径

在经济全球化、世界政治格局多元化发展和我国社会转型的新的历史条件下，党的执政地位正经受着国内外环境的严峻考验。中国能否顺利进入小康社会及实现党在社会主义初级阶段的总路线，中国共产党自身的思想状况和组织状况起着决定性的作用。从行政伦理的视角中我们可以发现，公共行政人员尤其是党的高级干部改造主观世界的任务不仅任重道远，而且还要紧随时代发展潮流，在服务人民的实践中坚持不懈地完善自我品格塑造。而在构建和谐社会的背景下，哪些行政伦理价值可以成为党执政能力品质体现的向度呢？笔者认为，行政伦理的价值诉求中内蕴党的执政能力，至少可以努力内化和外显以下行政伦理理念。

（一）以人为本理念

"以人为本"即强调尊重人、解放人、塑造人和为了人。尊重人，就是尊重人的类价值、社会价值和个性价值，尊重人的独立人格、需求、能力差异、人的平等、创造个性和权利，尊重人性发展的要求。解放人，就是不断冲破一切束缚人的潜能和能力充分发挥的体制、机制。塑造人，就是说既要把人塑造成权利的主体，也要把人塑造成责任的主体，提高人的素质。为了人，就是要实现每个人的全面而自由的发展。在新的历史时期，加强党的执政能力建设就是要坚持"以人为本"的执政理念。

（二）责任理念

从行政伦理的角度理解行政责任，其实是对党执政能力的考验和信任，即政府在社会公共事务的治理和善治中，通过责任的圆满履行而赢取民众的信任和支持。现代政府既是责任政府，又是民主政府。在政府转型时期，强调民主责任就在于求得二者的平衡。公共组织如不体现民主责任，就缺乏公平正义的行政伦理。公开化其实就是强化民主责任的一种手段。责任伦理理念既是我国现阶段政府职能转变的重要目标，又是适应全球公共行政变革大趋势的要求。

（三）公平公正理念

从最原始的意义来看，政府的伦理精神始终与公平、公正紧密结合在一起。人们设立政府是求以"公平施政"。公平的行政应该是这样一个基本的理念：承认社会公民具有平等的权利，而这些权利并不因为个人的地位、性别、种族、收入等的差异受到损害，也不能被权力和特权所侵袭，更不能被金钱所买卖。公平的行政意味着政府所提供的社会福利、可提供的机会尽可能大地在社会成员之间公平地分配；意味着政府在施政的过程中平等、公正地对待当事人、排除各种可能造成不平等或偏见的因素。

公共行政活动是为了实现国家的社会目标，推动社会的全面发展。作为"一种社会目标的合理调整和社会利益的权威性分配"的组织体系，作为社会公共利益的代表者和维护者，应始终把实现和维护社会正义视为其价值目标。我们强调公共行政的效率原则，并且从某种程度上来说，效率就是一种公正，没有效率显然有失公正。但是公共行政与市场原则有着本质的不同，市场和政府是两个不同的活动领域，市场中发生的是个人选择行为；政府是为社会提供公共物品、公共服务的公共生活领域，发生的是公共选择的行为。在市场中，遵循的是有限的公正、公平的游戏规则，体现市场主体的独立性和平等性，但在这有限的公正的背后却隐藏着由于复杂的自然、社会因素影响而造成的起点和机会的不平等及用于交换的物品获取方式的不平等，因而它不可能成为社会生活的普遍准则。在公共行政领域中，它追求的是实质的社会公正、整体公正，既关注公正的结果，也关注其起点和过程，既关注经济生活公正，也关注社会政治和精神公正。在对待效率方面，市场是追求"经济利益的最大化"，而公共行政以实现和维护公共利益为宗旨，以"社会利益最大化"为目标，追求公正是公共行政的首要原则，价值取向，最终要求达到的是在坚持公正的前提下促进效率和有效率地促进社会公正的目标，理所当然经济效率只有同社会发展的基本宗旨相吻合时才有正向的意义，只有这样的效率才是一种美德，没有正向意义的效率给社会虽有可能带来暂时的效率，但最终必然给社会发展带来负面影响，邓小平指出："如果导致两极分化，改革就算失败了。"正是在此种意义之上的论述。因而我们认为，保证公共行政的公正价值优先，在此基础上获得行政效率，然后以效率促进行政公正，使得公正与效率达到"双赢"，是效能政府的内容之一。

（四）服务理念

政府行政的最大目的在于提供公共服务，公共行政最重要的性质也在于服务。服务的价值精神意味着政府施政与公民的愿望和需要相一致，服务的价值精神源于公共行政所谋取的是公共利益。公共权力的公共行政代表和谋取的是社会全局性、普遍性的公共利益，而不是个人的、集团的、地区的特殊利益。也正基于此，人们才将政府公职人员称为"公仆"，服务理念的成功实践亦是党对人民负责的重要表现。

（五）学习和创新理念

当今社会是科技信息迅猛发展的社会，亦是知识型社会。在这样的时代背景下进行和谐社会建设，提升党的执政能力，学习和创新理念越显重要而富有意义。这种针对行政主体的学习欲望和创新意识是全面而广泛的，可以说在公共行政领域的实施过程和每一个环节，行政主体都需要抱有不断学习的心态和创新激情，以便充实和完善自我内涵，适应变化了的社会环境，从而使党始终走在时代的最前沿。

总之，构建社会主义和谐社会是政府实现社会管理和公共服务的目标要求，实现这一目标必须确立以人为本的理念，增强政府公共服务和社会管理能力。行政伦理与和谐社会理性诉求的公度与通约在于追求工具理性与价值理性的有机契合。行政伦理所追求的工具理性与价值理性是建构和谐社会的"理性双翼"，只有将二者有机结合，才能使和谐社会的建构成为可能并且持续。和谐社会的核心目标是追求社会的公平、正义以及秩序等，这也是行政伦理的终极关怀。行政伦理与构建和谐社会因有共同的价值追求而紧密地联系在一起，行政伦理价值选择丰富党的执政内涵，是党执政能力的价值向度之一和政府职能的有效表达。

（六）勤政为民理念

勤政为民的内涵是指勤勉敬业，忠于职守，实实在在为人民群众提供优质的服务。在中国现阶段，国家、人民和职守的内涵与古代封建社会的内涵有其本质的区别。我们的国家是人民当家作主的社会主义国家，人民是社会主义国家的合法公民，职守是为人民服务的事业，因而应该提倡忠于国家，忠于人民，忠于为人民服务的事业。效能政府行政伦理的价值核心是勤政，即在廉政价值基础上做到"勤勉于政务，敬业为民"，是对公务员的伦理道德要求，是公务员做好本职工作具备的最基本的思想道德素养，也是为人民服务思想在行政伦理上的集中体现。这要求公务员在思想深处树立公仆意识，在行动上贯彻我党的群众路线，真正把人民群众看做我们的衣食父母，是我们党执政的基础。公务员只有通过勤于习政，勤于调研，主动积极开展工作的勤政途径，才能达到为人民服务的根本目的。

（七）务实高效理念

效率不仅是经济学概念，也是一个重要的伦理学概念，其主要是指资源的有效使用和有效配置。由于资源始终是有限的，因而使有限的资源发挥更大作用的高效率既是经济学的标准，也是伦理道德的标准。在现实生活中，一些腐败官员冠冕堂皇的依据现有政策延迟政策的执行，使拖延办事时间往往成为敲诈勒索的手段，经济实体想要迅速办理有关事宜，则首先须向他们行贿。这无疑是发展中国家普遍存在的办事难、办事效率低下的原因之一。低效率成为一些公职人员索贿受贿的资本，这不仅加大了社会的投资成本，而且破坏了社会的投资环境，对社会发展的危害是不言而喻的。因此效能政府下的行政伦理必须体现务实高效理念，必须高度体现效率的思想，引入竞争机制，最大限度地消除因制度缺陷而带来的行政个体伦理的丧失。

（八）团结创新理念

团结协作是现代化大生产的必然要求，也是我们社会主义市场经济的客观要求。随着市场经济的发展以及现代科学技术的进步，社会分工越来越细，组织之间及组织内部的人与人之间的联系更为广泛、复杂和密切，就要求组织之间和人与人之间共同协作进行物质资源、技术、人才、信息等方面的交流，以充分发挥组织自身的优势。行政管理组织的各级政府以及公务员之间也应如此。在政府内部，团结协作是正确认识和处理公务员上下级之间，公务员同事之间，公务员与群众之间关系，特别是在行政国家化的今天，政府要想高效地实现行政目标必须动员各方力量，加强与社会各种力量的协作，在团结协作基础上，积极地去开拓，去创新。在改革开放不断深化的今天，随时都会遇到新问题、新矛盾和新困难。这就特别需要担负社会管理重任的公务员带领广大人民群众，充分发挥主观能动性，创造出解决新问题的新方法，实现工作的创新，真正提高政府工作效率。

第七章　效能政府视阈下我国行政伦理失范的表现及其成因

行政权力本来是一种公共权力，它所涉及的对象是公共事务，其所追求的是一种公共利益，其运行过程也称作公共管理过程。在行政权力运行过程中，行政主体往往会置行政伦理的规范和原则于不顾，导致损害公共利益的现象时常发生，公共权力经常被用来满足私利。这种情况就叫行政伦理失范。随着政治、经济全球化的发展，科技发展日新月异，特别是信息时代的到来，各种机遇与挑战交织在一起，给政府工作提出了新情况、新问题、新内容，行政管理再也不是"城邦政治"。面对纷繁复杂的国际国内环境如何提高行政效率，提升政府公共服务、公共管理水平已成为行政管理者所追求的重要目标。在处于复杂多变的社会转型期的当代中国，加强行政伦理建设提高政府行政效率意义重大。

一　研究行政伦理失范现象的意义

行政伦理失范现象是行政权力异化表现之一，也是正处于转型期当代中国社会政治生活中一个比较严重的问题。行政伦理失范现象产生原因可以归结为市场经济负面影响、社会转型期价值观转变、思想政治工作松懈、行政人员素质有待提高、行政体制弊端、行政监督体制以及行政管理人员角色冲突、公共机构代表性和自主性冲突、集体行动和个人选择冲突等方面。按照学理分析，行政伦理失范大致可以分为八种类型：经商型、权力寻租型、公款公贿型、贪污腐化型、卖官鬻爵型、渎职型、泄密型、隐匿财产型。如果依据实际表现进行归纳，在当代中国行政伦理失范具体表现形式可以归结为经济类失范，如贪污挪用，行贿受贿，违规经商，隐匿财产等；政治类失范，如官僚主义，权力寻租等；以及组织人事类失范，失职类失范，侵犯公民权利类失范，违反社会公德失范和违反社会管理秩序类失范等，具体表现超过百种。

行政伦理制度建设必应性体现在"人们之间伦理关系和道德原则不仅存在和展开于人们日常生活世界中，而且同时也存在于制度设计和社会结构之中，并总是通过制度框架和体制安排而发挥作用"。行政伦理是他律性和自律性统一，因此行政伦理制度建设也主要应从这两个方面来考虑。从他律性角度来看，行政伦理制度建设重点在于一方面应加快和深化行政体制改革，如精简机构、裁减冗员、定编定岗、明确责任、完善人才录用、奖励和提拔机制，适当提高国家公务员的工资待遇等；另一方面应加强行政伦理监督机制建设，主要应包括政党监督、行政监督、立法监督、司法监督、舆论监督、群众监督等方面，涉及有关法律法规、行政体制与制度加强与完善等。从自律性角度来说，行政伦理制度建设主要指在重视行政伦理教育的同时，突出强化行政伦理修养，强调必须把客观、外在行政义务转化为主观、内在行政良心，加强行政道德人格养成机制建设。其中行政道德人格养成主要经历三个阶段：他律阶段，只是被动地服从行政伦理道德规范；自律阶段，从行政道德义务向行政道德良心转变；行政道德习俗养成阶段。

行政伦理建设具有重要的现实作用，行政伦理道德建设关乎民心向背，关涉国家兴衰成败。因此，中国共产党三代领导集体核心领袖人物毛泽东、邓小平、江泽民等历来都极端重视领导干部思想道德建设，把领导干部思想道德建设作为事关国家政权巩固、国运兴衰、民风净化大问题来对待。行政伦理建设社会的作用应体现在以下几个方面：首先，行政工作人员政治道德状况如何直接影响到对党和国家各项路线、方针、政策贯彻执行，从而影响社会进步和发展。其次，行政工作人员职业道德状况如何直接影响到行政效率和行政效益提高，影响到管理目标实现，从而影响到社会进步和发展。复次，行政工作人员处世道德状况如何直接影响到社会人际关系好坏，影响到社会公德践履和社会祥和氛围营造。最后，行政工作人员生活道德状况如何还直接影响到社会道德风尚和社会精神文明建设。

二　行政伦理失范的含义

伦理从本质而言是关于人性、人伦关系及结构等问题的基本原则的概括，针对心性结构、人伦秩序进行逻辑上的通融和交合。行政伦理实质上是指国家公务员在管理国家和社会事务的过程中，在公共行政领域所应遵循的伦理道德要求的总称，既包括作为个体的公共行政人员所应遵循的行政伦理要求，也包括作为群体的各级国家行政机关所应遵循的行政伦理要求。

失范，也叫违规、越轨，是指社会群体或个体偏离或违反社会规范的行为，主要是指对社会发展和进步有负面作用的破坏性越轨行为。行政伦理失范就是行政人员在行政权力运行过程中，置行政伦理的规范与原则于不顾，把公共权力用来满足私利的情况或现实，从而导致公共利益受损。从本质上说，是行政权力的异化。

三　当前我国政府行政伦理失范的表现

行政伦理属于上层建筑中意识形态的范畴，在我国建设社会主义市场经济的过程中，国家机关及其公务员虽然不直接参与社会经济活动，但却负有管理监督和服务市场经济的功能和责任，这在客观上要求国家机关及其公务员要有为人民服务、秉公办事、敬业爱岗的职业伦理道德。特别是在社会转型的过程中，社会的经济转型要求行政伦理转型同步进行，但是目前的行政伦理现状却是新的行政伦理规范尚未普遍形成和认同，原有行政伦理观念在剧烈的社会变革中受到冲击，致使传统的行政伦理标准失去了感召力，因而造成了大量而普遍的行政伦理失范现象。在社会转型期，行政伦理失范现象的表现形式是多种多样的，集中表现在行政权力寻租化和政府信用缺失两大方面。行政伦理失范是和各个领域相互关联的，大体可以分为以下几个类型。

（一）失范类型

1. 经济类失范

这类失范包括贪污挪用、行政人员经商和隐匿财产。一般来说，贪污是行政人员利用职权通过欺骗、瞒哄等手段非法占有公共财产的行为。具体表现为：集体私分、挪用公款、非法集资、涂改票据、做假账、伪造证据、侵吞公款，甚至为了个人私利以权压法，不按法定权限、程序履行职责，有法不依、执法不严、违法不究、徇私枉法甚至执法犯法。

2. 政治类失范

这主要是官僚主义。官僚主义一般指公务人员脱离实际，不关心公众利益，官气十足，铺张浪费，贪图个人安逸和享受，导致工作效果和效率低下的工作作风和领导作风。其具体表现为：有的干部沉湎于文山会海，应酬接待；有的干部对待上级布置的任务是有决定而无落实，有布置而无督察，以文件落实文件，以会议落实会议。

3. 组织人事类失范

由于干部管理体制存在的弊端，长期以来任用干部只有"选拔"而没有"选举"，人事权掌握在少数领导人手里，其具体表现为：卖官鬻爵、公款行贿、跑官要官。用人问题上的腐败，后果最为严重，它使官场变成了市场，从而使行政伦理失范愈演愈烈。

4. 失职类失范

在公务活动中，行政官员的失职、渎职是行政伦理失范的又一种典型表现。失职、渎职有的造成重大经济损失、巨额国有资产流失。例如，有的造成桥梁垮塌、煤矿瓦斯爆炸等恶性事故，给国家财产带来巨大损失，给人民群众的生命安全造成严重威胁进而破坏社会稳定。

（二）失范的具体表现

1. 行政权力寻租化

市场交换原则侵入公共行政领域，寻租型腐败现象频繁发生，部分公务员利用制度漏洞和手中权力为自己牟取高额利润，国家法律法规形同虚设，具体表现为以下四个方面。

第一，联系群众比较差、官僚主义明显。根据我国政治制度的本质，民众是国家的主人，国家机关及其公务员的权力是民众赋予的，公务员是民众的公仆。因此，权力属公，用权为民，是公务员最基本的道德要求。但是，现实生活中的一些"公仆"既没有公权意识，更没有公仆意识。相反，许多公务员特权思想严重，不能摆正自己的位置，把自己手中的权力看做是高人一等的依据和搞特殊化、谋取私利的工具，把自己的社会责任抛到了脑后。因此，现实生活中出现这样的二律背反也就不以为怪了：干部的交通工具先进了，但与群众的距离远了；干部的文化素质提高了，但不会做群众工作了；群众的生活水平提高了，但群众对干部的意见增加了。

第二，务实精神比较差，形式主义明显。坚持实事求是，从政务实，既是我党的思想路线，更是我国社会主义国家机关及其公务员处理政务的基本道德要求。但是现实生活中许多地方和部门热衷于搞形式主义，追求个人或地方、部门的"功名"和形象。有的干部做工作，不去领会中央精神，也不去了解下情，习惯于做表面文章，喊口号；有的沉湎于文山会海，应酬接待，不能深入基层；有的热衷于沽名钓誉，哗众取宠、应付上级、应付群众；有的搞各种名目的所谓"达标"活动，形式上热热闹闹，实则劳民伤财；有的只说空话大话、不干实事；有的报喜不报忧，掩盖矛盾，以致酿成恶果……

第三，敬业和进取精神比较差，享乐主义比较明显。在我国现实生活中，虽然不乏勤政为民、忠于职守的好领导、好干部，但是，缺乏敬业精神、没有责任心和义务感、一心追求个人利益和个人享乐的人也比比皆是。从党的十五大到十六大前夕，全国纪检监察机关共立案 861917 件，结案842760 件，给予党纪政纪处分 846150 人，其中开除党籍 137711 人。被开除党籍又受到刑事追究的 37790 人。在受处分的党员干部中，县（处）级干部28996 人，厅（局）级干部 2422 人，省（部）级干部 98 人。这些人遵从传统行政文化中庸俗的"官本位"思想，一切为了权力，一切为了做官，并且把手中的权力当做谋取私利、贪图享乐的本钱和手段，因此，利用职位便利大搞权钱交易、权色交易，作风漂浮、生活腐败。他们的思想和行为既背离了公务员应当遵守的起码的道德要求，也为党纪和国法所不容，是社会转型期行政伦理失范的最严重的表现。

第四，全局观念比较差，本位主义比较明显。不少公务员本位主义、分散主义意识滋长，不能正确地处理局部与全局、下级与上级、个人与组织的关系。比如，对上级的方针政策和指示，采取"上有政策，下有对策"，有令不行、有禁不止；对待同级单位和个人则以邻为壑、互相掣肘，对自己有利的争着干，对自己不利的则踢皮球；为了地方利益、部门利益和小团体利益，甚至不惜损害国家的利益和其他组织与个人的利益。在我国，各个层次、各个领域的国家机关一般都是法人单位，相对独立的法人利益往往使一些行政单位形成牢固的小团体主义思想，在市场经济大潮的影响下，一些公务员在社会比较中出现了较强的经济利益和社会地位失落感，于是，在本团体与其他团体、与国家利益的分界处，极力地维护本团体利益，有的甚至利用本单位的职能权力去谋取小团体利益，损害国家和其他团体利益。其极端表现是法人犯罪。比如，以行政单位的名义经商办企业、以政府的名义乱摊派、乱收费、乱提成、乱处罚、乱搞赞助，等等。更有甚者以单位名义利用职能权力进行侵害国有资产、行贿受贿、走私等违法犯罪活动。

2. 政府信用缺失

政府信用有广义与狭义之分。从广义上讲，政府信用是公众对政府信誉的一种主观评价或价值判断，是公众对政府本身行政行为所产生的信誉的心理反应；同时也是政府在维护和构建社会信用体系中所担负的职责，表现为其是否为社会提供信用环境。狭义的政府信用概念仅指政府行政行为本身的信用，不包括政府为社会提供信用环境。本文所分析的政府信用指的是狭义的政府信用。

第一，行政规则随意多变。立法和决策是行政行为的首要环节。一些地方政府在制定政策时不从实际出发，不深入调研，不考虑时代的发展变化和政策的长期适应性，仅满足于本届政府的任期，搞短期行为，出现"一届政府一套政策"、"新官不理旧事"，继任政府不对前任政府的执政情况负责。一些地方政府在研究决策时，不广泛吸引各界公众的参与，缺乏相应的科学性、可行性，导致制定的政策"朝令夕改"，民怨纷起。政府及有关部门政策多变，政出多门，甚至政府随时收回"解释权"，说变就变，常常令当事人无所适从。这在行政许可和审批领域表现得尤为突出。

第二，行政行为公信受疑。政府在重大社会管理活动中随意承诺，出尔反尔，"口头一套、行动一套"，不按协议、合同办事，行政机关不能及时有效公开行政规则以及其他理应公开的社会公共资信，也是政府信用缺失的重要表现。目前，政府行政过程中信息不对称的现象严重存在。在信息传递上，社会组织和个人处于弱势，而政府的很多决策、法规、程序等行政信息却不能及时得到公布，这种现象加剧了政府信用的下降。行政机关应该充分注意到，现在已经进入信息时代，如果从官方得不到权威消息，公众可以通过其他多种渠道获知所谓"小道"消息。政府在一些重大社会问题上躲躲藏藏，必然会造成谣言满天飞。事实证明，社会实际存在的信息与公众能够得到的信息不对称，大道消息和小道消息的信息不对称，其后果只会使政府公信力受损。

第三，行政执法方式简单粗暴。受传统权力观念的支配，一些地方政府对政府信用问题认识不够，他们认为政府权力可以随意行使不受制约，甚至认为为了公共利益行使职权可以不考虑信用问题，以至于自以为是，吃、拿、卡、要，为所欲为。一些政府职能部门对市场经济中的不法行为及失信行为打击不力，监管乏力，致使假冒伪劣商品、虚假广告、上市公司造假、恶意欠账逃债、银行呆账坏账、偷漏税、走私骗汇等现象大量存在，引起人们对政府能力的怀疑。一些基层政府部门"官本位"思想严重，法治观念淡薄，对抗、藐视"法律"时有显现。在行政执法领域，一些执法机关平时疏于管理，一旦出了人命，有了领导指示，或者舆论批评了，才似乎如梦初醒。行政执法不注重于长效、动态管理，动辄采用运动式的方法，试图一蹴而就。这样使群众对行政执法机关的行政能力、信用产生怀疑。运动式的执法方式，在社会发展瞬息万变、市场交易频繁复杂、违法行为层出不穷的今天只可偶尔为之，而日常执法运作机制的形成才是最重要的。

三　当前我国政府伦理失范原因分析

行政伦理失范并不是我国现阶段的"特产"，它在任何国家的任何时期都不同程度地存在着。在我国新旧体制转轨的社会转型时期，一定程度的行政伦理失范是社会历史发展进程中难以避免的。归结起来，造成行政伦理失范主要有以下原因。

（一）中国传统行政伦理文化的影响

第一，在传统的政治伦理文化中，突出道德管理和道德教化的作用。在古代中国，政治、行政、伦理的关系是难解难分的，但核心是伦理秩序，注重"关系"和"人情"，法律和个人权利似乎是附带品，正如费孝通先生所说，中国传统社会不是法治社会也不是人治社会，而是礼治社会。在传统习俗中，强调"礼"和"秩序"，而不是法律、法规，也没有契约的意识。所以到今天，许多公务员仍受到"人情"、"关系"的影响，办事情要"凭交情"、"讲面子"，而不是按照规章制度去办事情，因而陷入行政责任冲突中，不知如何抉择。

第二，在中国主流的政治伦理文化传统中，主张人性本善的理论。第一个提出了系统的"人性善"理论的是战国时期的孟子，他认为人的本性是善良的，在后天可以更好地培养人的优良品质，重在对人性本善的引导和修养的提高，对个人道德修养寄予很高的希望。中国传统伦理文化中，统治中国几千年的儒家思想是以人性本善为主流的，所以今天的中国对人性的判断也是以人性本善为主的，期望人自身具有很高的自觉性，讲求"修身、齐家、治国、平天下"的修养过程，但却忽视或避开了人性恶的方面，在面对权力和利益的诱惑时，使人性恶的一面凸现出来并占了上风。

第三，中国传统政治伦理注重个人道德修养，而忽视公共道德建设和制度道德建设。中国是注重个人道德和修养的国度。梁启超在《新民说》中指出："我国国民所最缺者，公德其一端也。"他认为中国道德发源虽早但都是私德，尤其儒家学说，十之八九为私德。这个问题在传统官员道德上表现得更为明显。儒家学说中有大量的文章是关于君子之德以及如何来修身养性的，而对于整体的公共道德和政治制度道德的学说却很少。人们把社会繁荣昌盛的希望都寄予"明君"和"好官"的身上，而不是良好的体制和整体上的道德建设。所以改革开放的今天，我们所强调的大多仍是个人的品德、修养，克己奉公。然而在社会环境的冲击下，往往个人的道德是脆弱的。与个人道德相比较，体制的道德性对于维持社会秩序、规范社会行为具有优先地位。政治体制的道德比个人的道德作用更大，也更稳固。

第四，中国传统政治伦理突出忠于统治者，而忽视了政府与公民的契约关系。传统的封建政府职能主要是统治职能，要求全国上下一致"忠于君主"，"服从天理"，统治者支配一切资源，所有官员都是为统治者服务、效力的。这种思想传统也深深地影响着现代中国人的观念。虽然在宪政原则上要求公务员为人民服务，强调政府及其公务员的权力是人民所赋予的，但在实际的操作中，政府掌管着资源和公共权力，公务员的工资在形式上也来自于政府（实际上是纳税人），所以容易造成一种错位，使得公务员认为自己应该为"政府服务、上级服务"，对人民只是管理和命令，而不是公民本位的思想。这就易造成权力滥用、利益分配不均，产生行政责任冲突，使公务员陷入行政伦理的困境。

（二）现代官僚制的技术化、科学化

在公共行政的领域中，根据科学的技术的原则建立起来的官僚制体系就如一架庞大的机器。在这个官僚体系中，"官僚"即行政人员成了官僚体系运作的必要的补充因素。就如一条汽车生产线、一个工厂、一个车间，把众多的工人集中在机器的某一部位，重复着单一化的机械动作，目的就是高效生产某一产品。因为根据工具理性的原则和科学精神，在政治活动中和公共行政活动中所需要的科学态度就是排除价值因素的干扰。所以在由政治家和通过行政人员建立起来的官僚制体系中，就行政人员作为公共行政领域中的

专家而论，他们仅仅是以技术官僚的面目出现，是官僚体系这架机器的齿轮，是无意识的行政人，官僚体系的形式化和客观性就是他的行为的客观性的保证，如果他在自己的行政行为中介入了个人的意识，反而会破坏了这个官僚体制对行政效率的追求，会破坏官僚体系的客观形式的设计原则。

可见，在官僚制的技术系统中，人必须完全从技术的视觉去看待事物，完全受制于技术的视野，自觉或不自觉地按照技术的需要去行动，以至于现代政府中凡是出了任何一种类型的问题，也总是根据技术化的思路去谋求解决的方案，当行政人员滥用权力而腐败时则寻求可以技术化的法制；当出现官僚主义时则谋求机构改革和组织重建的技术支持等。由此陷入了对科学和技术追求的怪圈中，也就是说，越是谋求科学化技术化，出现的问题也就越多，而出现的问题越多，就在谋求科学化技术化的解决手段方面表现得越迫切。根本原因就在于，官僚制在整个公共行政的领域及其权力运行机制中，排除了人的价值和人的行为主体意义。在这种管理体系中，已经没有人了，存在着的只是官僚，他们的责任只是管理体制的责任，他们自己对社会已经没有任何责任了。所以他们成了专事钻营的官僚主义者，成了公共利益的蛀虫。这一切同时在整个社会范围内又进一步助长了道德价值的衰落。在这种情况下，官僚制陷入矛盾冲突的困境就不可避免了。但是，我们也要注意到，马克斯·韦伯在经典意义上所提出的官僚制是一种"理想型"的官僚制，但这种制度更多的是一种理论上的抽象，在现实生活中却难以企及。而各个国家所表现的常态，要么是官僚化过度，要么是官僚化不及。一般而言，前者是发达国家官僚体制常有的弊端，而后者则是发展中国家行政体制的通病。

当代西方各国行政改革面临的主要问题是政府的僵化、迟钝、缺乏创新精神和学习能力，它属于官僚化的过度发展，是"制度过剩"，产生这些问题的深层原因是过度官僚化和后工业社会激烈变迁的社会环境之间的矛盾冲突。而在中国转型社会中"二元"结构并存的特点在行政管理领域也得以充分体现：法理型权威尚未完全确立，政府过程中的体制化、人格化和结构化并存，行政行为不规范，行政低效与腐败，组织活动的非理性化，管理方式的人格化，民众的契约、理性和法制意识淡薄，等等。所以，我国行政体制目前最缺乏的是法制效率、专业化和理性精神，官僚制举起理性和逻辑的旗帜，批判和否定了产业革命初期靠个人专制、裙带关系、暴力威胁、主观武断和感情用事进行管理的做法。因此，在西方各国因为官僚制的弊端而大势叫嚣"摈弃官僚制"的时候,中国却恰恰需要为官僚制化的不足补课。目前,我国尚急需借鉴理性官僚制的制度设计,着力建构一个权责明晰、行为规范、运转协调和办事高效的行政管理体制,以推动经济增长和缓解物质短缺。

(三) 价值多元化的冲击

社会转型时期面临着文化价值方面的复杂局面:一方面,我国是有着悠久历史传统的国家;另一方面,我国又是一个急剧现代化的国家,不仅利益、地位分化会产生价值观念与生活观念的分化,而且各种来自异域的新思想和新观念也会随着国家的开放纷至沓来。这些新情况新变化将会持续且深刻地影响中国社会,也会对国家的行政伦理带来挑战和影响,导致人们的价值取向也向多元化方向转化。旧的道德规范被冲破后,新的道德规范尚未完全确立,人们的价值观、道德观被严重扭曲,如果行政主体不能正确认识基本的行政伦理准则和规范,那么,在履行行政职责时就难免会出现偏差,行政伦理失范也就不可避免。

(四) 行政体制的弊端及良好行政运作的制度缺失

我国行政体制改革相对滞后,极易出现行政伦理失范。一是行政权力"公权私化"。尤其是行政领导职务的刚性,即一旦获得了行政职务,在规定的退休年龄之前,只要无过错或有过错而不被追究,他就只能上不能下,即便退休,其身份、级别、待遇也不改变。这就必然造成官员的过剩和滞留,进而形成错综复杂的行政伦理关系。二是"官僚泛化"现象普遍存在。由于种种原因,我国的行政机构臃肿,行政权力全面介入社会生活,行政人员可以自己的特殊身份地位合法占有各种稀缺资源。谁一旦获得行政权力,谁就有了进行权力"寻租"的大量机会,就可以充分利用手中的行政权力,实现自身利益最大化。特别是在建立社会主义市场经济体制的过程中,这种现象更为普遍。社会转型时期既具有传统社会行政模式的一些特征又具有新社会行政模式的一些特征,且明显带有新旧并存的特点。在过渡社会变迁过程中,建立在传统经济基础上的旧有的权力基础逐渐分化,新的权力基础没有完全成长起来,权力机关不能及时有效地行使法律的权力,权力滥用的情况就时有发生。我国目前的行政运作,就属于这种情况。

第一,利益驱动和利益协调机制的不完善。随着市场经济体制的建立,我国形成一个以利益导向为核心的社会动力系统,在此系统中人们相互竞争,运用各自可以依靠的资源和优势来获得个人利益。行政人员的最大资源和优势就是手中的公共权力。由于缺乏与市场经济体制相适应的利益驱动机制和利益协调机制,在原有社会分工体系中居于较高地位,而待遇相对较低的行政人员为了获得与此相适应的经济收入,便很容易想到利用手中的公共权力来为自己谋利益。因此有人提出效仿新加坡高薪养廉。

第二,政治体制改革相对滞后使政府职能发生错位。随着市场经济体制的逐步建立,政府直接干预经济、政企不分的格局并未从根本上打破,政府职能转换尚未到位,行政权力在社会经济建设中仍处于支配地位,在各项经济活动中到处可以看到政府的影子。在这种政府职能错位,行政管理权无限放大,而制度又不规范、不完善的情况下,必然会导致权力商品化和滋生权力设租、权力寻租行为。

第三,法律制度的构建滞后于市场经济的发展。与市场经济相适应的法律制度的制定和完善还需要一个过程,法律机制上还存在不同程度的缺陷,惩治机制还不健全,使得腐败分子有机可乘,腐败现象层出不穷。还有法律、法规执行不力,尤其是行政权力有时会介入司法与执法过程中,导致行政权力的失控。

第四,权力监督机制软化、行政监督机制不健全。孟德斯鸠说:"一切有权力的人都容易滥用权力,这是亘古不变的一条经验。有权力的人们使用权力一直遇到有界限的地方才休止。"行政伦理建设,总的来讲有两种基本方式:一是内部控制,即行政伦理道德建设。这种方式主要通过训练和职业社会过程来培养、强化行政人员的职业价值观和职业水平。二是外部控制,即行政伦理制度建设。这种方式强调组织结构的合理安排或是立法、制定组织规则、设立严格的监督机构等。邓小平指出:"我们过去发生的各种错误,固然与某些领导人的思想、作风有关,但是组织制度、工作制度方面的问题更重要。这些方面的制度好可以使坏人无法任意横行,制度不好可以使好人无法做好事,甚至会走向反面。"缺乏强有力的监督和制约机制是行政伦理失范的客观条件。处于转型期的中国,社会主义民主与法制建设不够完善,监督机制不健全,在一定程度上也加剧了行政伦理失范的程度。现行监督机制在内部结构和运行过程中还明显存在一些缺陷,在一定程度上制约着监督效能的发挥。主要表现为:上级对下级的监督有力,而下级对上级的监督十分薄弱;事后惩罚较为偏重,事前防范和事中控制工作做得不好;权力结构内部监督较为严密，外部监督比较缺乏；尚存在某种程度上的主观随意性监督。权力约束机制的缺少，使内省条件不够充分。

（五）行政人员是追求个人利益（效用）最大化的"经济人"

这一判断使行政伦理失范的经济根源展现出来。公共选择理论在探寻市场经济条件下"政府失灵"的原因和对策中，把"经济人"的假定推广到政治领域，提出政府官员也是"经济人"的观点。因为"当个人由市场中的买者或者卖者转变为政治过程中的投票者、纳税人、受益者、政治家或官员时，他们的品性不会变化"，他们都会按照成本—收益原则追求最大化效用或利益。作为选民，他们总是趋向选择那些预计能给自己带来更大利益的政治家或政治选择方案。同样，作为政治家或官员，他们在政治市场上追求自己最大的效用，即权力、地位、待遇、名誉等，而把公共利益放在次要地位。这样，行政伦理失范就有可能发生。

（六）行政伦理建设滞后于社会发展的现实

我国在社会主义制度确立后，一直非常重视公务员行政伦理道德建设，从新中国成立初期的全心全意为人民服务到在新的历史条件下，贯彻落实"三个代表"重要思想，强调立党为公、执政为民，在公务员行政伦理道德建设上始终严格要求，与时代同步。但是在传统体制下，由政治力量所支持的社会舆论不次于法律的约束性。由于缺乏法治环境，缺乏相应的机制和制度，随着领袖崇拜和政治人格化的神圣性的消解，公务员行政伦理道德失去了往日的政治约束力。特别是随着传统计划体制各种弊端的暴露，与党政不分、政企不分、机构重叠臃肿、职责不清相伴随的是人浮于事、官僚主义、责任意识淡漠、缺乏进取心等严重违背行政伦理道德的现象。

（七）行政人员双重身份的角色冲突

行政人员具有双重身份，这种身份的双重性来源于他进入公职系统之前的"原身"是公民。当他经过法律程序进入公共行政部门后，就形成了新的身份和行政职务关系，公共领域的特殊性要求公务员的公共角色定位。社会利益的实现是以国家权力的公共性使用为前提的，为了保证公务员能够公正地行使公共权力，为公众谋取公共利益，必须要求公务员在执行公务时能够"大公无私"，不掺加任何个人感情色彩，即韦伯在官僚组织模式中所设定的

"公共人"。我国学者张康之指出："作为社会的公民角色的公务员，得到行使公共权力的前提恰恰是个人对其权利的转让，即让个人权利服从公共权利的要求。"而一旦优先发展个人权利，就难以保证其公共权力使用的公共性。尤其是我国当前市场经济体制还不完善，缺乏对公务员角色扮演的严格规范，在原有社会分工体系中居于较高地位，而待遇相对较低的行政人员为了获得与此相适应的经济收入，便很容易想到利用手中的公共权力来为自己谋取利益，有令不行、有禁不止、以权谋私等行政伦理失范行为的发生就不可避免。

第八章 服务型政府的公共伦理要素解析

公共伦理与服务型政府具有天然的逻辑联系。服务型政府的公共伦理要素可以概括为四点：公共人，政府服务角色的伦理定位；公益至上，政府服务目标的伦理规定；公共服务，政府职能转变的伦理方向；秩序与公正、效率与责任，服务伦理价值及其实现方式。

人类社会的行政模式走向服务行政证明了政府功能向公共性复归的历史必然性。为体现公共性本质，服务型政府构建的关键是合理处理公共管理领域的公共伦理关系。从"公共"要求考虑，服务型政府应该定位自身的伦理角色为"公共人"，规定自身的伦理目标为公共利益，以公共服务为政府职能转变的伦理方向，以效率与责任的方式实现秩序、公正的公共伦理价值。

一 公共人:政府服务角色的伦理定位

通常情况下，人们将履行国家行政职能的职业群体称为行政人。行使公共权力的行政人是公共领域中最重要、最具能力的法人行动者。在政治职能极为发达而社会职能严重萎缩的前市场经济社会，公共领域未从私人领域中分化出来，行政人只是政治系统实现社会统治的工具。市场经济的出现和发展要求行政人增强其社会管理职能，服务于社会公共事务，推进公共利益的实现。行政人在服务型政府中应该实现成为"公共人"的转化。"公共人"侧重于对公务人员的价值判断，强调公务人员在道德价值取向上以公共利益为依归，以"公共人"的立场处理公私事务。

当前学术界对于服务型政府成员"公共人"要求的论证往往是从对 20世纪后半期的"经济人"假设的批判开始的。"经济人"假设认为政府组成人员与市场经济主体一样，都是追求个人利益最大化的理性经济人，而且将这一"经济人"本性泛化为所有人的本性。有的学者认为，公共选择理论将"理性人"和"经济人"的概念不假思索地等同了起来是错误的，这样就会"以偏赅全、片面夸大了行政人的计算理性，忽视了非理性因素的意义"①。其实，"经济人"在古典经济学中是人作为市场活动主体、进行经济生活的人性假设前提，而市场关系是个人之间权利和活动的让渡和交易，在此过程中发生的是个人选择，而非公共选择。然而，私人领域与公共领域是存在明显界限的，尤其在市场经济的交换关系中占主导的人类社会，必须存在一个非交换的领域，对交换关系中发生的不公平、不公正行为加以矫正。政府的公共行政空间就是维护公平、正义，捍卫社会公共利益的最为重要的公共领域。服务型政府的制度设计也不该如同公共选择理论家所主张的那样，通过运用市场竞争的规则引导和规制公务人员的行为，而是要激发和鼓励他们潜在的"公共人"特性或显在的有益于公共利益实现的行政行为。

"公共人"要求公务人员在面对价值利益抉择时，必须在道德上保持一种反思平衡能力。不是不讲个人利益，而是将自身利益的偏好与公共利益的最高规范相比较，达到调和与平衡的状态。"公共人"要求公务人员以维护公平、正义的公共价值为导向提升自身的道德修养，完善服务型政府的公共精神。

二　公益至上：政府服务目标的伦理规定

利益表明了一种主体对客体的需要关系，是主体需要与满足这种需要的客体之间的关系。服务型政府之所以要将"公益至上"作为自身追求的伦理目标，是政府作为满足社会公众需要客体的本质规定。"公益至上"表明政府及其公务人员在处理自身利益与公共利益关系时的价值选择。

然而"公共利益"这一古老概念并不是容易清晰界定的，对这一概念的内涵的厘清也成为公共哲学的永恒命题。17 世纪 40 年代以前，人们经常用"共同善"或"公共福祉"来指代今天的"公共利益"。卢梭曾在《社会契约论》中鲜明指出，社会的"公共利益"不等于局部组织或团体的"共同利益"。这里所指的公共利益不仅限于物质利益，也包括权利、自由等价值

---

① 李春成：《公共利益的概念建构评析——行政伦理学的视角》，《复旦大学学报》2003 年第 1 期。

成分。罗尔斯也曾认为符合人民真正需求的公共利益应包括自由、平等、公平、福利等基本方面。美国学者罗伯特·丹哈特将诸多学者对于公共利益的不同理解归纳为四种模式：（1）公共利益的规范模式：认为公共利益成为评估具体公共政策的一个道德标准和政治秩序应该追求的目标。（2）公共利益的废止论观点：认为公共利益是难以测量或直接观察的，因为没有办法用经验证实它与行为之间的关系，所以是一个没有实际意义的概念。（3）公共利益的政治过程模式：认为公共利益就是通过一种允许利益得以集聚、平衡或调解的特定过程来实现的。（4）公共利益的共同利益模式：该模式虽然未给公共利益以确切的定义，但认为追求公共利益而进行政策争论从而达成共识的过程证明了公共利益的价值。

的确，对于公共利益的形而上的规定似乎让人类在追求它的路途中缺失可操作的具体标准，而对于"公共利益"的形而下的罗列又无法穷尽这一博大概念的外延。但我们必须承认公共利益是与私人利益既有联系又有区别的概念。一方面，公共利益中包含了私人利益的一些内容，公共利益存在于规范个体寻求其私人利益的努力之中，公共利益可被用来为私人利益的追求提供基本的公共设施和普遍分享的价值①。公共利益是某一群体中的任何成员都可以享有的，但它又不是个人利益的简单加总。另一方面，公共利益又是与私人利益存在根本区别的。公共利益强调的是整体的利益，而个人利益则强调的是个人希望得到的物质或精神的东西。

三 公共服务：政府职能转变的伦理方向

政府职能是实现政府与社会之间公共伦理关系的平台和中介。政府职能的内容客观上决定了政府是否正确定位了与社会公众以及其他公共管理主体之间的伦理关系，或在多大程度上保证了这种公共伦理关系得到稳定和发展。一般认为，只要阶级社会存在，政府的职能就必然包括政治统治职能和社会管理职能。"从理论上讲，社会管理职能存在的前提是社会的存在，而政治统治职能的前提是国家的存在。这意味着，社会管理职能对人类社会而言，具有共生性，与人类社会相始终。"② 也就是说，只要人类

---

① 詹世友：《公共领域·公共利益·公共性》，《社会科学》2005 年第 7 期。
② 王惠岩：《政治学原理》，高等教育出版社 1999 年版，第 42 页。

存在着公共生活，社会管理职能就会是实现公共伦理的必然途径。随着生产力发展水平的提高，政治职能必将随着社会发展和阶级差别的缩小而逐渐让位于社会管理职能，同时社会管理职能则会因应社会经济发展的需求增长而不断强化自身。服务型政府是社会主义国家的政府职能重心转移向社会管理职能的模式选择，也是阶级社会的行政伦理向公共伦理逐渐复归的表现。

服务型政府对社会管理职能的强化要求其自身不断提高为社会发展和稳定提供公共服务的水平。然而人们对于公共服务有不同的理解。有人将公共服务等同于为人民服务，这种观点不能全面理解服务型政府的真正伦理内涵。为人民服务是一个政治性的概念，而公共服务则属于行政职能的范畴。公共服务不应过多地强调其阶级、阶层和居住区域的界限而失去其社会性本质。作为国家的公民与国家的宪政关系是公共服务的基本依据。一个人如果具有了公民的身份，就在宪政意义上与国家形成了一种契约关系，政府就对他的生活状况负有不可推卸的责任，而公民个人在对国家尽义务的同时也享有对这个国家的政府行为施加影响、接受其提供的服务的权利。那么究竟公共服务的确切含义是什么呢？"公共服务主要是指法律授权的政府以及非政府公共组织和有关工商企业，在纯粹公共物品、混合性公共物品以及特殊私人物品的生产和供给中所承担的职责和履行的职能。"① 显然，在这里政府并不是公共服务提供的唯一主体，但是最为重要的主体。构建服务型政府最为重要的环节就是在现实中创造出一种公共服务的供给体系，由政府或是社会来提供有效的制度供给服务、良好的公共政策服务、公共产品的供给以及公共的劳务帮助等来满足人民群众日益扩大的公共服务需求。

四　秩序与公正、效率与责任：服务伦理价值及实现方式

秩序与公正应该成为服务型政府的最高伦理价值，而为保证秩序与公正的实现，应该把效率与责任作为其当然的实现方式。

（一）秩序与公正

任何社会都存在着人类不停歇的利益追求。在社会资源相对于人类欲望

---

① 马庆钰：《关于"公共服务"的解读》，《中国行政管理》2005 年第 2 期。

永远匮乏的情况下，人类的利益矛盾和冲突的产生自然无法避免。因此，控制社会冲突、维持社会秩序作为人类社会共同体存在和发展的需要成为政府存在的当然前提。服务型政府作为人类有政府存在的最后一个政府类型，提供社会秩序的根源和方式与以往的政府类型有着明显的不同。在市场经济发展的近代以来的社会，政府对秩序的提供面临着多样考验。市场经济中以遵守自由平等竞争的市场机制为活动原则，经济活动本身要求一种建立在契约关系之上的秩序，它需要政府提供公正的制度环境和合理的管理与规制。近代社会以来的经济发展是在市场自由发展与政府权力介入此消彼长的状况下步履蹒跚的前进史，抛开政府干预的纯粹市场自发秩序引发的是经济体系的全面危机，政府全面操控经济运行又导致了全能政府的系列问题。于是，政府究竟应该怎样提供秩序和提供什么样的秩序就成为公共伦理的重要课题。服务型政府则给了我们一个解答的途径，同时也赋予了我们一个可供追求的伦理目标。

如果说任何社会都存在着利益矛盾，都无法完全消除利益冲突，那么社会秩序的状态则取决于社会利益是不是得到了公平分配。在人类的利益欲望无法彻底得到满足的情况下，公平分配就在一定程度上成为社会成员衡量自身利益实现程度的标准，它关乎人类社会正义的实现。正如罗尔斯在《正义论》中所指出的那样："正义是社会制度的首要价值，正像真理是思想体系的首要价值一样。"① 而政府在制度供给和保证社会成员利益实现的过程中，是社会正义实现的最为重要的实体和最后的堡垒。在交换关系发生的经济领域，政府不应用资源和利益分配的方式创造交换主体的不平等，也不应干预其自由交换行为。在市场经济的发展引发的社会利益群体之间的摩擦和冲突面前，政府要提供一整套协调和仲裁的制度与机制，从而实现分配的正义。

（二）效率与责任

公共行政学自产生之始就将效率价值作为其头号公理和最高目标。也可以说，公共行政就是在自身对效率价值的强调中逐渐走向与政治过程的分离的。卢瑟·古利克曾指出："在行政科学中，不论是公共的还是私人的，基本的'好处'在于效率。行政科学的基本目标是花费最少的人力和物力完成

---

① 约翰·罗尔斯：《正义论》，何怀宏等译，中国社会科学出版社 1988 年版，第 3 页。

正在进行的工作。因此，效率是行政管理的价值尺度方面的最高原则。"①

　　一般意义上，效率指的是对行为主体所付出的劳动与所获得的实际成果进行的比较。从效率的价值形态上看，效率所反映的是人与物之间的关系，表现为人在对象性活动中指向客体的自身需要的满足程度。自从人类社会产生之后，自在的客观世界逐渐被赋予了属人化特征，人与物间的原初关系也让位于人与人之间的伦理关系需要。笔者认为，从这个终极意义上考察，效率价值永远无法取代公正价值而成为政府行为的最高的"善"。

---

　　① 卢瑟·古利克：《公共行政科学：三个问题》，转引自罗伯特·A. 达尔《国外公共行政理论精选》，中共中央党校出版社 1997 年版，第 151—152 页。

第九章 中西方行政伦理建设特点比较

中西方由于文化传统不同，因而在行政伦理建设的特点上有明显的差异，本章试图对这种不同作分析和比较。

一 中西方行政伦理模式分析

人性假设不仅是分析政府公务员（行政主体）行为的基本前提，而且是政府治理模式的构建产生差异的根源。

有学者认为，中国传统人性中"性善说"与"性恶说"的殊途同归，铺就了通向人治和无限政府的道路。西方文化中浓厚的幽暗意识和悠久的性恶论传统却促成了现代西方的法治文明和有限政府模式。性恶假设抑或性善假设都是在二元对立、非此即彼的思维模式中求解人性。人兼有善恶的两重性，当代中国的政府建构必须兼备制恶与扬善的双重功能。因此，在建构政府治理模式的时候，要把权力制约与道德激励有机结合起来；把社会主义法制建设与思想道德建设结合起来；要以制恶为先，辅之扬善。

（一）人性假设是行政学理论建构的逻辑前提，是行政实践的理论根据

早在 18 世纪，英国著名哲学家休谟就明确地指出："一切科学对于人性总是或多或少地有些关系，任何科学不论似乎与人性离得多远，它们总是会通过这样或那样的途径回到人性。即使数学、自然哲学和自然宗教，也都在某种程度上依靠人的科学"；"人性本身"好比是"科学的首都或心脏"①。由此可见，作为人文社会科学分支之一的行政学也无法

---

① ［英］大卫·休谟：《人性论》，商务印书馆 1980 年版，第6—7 页。

回避对人性问题的阐释。行政学在百余年的发展、演变的历程中，几经研究"范式"的转换，其间人们关于人性假设的判断在不同的阶段、从不同的方面深深地影响着行政学的走向。各种行政学派以他们对人性假设的看法为基本前提，从而建构出不同的行政理论和模式①。人性假设是行政学理论建构的逻辑前提，深化行政理论研究必须重视对人性假设问题的探讨。

行政实践的前提是对人的利益和需要的正确理解以及对人性假设的科学界定。有学者认为，人性假设是行政管理实践面临的基础性问题，是准确认识行政人的本质、对行政人进行管理、建立责任型和服务型的廉洁政府的根据②。还有学者认为，行政实践的有效运行机制之建立是基于恰切的人性判断基础之上的。中国政府最近反复强调要实行以人为本、坚持全面、协调和可持续的发展观，由此张扬人性、完善人性和提升人性的行政理念愈益受到重视③。因而，深入开展对人性假设问题的探讨，有助于在行政实践中正确落实"以人为本"为核心的科学发展观，推进政府管理创新。

（二）人性假设与行政监督体制的建构和完善

中国和西方由于历史传统、地域、民族心理等方面的差异，而对人的本性的假定存在差异。西方认为人之初性本恶，而中国认为人之初性本善。另外，在服务对象上也存在差异。很多中国行政官员由于受传统等级观念的影响存在着为政府服务的意识。而西方由于传统契约论思想深入人心，为公众服务观念为雇员所接受。

有学者认为，无论是哪一种行政监督机制都要建立在对人性的基本假设的基础之上，要了解腐败的发生机理，探讨行政监督的必要性和重要性，就离不开对人性的一些分析，并认为，单纯的"经济人"或"道德人"假设都有其局限性。根据马克思主义的从"社会的公仆"到"社会的主人"再到"社会的公仆"这一否定之否定的过程，在社会主义阶段，存在可能引起公共权力变异的情况下，进行制度设计、考虑人性的假设时，应做到"道德人"和"经济人"并重；把"道德人"的实现看做一个渐进的、长期的过

---

① 丁秋玲：《对人性预设与公共行政思路的评述》，《武汉大学学报》（人文科学版）2005 年第 9 期。

② 赵军、孙昌兴：《中国行政人伦理建设研究》，《江淮论坛》2005 年第 3 期。

③ 张富：《公共行政的人性基础》，《社会科学家》2004 年第 1 期。

程，同时立足于"经济人"的假设，进行相应的制度设计来防止公共权力的非公共运用。

（三）行政学人性假设研究的路径

通过对近年来相关研究成果的梳理发现，国内学者对人性假设问题的研究大致沿袭两条路径：或借鉴和继承中西方传统人性假设理论，或提出新的人性假设构想。

1. 借鉴和继承中西方传统人性假设理论

部分学者对人性假设的研究注重借鉴和继承中西传统人性假设理论的学术资源。西方传统人性假设主要有"经济人"、"道德人"、"社会人"、"自我实现人"和"复杂人"等五种假设；而中国主要有"人性善"和"人性恶"两种假说。其中，西方的"经济人"与"道德人"假设和中国古代的"人性善"与"人性恶"假说对学者们有较大的影响。

第一，学者们对"经济人"假设存在着两种不同态度。第一种观点认为，"经济人"反映了人的现实需求，正确认识人的"经济人"属性对于行政实践具有指导意义。有学者认为，正确理解和把握"经济人"假设对当代中国行政价值体系重构的启示在于：有助于抛弃道德理想主义的影响，走出"应然与实然问题下的虚拟运作"；有助于公务员的福利保障体系的建构工作；有助于行政人行政行为监督机制和权力运行制衡机制的建构[1]；行政主体假设从传统的"公仆"假设转变为"经济人"假设同时也是行政决策体制现代化的前提[2]。第二种观点认为，把人视为自私自利和绝对理性的是不全面的也是不现实的，"经济人"假设不适用于公共领域。它为行政人员的腐败找到了"正当性"的理由，从而得出腐败不可避免论；另一方面，从道德观念上讲，"经济人"假设本身就是对道德的反动，使公务员道德建设变得虚幻、成为空谈[3]。

第二，对于"道德人"假设的理解。有学者认为，"道德人"是人们对国家公职人员的"美好期望"，"道德人"是值得提倡的，但是现实中的情况却是对"道德人"的背离。因此，单独的"道德人"假设是没有意义的，

---

① 张继、徐凌：《"经济人"假设对行政价值观重构的启示》，《学术论坛》2005 年第 11 期。

② 吴从环：《试论行政决策体制的现代化》，《探索与争鸣》2003 年第 8 期。

③ 陈华平：《简评公务员道德建设的人性假设》，《行政论坛》2004 年第 9 期。

必须辅之以"经济人"等其他人性假设才能达到促进行政管理的现实效果。有学者认为，行政人应该是"经济人"和"道德人"的统一。"经济人"侧重追求物质利益的行为是他律；"道德人"崇尚精神利益，行善本身视做目的是自律。市场经济条件下行政人需要受到他律与自律的约束，以实现自我价值与社会价值的统一；对行政人人性的理解既要承认其"道德人"的一面，也应该看到其"经济人"的一面。

第三，学者们对"人性善"和"人性恶"的看法是，二者都有其合理之处，值得现代行政管理借鉴；同时二者的不合理、不科学的地方，是要在现代行政管理中加以避免的。有学者认为"性善论"与"性恶论"并不是中国的"专利"，在西方同样存在着"性善"与"性恶"的争鸣。一些学者认为中国古代是"性善论"居主流地位，而在西方则是"性恶论"占主导地位。如有学者从人性假设与社会治理模式中激励制度的建构角度出发认为，中西不同的人性假设，导致了不同的治政方略和制度路径。"性善"论者强调通过统治者自身正向的道德激励，来实现对人民的管理，但其人性假设在本质上是与"法治"相对立的。"性恶"论者强调通过法律的负向激励，实现对权力的规范与制约，但阻碍了人的主体能动性的发挥。只有在正视人性经济自利性的同时，看到人性的道德自律性，才能对当代中国社会治理模式中激励制度的建构作出科学的设计，使之成为现代行政的有机组成部分。

2. 提出新的人性假设构想

随着研究的深入，部分学者意识到传统人性假设已不能完全解释现代人的"人性"。因此，学者们在分析比较中西传统人性假设的基础上，结合当代社会生活实际提出了诸多新的人性假设构想。

第一，"公共人"假设。"公共人"假设认为：行政人在事实上可能以"经济人"的方式生活，但在价值层面上，必须坚持以"公共人"为导向。"公共人"的内涵包括："公共人"是人民的代表、公仆或代理人，追求的目标是社会公共利益最大化，运用的主要资源是公共权力，要承担公共责任，并处于公共监督之下。同时认为，以"经济人"假设为基础，行政学强调制度选择与创新的重要性；以"公共人"为导向，行政学强调公共道德与伦理建设的重要性。只有把行政人的这两种属性有机地结合起来，才能使个人利益与公共利益得到和谐统一。

第二，"学习创新人"假设。有学者从知识经济时代的人性假设从对领导科学的影响角度提出了"学习创新人"假设，并分析了其对领导管理理论与实践发展的影响，主要体现在：一是以人为本将成为核心的领导理念；二是领导者角色的平民化将成为发展趋势；三是组织学习将成为领导的基本职能。有学者进一步断言，未来适应"学习型社会"需要的领导者必定是能够胜任领导学习的"学习型领导"。

第三，"比较利益人"假设。该理论认为，"经济人"假设用"非此即彼"的极点式思维来解释和预测人的行为是片面的，运用到公共管理领域不但无法达到以制度安排促进公共利益的不断实现，而且会导致不必要的负面后果。而"比较利益人"假设将人的行为动机看做复杂的、多元的、变化的，是自利和他利的结合，是多种利益诉求的比较与整合，是一种基于利益分析"线段式人性"。"比较利益人"假设具有利益性、比较性、动态性和相对性等特质。这种人性假设摆脱了为公共管理的理论与实践提供了一个不同于非此即彼的极点式人性假设的新基础。具体包括：一是体现了公共管理研究方法的转向，即一定条件下"非此即彼"和"亦此亦彼"相统一的方法论；二是突出了公共管理过程中利益诉求的多元性，为公共管理最终目标的界定奠定了基础；三是为公共管理制度建设与道德建设相结合提供了人性基础。

第四，"生态和谐人"假设。在管理思想的演变历史中，适应农业文明、工业文明的时代要求，人性假设先后经历了"经济人"假设、"社会人"假设、"文化人"假设三个阶段，"生态和谐人"假设是适应生态文明时代而提出的人性假设，其实质是组织按照生态文明时代的道德原理和伦理规范来进行有效的管理，是一种全新的管理理念。所谓"生态和谐人"是指以身心和谐、人生幸福为目的，以人的需要结构和谐发展为条件，人与自然、人与人、人自身之具有的生态和谐，环境适应性的协变和谐和价值合理性的臻善和谐为契机的人性假设。该假设对公务员管理的启示在于：用"生态和谐人"假设的理念和价值观对公务员进行生态的、和谐的管理，使公务员向"生态和谐人"转变，以提高公务员的整体素质和工作能力。

第五，"有限理性利益人"假设。有学者从公共政策的角度提出了"有限理性利益人"假设，认为公共政策行为实质是一种选择行为，"有限理性利益人"在公共政策实践活动中其行为选择具有价值偏好多元性、智能活动有限性和追求满意性的特征。以有限理性利益作为公共政策学的人性假设，既符合人的一般本性，也符合公共政策实践活动的特殊本性，更重要的是它为科学地揭示公共政策的本质及其运行规律提供了依据。

第六，"知识公务人"假设。有学者从政府官员角色变换的角度提出了"知识公务人"假设。认为"知识公务人"是指拥有足够相关知识和认知能力，以及与时俱进的知识更新意识和能力，具备公共精神、创新精神和批判精神，以知识和技能为主要依凭工具，科学行使公共权力，为国家和社会提供服务的国家公务人员。"知识公务人"具有知识性、公共性和公共精神、以公共理性为主导的多元理性等特性。"知识公务人"通过以下途径塑造：一是创建学习型组织，营造共同学习的氛围，推动政府官员角色的转变；二是实施单性化组织方式，增强政府官员的责任意识和独立精神；三是建构和完善各项相关制度，为政府官员的角色跃迁提供制度平台和动力机制。

当然，其他学者也提出了各自新的人性假设，譬如"充实的经济人"、"目标人"、"满足人"、"文化人"等，内容实质与上述六种观点有较多重合之处，在此不一一赘述。

（四）人性假设与行政实践的关系

理论要为实践服务，学者们对人性假设问题的深入探讨，其目的是为行政实践服务。因此，国内学者除了对人性假设理论进行深入研究、探索外，对人性假设与行政实践的关系问题也给予了高度的关注，其关注的热点问题主要有：

1. 人性假设与行政文化建设

有学者认为，行政文化作为文化的一种特殊表现，离不开人的类本质活动的对象化，离不开人的价值倾向与道德观念。因而，行政文化的历史发展与人性论的历史变迁就有了一种不可避免的联系。性善论与性恶论分别是中西方历史上的主流人性思想。总的来说，性善论思想对中国传统行政文化的主导影响是消极的，它是形成官本位行政文化的重要原因，也是促成人治行政模式的理论基础。而性恶论思想对西方传统行政文化的主导影响则是积极的，它是民主行政和法治形成的理论基础。但同时，二者也是各有其局限性。实现我国行政文化的现代化，需要吸取我国传统行政文化的精华，借鉴西方行政文化的优秀成分，避开两者的不足并积极进行创新。

有学者探讨了人性与行政价值的关系问题，认为个人与社会的利益冲突是行政价值的逻辑起点，但从更深刻的意义上讲，行政的终极价值即在于追求人性完善和社会可持续发展。当然，人性并不是一个超历史的先验的本质或规定，现实中也从来没有凝固不变的人性，在创造社会和改造大自然的进程中，人性总是随着历史的进步而得以不断地升华，人性完善只是一种理想化状态，它无疑是行政的一种终极追求。

2. 人性假设与政府治理模式的构建

人性假设不仅是分析政府公务员（行政主体）行为的基本前提，而且是政府治理模式的构建产生差异的根源。有学者认为，中国传统人性中"性善说"与"性恶说"的殊途同归，铺就了通向人治和无限政府的道路。西方文化中浓厚的幽暗意识和悠久的性恶论传统却促成了现代西方的法治文明和有限政府模式。性恶假设抑或性善假设都是在二元对立、非此即彼的思维模式中求解人性。人兼有善恶的两重性，当代中国的政府建构必须兼备制恶与扬善的双重功能。因此，在建构政府治理模式的时候，要把权力制约与道德激励有机结合起来；把社会主义法制建设与思想道德建设结合起来；要以制恶为先，辅之扬善。

不少学者探讨了人性假设与行政伦理建构的关系问题。有的学者从建构行政伦理的路径的角度认为，制度约束与德行激励是建构行政伦理的两种途径。这两种路径的建立必须以对政府组织和行政职业的特质分析为背景，制度约束是基于人性假设和公共性特质；德行激励是基于行政人员的伦理自主性的建立。在目前行政伦理的建设中，制度约束是最重要的，德性激励是其追求的目的。有的学者从行政人员的伦理自主性的角度认为，人性发展的需要决定了行政人员应该拥有伦理自主性，自主性也是人性发展的需要。在现代管理中，不再把人当做完全的"经济人"、"会说话的机器"，而是当做有自尊，有人格、人性的人。人性的客观存在，人性要求满足的是不可否认的欲望与需要，使追求人性的管理与创造人性的管理有了依据。还有的学者从行政的本质角度认为，人性是行政管理的起点，使行政管理成为一种特殊的伦理活动，并具有独特的伦理特性。中国古代的"仁治"和"法治"，西方的"经济人"和"社会人"管理方式，都源于对人性善恶的不同理解和不同评价。现实的行政管理活动，也总是从人性需要出发，注重人的现实利益。行政管理各环节都围绕着协调、整合各种利益和价值而展开，这是行政管理伦理本质的人性基础。

3. 人性假设与公务员管理制度的创新

在人性假设与公务员管理制度建设方面学者们作了大量的探讨，主要涉及公务员的激励、教育和塑造，等等。有的学者认为，对国家公职人员的人性假设是建立和完善激励机制的理论前提；制度与人性是否和谐，也就成为一项制度是否有效的前提条件，并认为"满足人"假设有助于建立合理的公务员激励制度。"满足人"假设的主要内容是，公职人员的行为只为求得内心的满足，这种满足可以是理性的满足，也可以是非理性的满足，或许表现为利己，或许表现为利他；公职人员的满足感的产生由其个人偏好决定；公职人员满足感的兑现受其他人行为的影响；满足感对公职人员个体行为有激励作用。总之，公职人员并不一定不做"于己无利"的事，但一定不做"于己不满"的事，即便违心做的事，也是权衡后果后较为"满足"的行为。基于"满足人"假设，在设计激励制度时要做到：激励设计的人性化；努力塑造公职人员高尚的满足类型；加强法治规范的力度。

4. 人性假设与行政监督体制的完善

有学者认为，无论是哪一种行政监督机制都是要建立在对人性的基本假设的基础之上，要了解腐败的发生机理，探讨行政监督的必要性和重要性，就离不开对人性的一些分析。这些学者认为，单纯的"经济人"或"道德人"假设都有其局限性。根据马克思主义的从"社会的公仆"到"社会的主人"再到"社会的公仆"这一否定之否定的过程，在社会主义阶段，存在可能引起公共权力变异的情况下，进行制度设计、考虑人性的假设时，应做到"道德人"和"经济人"并重；把"道德人"的实现看做一个渐进的、长期的过程，同时立足于"经济人"的假设，进行相应的制度设计来防止公共权力的非公共运用。

二 行政学人性假设研究存在的困境及推进

尽管国内行政学界对人性假设的研究取得了相当丰硕的成果，但其中存在的问题也是明显的，比如在研究方法上，学者们绝大多数是运用规范研究的方法对人性假设进行理论推演，而运用实证分析方法的相对较少；在研究内容上，学者们从不同背景、不同角度对行政视阈中的人性假设问题进行探讨，这一方面为以后的研究奠定了基础，但另一方面由于研究中仍然没有取得实质上的共识，这使得已有的研究成果显得过于庞杂、散乱，让人无所适从。造成这些问题的原因是多方面的，但从根本上看，是由于学者们的研究没有从"人性"三大矛盾的困境中解脱出来：

（一）行政学人性假设研究存在的困境

1. 人性中的应然与实然的矛盾

从古至今对于"人性到底是什么"这个问题都没有一个公认的答案。对于人性"应该"是什么，学者们可以自由发挥，而对于人性"实际"是什么，学者们却莫衷一是，这表现为人性的应然与实然的矛盾。行政学是一门实践性很强的学科，行政学对人性假设的研究最终的目的在于指导行政实践以"张扬人性、完善人性和提升人性"，如果只谈人性的应然而忽视人性的实然，既不利于行政学理论的发展，也不利于行政实践的开展。

2. 人性中的共性与个性的矛盾

不同层次和范围的人性是否相同，不同的人性假设是否适用于所有的"人"等，这些问题都是值得我们仔细思考的。有的学者对行政人人性进行了共性和个性的区分。他们将行政人看做普通公民和行政职业人员两种身份的统一，因而行政人也就具有普通公民的"共性"人性，同时又具有行政职业人员的"个性"人性，是"经济人"和"道德人"的统一。这种区分看到了人性的不同层次性，是可取的。但是，将人性的区分建立在人的不同角色或职业又是不合理的。一方面，根据不同的标准行政人的角色和身份可以进行多样的区分，而不仅仅是普通公民和行政职业人员两种。另一方面，如果不同的角色和身份具有不同的人性，那么行政人也绝不仅仅只是"经济人"和"道德人"的统一。因而，对人性的共性和个性尚需更深入的探讨。

3. 人性中的先验与经验的矛盾

人性假设中不论是"经济人"、"道德人"还是"人性善"、"人性恶"等都是对人性的一种先验的规定和判断。这样的人性论先假设人具有某种"特性"，然后再根据人的这种"特性"建构理论和开展实践活动。这种先验的人性论是没有经过经验验证的，所以也是不完全符合生活实际的。然而，人们在进行制度设计的时候往往依据的就是那些先验的人性论，而不是经过经验验证的符合实践规律的人性论，这就使得制度设计不可避免地带有一定的空想性和风险性。

（二）进一步推进行政学人性假设研究

1. 以马克思主义人性观为指导

马克思主义认为，"人本质上是一切社会关系的总和"。马克思主义以实践的辩证唯物主义为工具探索人性问题，认为人性表现为人的自然属性、社会属性和精神属性的有机统一，这对我们认识和研究行政中的人性问题具有重要的指导意义。行政活动凸显的人性规定是复杂的、多向度和立体的，因而应当在特定的条件、情景和问题中进行具体分析，这是现代行政孜孜以求的目标。因此，行政学人性假设研究必须坚持以马克思主义人性观为指导，从人的社会本质出发考察现实中的复杂人性，力求"应然"人性与"实然"人性相结合。

2. 重视人性研究的层次性

人性假设问题不是一个"一刀切"就能解决的问题，对人性假设问题进行研究必须分清层次和范围。马克思主义认为"首先要研究人的一般本性，然后要研究在每个时代历史地发生了变化的人性"，也就是要做到"共性"人性与"个性"人性相结合。应该鼓励和支持在马克思主义人性观的指导下，从不同角度出发提出创新性人性假设构想。只有打破人性观上的"先验"的束缚，造成"百花齐放、百家争鸣"的局面，才能使得对人性的认识更加深刻和全面，才能有望在人性假设上达成一定程度的共识，才能创新行政理论与政府管理模式。

3. 重视研究方法的多样性

"实践是检验真理的唯一标准"，判断一种人性假设理论是否科学合理，对行政实践是否具有指导意义，都需要经过行政实践的检验。对人性不仅要进行先验的理论构想，而且要进行经验的实证分析。因此，在研究方法上，既要坚持规范分析方法，同时又要大力提倡运用经济学、管理学、心理学等学科采用的数学模型、行为分析、心理分析等实证分析方法，坚持规范分析方法与实证分析方法相结合的原则。

4. 坚持与当代中国政府管理实际相结合

人性假设在哲学本质上是对人的存在本性的概括，它必须反映时代精神和学科特征。行政学是研究行政实践及其发展规律的科学，关注当代政府管理的热点和难点问题是其义不容辞的责任。当前，我国政府积极倡导"以人为本"的执政理念，这就为行政学人性假设的研究提出了时代课题。因此，行政学人性假设研究必须坚持与当代中国政府管理实际相结合，致力于为政府管理提供科学合理的人性假设理论指导。

三　中西行政文化传统分析

（一）中西方传统核心观念的分析

"三字经"在中国可谓童叟皆知。其中的"人之初，性本善"可谓对人性为善的认定。在中国古代第一个提出了系统的人性善理论的是战国时的孟子。孟子认为人的本性是善的，就是说"仁、义、礼、智"等道德品质是人生而就有的，是与生俱来的本性。"孟子道性善，言必称尧舜"①的性善论是孟子整个学说的理论基础。儒家也有少数性恶论者，如先秦儒家最后一位大师荀子就认为"人之性恶，其善者伪也"②。不过他的性恶论是等级制的性恶论，所以仍然是不彻底的。从总体来看，统治中国 2000 多年的儒家思想是以人性本善为主流的。时至今日，我们对人性的估计也受传统影响，存在道德人这种片面人性认识，对人的自觉性期望很高。

西方文化传统中对人性的认识与中国传统文化明显不同，西方文化对人性的认识基本上是性恶论的。西方基督教文化一直把人看做有"原罪"的人，人甚至是由于"罪恶"才出生的，人有与生俱来的罪恶本能，所以对人性具有恶的一面有一种挥之不去的警觉。这种性恶论我们称之为"经济人"，其称谓源于古典政治学的开山鼻祖亚当·斯密。在他的《国富论》和《道德情操论》中都是从利己主义本性出发来论证"经济人"的。他认为"毫无疑问，每个人生来首先和主要关心自己"③。"我们每天所需要的食料和饮料，不是来自屠夫、酿酒师或烙面师的恩惠，而是出于他们自利的打算。"④古希腊政治学者亚里士多德也认为人一半是野兽，一半是天使，主张"法治应当优于人治"⑤。西方的普遍的"经济人"意识使人们对"人"始终保持一种合理的不信任。

---

① 陈器之：《孟子通译》，湖南大学出版社 1989 年版，第 154 页。
② 邓汉卿：《荀子译评》，岳麓书社 1993 年版，第 499 页。
③ ［英］亚当·斯密：《道德情操论》，商务印书馆 1998 年版，第 101—102 页。
④ ［英］亚当·斯密：《国富论》上卷，商务印书馆 1972 年版，第 14 页。
⑤ 亚里士多德：《政治学》，商务印书馆 1965 年版，第 167 页。

（二）中西方行政官员的服务对象的分析

在中国，从终极根源上看，政府及其公共权力产生于人民的直接或间接授权，这是我国所确定的一项根本的宪政原则。这个宪政原则要求行政人员的服务主体只能是人民。但在实际操作过程中，特别像中国这样的转轨国家，由于政府是公共行政权的直接掌握和行使者，是各类重要社会资源实际的拥有者，又拥有庞大的官僚体制①；而作为工作于政府组织内的行政人员，其工资福利的直接来源是政府；其行政活动中心似乎是围绕着政府展开。而且中国深受 2000 多年封建思想的影响，传统的封建政府职能主要是统治职能，要求全国上下都一致服从政府的统治，要求全社会的资源都服从政府的统一支配，政府的意志主导一切。所有大小行政官员都是为政府组织的统治服务，为皇帝服务。这种思想也深深地影响现今人们的观念。以上诸种因素容易造成一种错位，由"为公民服务"倒错为"为政府服务，为上级服务"。这种"政府本位要求公民去适应和服从政府和公务人员的管理，而不是要求自己去适应和方便广大公众。它还导致了一种行政实践评价标准的倒错，凡是适应政府行政组织系统的就是善的，反之就是恶的"②。所以在我国宪法上明确规定了公民本位的原则，但受传统思想影响，政府本位思想仍有残留。

在西方国家中，契约观念历史久远，并且深入人心。契约论思想的集大成者卢梭认为消除原始状态的办法是要订立一种社会契约："我们每个人都以其自身及其全部的力量共同置于公意的最高指导之下，并且我们在公共体中接纳每个成员作为全体之不可分割的一部分。"③ 所以在西方观念中，人民与政府是一种授权与被授权的契约关系，它规定着政府与公民间在权利与义务方面的双向依存关系。在这种关系中，就公民而言，一是通过选举或遵从使政府获得合法性行使权力的基础；二是通过纳税给予政府经济支持，同时公民也自然期望能从政府那里获得相应的回报，包括以服务对象的身份获得政府提供的良好服务。就政府而言，它在获得公民的政治和经济支持的同时，必须按契约要求提供令公民满意的服务。这里不存在单方面的"恩赐"，

---

① 金太军：《公共行政的民主和责任取向析论》，《公共行政》2001 年，第 12 页。
② 周奋进：《转型期的行政伦理》，中国审计出版社 2000 年版，第 60 页。
③ ［法］卢梭：《社会契约论》，商务印书馆 1980 年版，第 23—24 页。

而是体现着一种资源的交换关系和互利行为。所以在实际操作中政府中的行政人员就容易产生一种为公众而服务的观念，容易体现"公民本位"这一思想原则。

四 传统观念差异而导致的中西行政伦理建设特点的分析

中西方由于传统上存在道德人和经济人假设方面的差异，导致了中国对行政个体伦理建设期望值过高，且只注重内在约束；西方对个体伦理建设的期望值比较平稳，既注重内在约束，又注重外在约束。中西方在传统服务对象的差异上，使得中国长期以来只注重行政人员的伦理建设而忽视官员道德与组织伦理建设的联系，以及导致的行政职业道德太笼统、一般化；而西方既注重行政人中的伦理建设，也注重组织伦理建设，以及注重行政职业道德的具体化、可操作化。

（一）中西人性假设差异而导致的行政伦理建设的特点

中西个体伦理建设要求的差异的分析。在中国，由于传统对人性的认识是道德人假设，所以对于行政人员的个体伦理建设的期望值一直是很高的。毛泽东在党的七大报告中就指出，党的干部要"全心全意为人民服务，一刻也不能脱离群众；一切从人民的利益出发，而不是从个人或小集体的利益出发；向人民负责和向党的领导机关负责的一致性；这些就是我们的出发点"①。张闻天同志也认为，"只有我们时刻记住党和人民群众的这种关系（勤务员与主人），我们才能自觉地全心全意为人民服务，把我们的一切工作的重心始终放在人民群众身上"②。由上观之，我们长期以来对于行政人员的道德期望是全心全意为人民服务，毫不利己，专门利人，具有纯粹的无私奉献精神。这种由道德人假设所承认的人的善性的一面的积极作用是使人们相信人是可以教育的，可以通过教育来培养自律的精神。新中国成立至今，确实涌现了一大批清官、好官。但另一方面由于忽视人性的缺陷往往又走向极端，这就是道德要求很高，以不具有普遍意义的"至善境界"来要求所有的行政人员，而大部分人由于实际达不到这样的境界反而使道德说教流于形

---

① 《毛泽东选集》第3卷，人民出版社1969年版，第1094—1095页。
② 《张闻天选集》，人民出版社1985年版，第569页。

式。在西方由于"经济人"观念的影响，人们对于行政人员的道德期望是保持冷静和审慎态度的。尽管要求行政人员的道德因其职位特殊而略高于一般的公民，但基本上还是要求行政人员首先应该是一个合格的有德公民。美国学者认为，在 18 世纪晚期以后的美国，把公民个人利益完全置于国家利益的从属地位的观点已不再普遍，而占主导地位的政治观点则是公民个人利益应受到尊重。"正确理解的自我利益"被认为是现代公民的品德。"正确理解的自我利益"作为公民的品德明晰而确定，契合人类的弱点和缺陷。它虽不具有传奇式的崇高，却得体、有效、可行，适合民主社会。这个道德原则可能会阻止一些公民达至高超境界，但却阻止了更多的低于此水准公民的品德的堕落①。这种道德原则要求个体可以有自我利益，不过要有能力在给定的情境下使个体利益契合于群体利益，而总体利益应反映群体利益。库珀对公共行政人员的道德品质进一步提升，他认为"因为公共行政人员不仅仅是一般公民，同时也是特殊的受信托公民。所以除了正确理解的自我利益以外，在公共行政实践中还要求行政人员具备其他三种品德。即公共精神、谨慎、实质理性。这些品德其他公民也有，但它们对于行政管理角色中的行政人员功能的发挥的支持是尤其重要的"②。由上可见，西方对于行政个体伦理建设要求并不是要达到某种至高境界，而是允许契合于群体利益的个体利益的存在。这可能就是受经济人假设所导向的结论。

　　中西行政人员约束途径侧重点的分析。在中国，由于"人性本善"观念的影响，人们认为只要不断地进行道德教育，不断地进行伦理规劝，使人性始终保持在"至善"境界就万事大吉了。中国的宋明理学，不论是程朱（程颐、程颢、朱熹），还是陆王（陆象山、王阳明），对于中国道德修养的理论贡献都是很大的。他们集中研究了一个问题，就是怎样把道德规范转化为内心的自觉行动。所有这些传统的德育理论被继承并发展用以加强对行政人员的内部约束。通过文件传阅、会议学习、榜样示范等多种方式来使行政人员达到廉洁自律，并从道德接受主体的接受这一角度出发对道德教育进行创造性研究，培养一种行政人中的道德需要。"道德需要作为一种心理机制，表现出一个人能够把对社会、他人的献身、贡献和给予当作是一种崇高的义

---

　　① DeTocqueville, *Democracy in America*, v2（New York：Alfred A·Knopf）pp. 121 – 123. Recite from Tarry L. Cooper: *An ethic of citizenship for public administration*（Prentice Hall, Inc 1991）p. 153.

　　② Terry L. Cooper, *An Ethic of Citizenship for Public Administration*（Prentice Hall, Inc1991）p. 163。

务和责任，并能够在履行这种义务和责任时感到愉快、高兴。"① 基于这种片面的"性善论"的人性理解，难以产生重视制度建设的传统，所以中国一直没有道德立法这样的制度性约束。没有强制性制度约束就无法控制行政人员的自利行为不滑向损人利己或损公肥私。在西方，对人性的悲观估计促使人们去想方设法地完善各项制度，用制度来约束人们的行为，让人们从善。制度就是"一系列被制定出来的规则、守法程序和行为的道德伦理规范，它旨在约束主体的福利或效用最大化利益的个人行为"②。这种制度约束就是一种比较正式的外部约束，主要包括道德立法、职业规范、组织变革，等等。如果说内部约束规则是一种主观合理性，外部约束则更是一种客观合理性。制度一旦产生就引导个人逐步地通过他律实现自律，自律在许多时候是他律的习惯成自然。制度性伦理规范是集体理性，不管在层次上还是内容上都能够最普遍地对各级行政官员起到约束作用。制度可以对各个层次的行政官员分别规范，使规范既有确定性，又有针对性。所以亨廷顿认为："在一个国家要肃清腐败包括两个方面：一方面要降低衡量公职人员行为准则；另一方面则要使这些官员的行为大体向此种准则看齐。这样做，行为和准则都有所失，但却能获得准则和行为在总体上的更大和谐。"③

（二）行政人员服务对象的观念差异而导致的行政伦理建设的特点

中国的行政人员伦理建设与西方的行政人员、组织伦理共同建设的特点分析。在中国，传统的政府本位意识使人们的注意力过度集中于行政人员的伦理建设，而忽视了组织本身也存在伦理问题。由于受这种思想的影响，导致公众的影响力较小，行政人员对于公众的回应性程度较弱。一旦发生道德失范，人们就认为仅仅只是行政人员产生了道德问题，于是想方设法通过各种途径来加强行政人员的道德修养，纠正失范，力图通过使道德原则和道德规范内化为行政个体道德的自我意识，以达到更好地按照这些原则和规范来调整行政个体的行政活动。人们与此同时却没有想到政府本位思想所导致的政府组织对于行政人员的影响，它也会使有德的行政人员作出不道德的行为，成为组织的替罪羊。在西方，由于契约论思想而形成的公民本位意识，

---

① 《罗国杰文集》下卷，河北大学出版社 1999 年版，第 196 页。
② ［美］道格拉斯·诺思：《经济史中的结构与变迁》，上海三联书店、上海人民出版社 1994 年版，第 185 页。
③ ［美］塞缪尔·亨廷顿：《变革社会中的政治秩序》，三联书店 1989 年版，第 58 页。

使得人们敢于对于引起道德失范的原因作广泛的探索，其中包括敢于怀疑官僚组织本身的伦理问题。库珀举了一个案例，说有一警察局长没收违规商人的物品而不交公，据为己有。一试用期警察发现后要局长作出解释，局长反而警告他不要多管闲事。以此说明组织的制度性权威经常被用来压制道德行为。他还对组织的有分散个人责任的倾向进行了论述①。人们于是着手两方面的伦理建设：一方面是行政人员的伦理建设，包括个人品德和行政职业道德建设，其中个人品德建设又分成思想态度和思想品德（乐观、勇气、仁慈的公正）建设两部分②；另一方面组织伦理建设，"20 世纪 80 年代以后，组织层面的行政伦理日益受人关注，威尔本、但哈特、鲍曼等就是这方面的代表"③。张国庆教授把这些人的行政组织层面伦理的内容概括为"程序公正、组织信任、民主责任和制度激励"四个方面④。美国的但哈特认为，政府的伦理建设就是进行组织改革，指出，可能的组织改革的类型从广义上可分为：培养一种组织良心；改变组织的任务分工和分权状况；保护违反组织政策和程序的有道德的人；提高作为组织活动一部分的道德讨论的水平四种⑤。

作为群体伦理的行政职业道德建设特点的分析。在中国，这种传统的政府本位思想使得政府被降为同其他行业一样的组织实体，行政人员同其他职业人员混同起来，从而导致行政职业道德和其他职业道德的混同。所谓职业道德就是从事一定职业的人们在其特定的工作中或劳动中的行为规范的总和⑥。这种涵盖一切职业的职业道德体现为忠于职守、尽职尽责、敬业乐群、克己奉公的精神。所以在传统的计划经济体制下，"为人民服务" 5 个字就几乎能把所有行业的职业道德都概括了。20 世纪 80 年代中叶开始，中国明确意识到行政管理作为一种职业必须有明确的职业道德规范⑦。此后行政职业道德渐渐从其他职业道德中分离并不断深化，但仍较为笼统，内含一般职业道德的普遍性成分较多，特殊性成分较少，经常发生和职业道德错位。在

---

① ［美］特里·L. 库珀：《行政伦理学》，中国人民大学出版社 2001 年版，第 164 页。

② ［美］斯蒂芬·K. 贝利：《道德标准与公共服务》，转引自 R. J. 斯蒂尔曼《公共行政学》，李方等译，中国社会科学出版社 1989 年版，第 421—434 页。

③ 张国庆：《行政管理学概论》，北京大学出版社 2000 年版，第 533 页。

④ 同上书，第 534 页。

⑤ ［美］凯瑟琳·但哈特：《公共伦理学——解决公共组织中的道德困境》，转引自王沪宁编《腐败与反腐败——当代国外腐败问题研究》，上海人民出版社 1990 年版，第 472—474 页。

⑥ 罗国杰：《马克思主义伦理学》，人民出版社 1982 年版，第 384—385 页。

⑦ 《中共中央关于社会主义精神文明建设指导方针的决议》，《人民日报》1986 年 9 月 28 日。

西方，受契约论思想的深远影响，使得政府及其行政主体被认为是受全体人民之托行使公共权力、管理公共事务。这种思想使人们极容易认识到行政道德的层次高于其他一般职业道德。这极大地促进了行政职业道德与其他一般职业道德的分离，如美国国际城市协会 1987 年 5 月就通过了 12 条职业道德规范。其中包括向民选官员提供政策方面的建议，坚持并执行民选官员制定的政策；牢记民选代表是负责制定城市政策的，协会会员的任务是执行政策，回避参与当地立法机关的选举活动，回避一切可能影响专业行政管理人员履行职责的党派政治活动等。美国公共行政协会也在 1985 年通过了 12 条规范①。在西方，特别是美国，行政职位分类比较严格。每种行政职业、职位的特殊责任和权力都规定得比较清楚，并且都有相应的职业道德规范与之相对应，很具有针对性。另外，针对行政职业、职位的特殊性进行行政职业道德评价就具有可操作性，这也在一定程度上促进了作为群体伦理的行政职业道德建设。

五　对转型期中国行政伦理建设的思考

（一）反思传统观念

中国传统的性善论观念有它的积极一面，即人人都可以通过教育来培养自律精神。但过于强调它则会忽略人的缺陷的一面，从而导致轻视制度建设的片面做法，有时会导致起码的道德要求也难以保障，最终不利于道德建设。中国现阶段残留的政府本位思想脱胎于两千多年的封建等级社会，它既阻碍了民主政治建设的进程，也使行政伦理建设陷入困境。所以我们当前的做法应当是对人性的理解既要承认道德人的一面，也要承认经济人的一面；坚决摒弃政府本位思想，树立完全的公民本位观念。

（二）加强制度约束

行政人格的形成大体要经历三个阶段，其间有两次升华。第一阶段是行政伦理的他律时期，即外在的制度约束时期；第二阶段是行政伦理的自律时期，是行政义务向行政良心的升华时期；第三阶段是行政伦理价值目标形成

---

① 马国泉：《美国公务员制和道德规范》，清华大学出版社 1999 年版，第 98—101 页。

时期，是自律和他律完全统一的升华时期①。与西方相比，中国的道德教育可谓投入很多，但制度短缺，至今仍没有一套完整的立法来约束官员的行为。外部约束确实有降低道德要求之嫌，但它具有可操作性，使得准则和行为之间具有更大的和谐性。所以现阶段的中国既要保持道德教育的力度，又要尽快出台道德法案，形成内部和外部约束的合力，促使官员行政人格的尽快形成。

（三）重视组织改革

以往我们都太过于将注意力集中在行政人员个人的道德规范上，而没有关注组织的性质，没有意识到使人难以以道德方式行动的组织结构形式和权力形式。然而组织内的政策和程序确实可能会产生助长组织成员非道德行为的无意的，然而确实的结果。我们今后要探索可能性的途径用以强调组织层面的道德并追问什么是鼓励道德行为的组织制度纬度，什么是挫败道德行为的组织制度纬度。在此基础上实施组织变革，如改变组织的分工与分权状况；建立行政人员揭发腐败内幕的保护机制；建立激励组织员工道德讨论机制以及建立公正的组织办事程序，等等。

（四）完善职业道德

行政职业道德是由公务人员的个人伦理道德向行政组织层面伦理道德的过渡。行政职业规范的改革将个人方法和组织方法联系了起来。当职业规范影响了管理者的价值观，从而影响了管理决定时这便是一种个人的方法；当专业行政组织建立和实施道德准则时，这些组织向个人提供了一套可以对组织产生强大影响的规范体系、程序和奖励结构。我们现阶段的行政职业道德建设主要就是使这种"官德"从其他职业道德中完全脱离出来，建立多层次、全方位的行政职业道德规范体系。既有总体规范，又有针对特殊职业的具体约束，使其真正成为连接行政个体道德与组织伦理的桥梁和纽带。

---

① 王伟等：《中国韩国行政伦理与廉政建设研究》，国家行政学院出版社 1998 年版，第85—86 页。

第十章　效能政府视阈下我国行政伦理建设的对策

行政伦理的良性运行是指行政伦理在全社会范围内得到普遍、有效的认同、接受和实践。行政伦理的良性运行是需要在多种道德参数的综合作用中实现的，行政伦理建设作为一种现实的实践活动并不是孤立存在的，它同社会实践活动的其他方面密切联系并相互影响，相互制约。直接影响伦理道德发展变化的因素有很多，因此，虽然我们建设的是伦理，但建设活动绝不能局限于伦理范围内的活动。

在经济体制转轨过程中，旧的体制的作用削弱了，新的体制还在建立过程中，社会的经济转型要求行政伦理转型同步，而这种转型的脱节现在却未能真正克服。因此，行政伦理存在的问题是相当严重的，表现形式是多种多样的。主要有以下类型：（1）权力交易。权力交易是权力再分配过程中的以权换权，即谋求权力的最大化。政治腐败常常表现为权位竞争中的非法交易。（2）渎职失责。渎职是指国家工作人员利用职务上的便利滥用职权或者不尽职责；失责是享有一定权力的人对自身应负的责任和义务的一种无视和糟蹋。（3）权钱交易。行政伦理失范的原因是多方面的，主要原因之一是行政运作过程中缺乏最基本的行政伦理规范和法制秩序，在于公共管理不能"抑恶扬善"。因此，在新时期行政伦理的建设至关重要。

行政伦理的构成是行政伦理建设的基础，行政伦理实践更为重要，加强行政伦理建设的措施和途径是多种多样的，要根据中国的实际情况和现阶段存在的问题，使行政伦理建设具有较强的针对性和可操作性。行政伦理与公共责任在现代公共管理中具有不可忽视的地位。对于当前中国的行政伦理建设来说，如何设计和构建一套合理的或合乎理性的行政伦理规范体系并输入到现实的行政系统之中，是至关重要的。

一　行政伦理的构成要素

行政伦理不仅包括作为社会行为基本规范的伦理的一般规定性，而且还由于行政所固有的特殊性质和地位，决定了必然要在伦理上有自己的特殊要求和内在规定性。明确行政伦理的类型和构成是行政伦理建设的基础。行政伦理是一个有机的体系，主要包括体制伦理、行为伦理、政策伦理和职业伦理等。

（一）　体制伦理

通常人们有意无意地将伦理范畴看做个体道德的代名词，看做纯粹个人主观观念的范畴。其实，行政伦理首先应该体现在体制伦理方面。行政体制伦理是相对于行政管理者个体道德而言的，它由行政体制内在的一系列分配权利和义务的原则、规范所构成，并通过社会结构关系，一系列的政策、法规、条例和成文的或不成文的制度等环节表现出来。体制伦理依附于体制而存在，与个体道德相比较，体制伦理对于维系社会秩序、规范人们的社会行为具有优先地位。特定的社会体制在伦理上有多大的合法性，主要不是通过这个体制下个体道德体系显示出来并得以确证的，而是通过体制自身的伦理性显示出来的，是通过不同体制的比较来评判的。

（二）　行为伦理

从行政行为的角度看，行政行为伦理就是要追求公正。公正，是正义理论中的核心概念。由于公正问题产生在人与人的利益关系中，所在利益关系的种类就决定了公正问题的划分。在各种各样的利益关系中，有两种最基本的关系形式：一是利益交换关系，二是利益分配关系。与此相应的最基本的公正形式：一是交换公正，二是分配公正，三是程序公正与规则公正，四是权利与义务的平等。

（三）　政策伦理

公共政策伦理，作为行政伦理的一种建构，有两层含义：其一是指维护某种公共秩序所需的伦理规范，是由政府或其他社会权威机构设计、制定和推广的；其二是指对于政府预制倡导的这些公共领域的伦理规范，除了用社会舆论、良心自律等软约束手段支持外，还要为其配置政策化的硬约束手段，使这些伦理规范真正成为公众在这一公共领域中的普遍化行为方式。例如反不正当竞争，这本来仅仅是伦理的要求，公共政策以强制性的方式给予规定，谁不遵守将受到相应的惩罚，就成了公共政策伦理问题。公共政策伦理不仅包括由惩罚手段禁止不道德行为，也包括由奖赏手段鼓励高尚的行为，例如设立见义勇为奖励基金、行政部门的承诺制，实际上也是伦理的政策化。

（四）职业伦理

行政管理者既要具备社会成员的一般伦理，又要具备作为政治角色的职业伦理。职业伦理应该是相对于社会群体的关系以及特别事项而言的，职业道德实质上就是责任与义务的表现。责任就是对国家权力主体负责，通过自身职责的履行，来为国民谋利益。对国民负责，从国民的利益着想，实质就是"公仆责任"。责任也是一种义务，即承担为其服务对象尽责尽职、谋取利益的义务。对行政管理者来说，行政活动过程是一个承担为国民尽义务的过程。崇高的人生目的（或职业目的）赋予责任以意义，而责任也可看做目的的一部分。实现责任伦理必须具备两方面的基础，一是指导行为的行政良心；二是实现职业功能的能力。

行政良心是公务员在履行行政职务过程中逐步形成的一种伦理意识。行政良心是公务员意识中的一种强烈的行政责任感和自我评价的能力；行政良心是公务员在深刻理解国家、政府及行政机构制定的法律、法规、政策与伦理原则的基础上，以高度负责的态度，对自身行政行为的善恶价值进行自我评价和自我修养的过程；行政良心是多种行政道德心理要素在行政人员意识中的有机结合相互作用的结果。职业伦理还要求行政管理者具备应有的素质和能力，能够高效、科学、规范地履行自己的职责。

二　当代中国行政伦理的价值基础——以人为本、行政为民

党的十六届三中全会，以胡锦涛同志为总书记的新一届中央领导集体正式提出"以人为本，全面、协调、可持续"的科学发展观，其本质和核心是"以人为本"，这是我们党的最新执政理念，也必然成为我国当代行政伦理的价值基础之一；我们党的宗旨是坚持全心全意为人民服务，自己没有任何私

利，这也决定了中国社会主义行政必然要求行政为民，这是由我们党的性质和国家的性质决定的。前者突出了服务的行政色彩，后者则强调了服务的政治色彩。

以人为本的执政理念，马克思、恩格斯早就有过相关阐述。恩格斯在《共产主义原理》中指出："根据共产主义原则组织起来的社会，将使自己的成员能够全面地发挥他们各方面的才能。"① 在《反杜林论》中，他认为只有在消灭私有制，生产力高度发展的社会条件下，生产劳动才能给每一个人提供全面发展和表现自己全部能力的机会。马克思在《1844 年经济学哲学手稿》中则提出，共产主义是私有财产即人的自我异化的积极的扬弃，因而是通过人并且为了人而对人的本质的真正占有；因此，它是人向自身、向社会的复归，这种复归是完全的、自觉的而且保存了以往发展的全部财富的。1848 年《共产党宣言》中又指出："代替那存在着阶级和阶级对立的资产阶级旧社会的，将是这样一个联合体，在那里，每个人的自由发展是一切人的自由发展的条件。"② 1877 年马克思再次指出，共产主义应当是在保证社会劳动生产力极高度发展的同时又保证人类最全面的发展③。

改革开放的总设计师邓小平同志重视人的平等权。在《党和国家领导制度的改革》中指出："我们今天所反对的特权，就是政治上经济上在法律和制度之外的权利。""公民在法律和制度面前人人平等，党员在党章和党纪面前人人平等。"④

第四代中央领导集体提出的以人为本的发展理念的内涵，不同学者从不同角度有不同的理解。

学者孙金华、张国富认为，以人为本就是要把人民的利益作为一切工作的出发点和落脚点，不断满足人民的多方面需求和促进人的全面发展。具体地说，就是在经济发展基础上，不断提高人民群众物质文化生活水平和健康水平；就是要尊重和保障人权，包括公民的政治、经济文化权利；就是要不断提高人们的思想道德素质、科学文化素质和健康素质；就是要创造人们平等发展、充分发挥聪明才智的社会环境⑤。

---

① 《马克思恩格斯选集》第一卷，人民出版社 1972 年版，第 223 页。
② 同上书，第 273 页。
③ 《马克思恩格斯全集》第 19 卷，人民出版社 1972 年版，第 130 页。
④ 《邓小平文选》，人民出版社 1994 年版，第 332 页。
⑤ 《论邓小平以人为本的发展观》，《毛泽东思想研究》2005 年第 1 期。

学者江俊文则对这一理念有着新的理解。科学发展观是坚持以人为本，全面、可持续的发展观，又称以人为本的发展观或人本发展观。人本即民生，在本质上体现为人的根本利益。以人为本的本义是以人为根本、以人为中心，核心内容是尊重人。以人为本的特定含义有以下几个方面：第一，强调人是主体，不但是社会存在和发展的主体，而且也是价值评价的主体。第二，是一种价值取向，就是强调尊重人，为了人，解放人，塑造人和依靠人，其关键是尊重人，包括尊重人的生命、权利、利益和自由，尊重人的价值、能力、人格和个性，尊重人的劳动、创造和创新等。最后它是一种思维方式，即在思考和解决问题时，既要坚持并运用历史的尺度，又要确立并运用人的尺度，要关注人的生活世界，对人的生存和发展命运给予终极关怀，又要关注人的共性与个性，树立起人的自主意识并同时承担责任。总之，以人为本的本质是要实现人的全面发展，因此要以现代人文精神为导向，以提高人的素质、满足人的需求为主线，以保障人的权利、体现人的价值为核心，在经济社会和自然的协调发展中实现人自身的发展①。

以人为本、行政为民作为行政伦理的基础，符合党中央当前的执政理念，更是对宪法精神的尊重。

首先，需要明确什么是"人"？它的外延比较"民"来说，更为广泛，是指全体公民，不仅包括最广大的人民，还包括其他的公民，甚至是犯罪分子，他们的合法权益也要求在行政过程中予以尊重，不得剥夺。以人为本之于行政，就是要求从事公共行政的组织和个人在作决策、执行和事后监督管理全过程中始终把尊重行政的全体对象的个人尊严与价值，把能否做到这一点作为行政善恶的根本标准。只有这样才能体现行政的公共服务性，淡化在行政过程中的意识形态思想，取得行政的公共权威。而这一点恰恰在"为人民服务"的宗旨下被忽视了，由于行政自由裁量权很大，有一定的随意性，致使在行政实践中使得个体利益和尊严受到伤害，影响到政府的形象。所以把保障公民的基本权利、尊重个体作为人的尊严纳入行政伦理和公务员职业道德的范畴，不仅十分重要，而且也是必要的。只有把以人为本作为行政伦理的价值基础，才有助于我们建立和谐社会，减少在行政过程中与公众发生的矛盾。

---

① 江俊文：《以人为本：发展观的新跨越》，《邓小平理论、"三个代表"重要思想》2005 年第5 期。

其次，行政为民的"民"，是指人民，人民是一个历史范畴，这个概念在不同的国家和各个不同国家的不同历史时期，有着不同的内容。以中国的情况为例，在抗日战争时期，一切抗日的阶级、阶层和社会集团都属于人民的范围；在解放战争时期，一切反对美帝国主义和官僚资产阶级、地主阶级的都属于人民的范畴；在社会主义建设时期，一切赞成、拥护和参加社会主义建设事业的阶级、阶层和社会集团都属于人民的范围。行政为民是指我们在行政决策、行政实施与行政监督等具体环节时要始终把人民的根本利益放在首位，不能以少数人的、部分人的不正当利益作为考虑问题、办理事情的出发点；当然在这一过程中要充分尊重公民个体的权益，不能以整体利益之名来损害公民天然赋予的权利。

三　行政伦理制度建设的概念和意义

（一）制度伦理建设的概念

与古代行政伦理强调行政官员个人的道德修养不同，现代行政伦理认为，个人的道德伦理必须内化于社会的整体结构之中，之所以如此，是因为现代社会是一个充满着有机联系的错综复杂的公共系统，个人的行为不仅受到个人道德修养的支配，而且更受制于社会整体的制度规范。因此，要想使行政人员个人的道德伦理水平得以改善和提高，就必须研究如何使道德伦理准则内在于调节人们行为的行政制度之中，并通过后者使行政人员个人的道德修养得以保障和实现。然而，制度伦理建设涉及极其复杂的内容，已成为我国行政伦理学界近年来关注的焦点问题。

所谓制度伦理，主要指以社会基本制度、结构和秩序的伦理维度为中心主题的社会性伦理文化、伦理规范和公民道德体系，如制度正义、社会公平、社会信用体系、公民道德自律，等等。制度伦理包括三个基本的层面：（1）以国家根本政治结构为核心的社会基本制度伦理系统；（2）以社会公共生活秩序为基本内容的公共管理——与狭义的行政管理或企业管理不同——伦理系统；（3）以公民道德——与一般意义上的个人美德不同——建设为目标的社会日常生活伦理系统。这三大系统共同构成了社会制度伦理体系的基本内容和方面。这其中，社会的基本制度伦理系统主要是通过国家政治和法制的构成性建制、及其赖以确立的基本政治理念或政治价值而表现出来的。社会的基本制度由国家的基本政治制度、经济制度和文化体制所组成。基本政治制度首先由国家根本大法即国家宪法奠基；其次是在此基础上由国家最高权力机构制定一系列相关的国家法律；再次是由国家政府及其所属行政部门依据宪法和相关国家法律所制定的各种行政法规、条令；最后是国家通过有关行政部门依据以上法制、法规系统具体制定的有关政策，包括某些区域性或地方性行政政策和条令等具有政治组织和政治体制化特征的规章制度。当代美国著名的政治哲学家和社会伦理学家罗尔斯曾经强调指出，国家宪法作为社会政治制度的根本，在社会基本制度体系的建构中具有至关重要的地位。它是确保社会和国家保持稳定的根本前提和基础，而对于政治哲学来说，"稳定性"具有头等重要的意义。作为当代美国和西方新自由主义的中坚人物，罗尔斯的这一见解是耐人寻味的：如果坚持古典自由主义（如洛克、密尔、康德等）"个人权利神圣不可侵犯"的政治信条，那么，又如何"使宪法高于一切"的政治制度原则不与该政治信条发生冲突？在罗尔斯看来，如果说在一个自由民主的国度里，每一个人的基本权利和自由必须给予优先的政治考虑的话，那么，作为保障所有公民个人之基本权利和自由的根本政治制度，国家宪法同样具有神圣不可僭越的地位。不同在于，上述政治信条是相对于"每一个人"的，而国家宪法是相对于"所有公民个体"的，其间的区别正是作为权利主体的个人（生命存在单元）与作为国家主体的公民个体（社会存在单元）之不同。这也正是罗尔斯为什么既不想放弃个人自由权利优先的经典自由主义原则，又要坚持一种"平等主义的公平正义"之社会政治理念和伦理价值原则的深层缘由。这是一种现实主义的现代政治哲学：只有保证和促进所有公民的自由权利得到公正平等的发展，才能真正持久地保证和促进每一个人的基本权利和自由，从而最终较为稳妥而和谐地保持社会的秩序和稳定。笔者相信，罗尔斯的这一思路是值得认真对待的。如果这一政治哲学的思路是真实可行的，那么，社会的基本政治制度系统的伦理维度就不难理解了：政治正义是制度正义的基础和前提，当然也是整个制度伦理的价值基础和底线。

社会的基本经济制度是某一特定社会所选择制定的经济生产的组织方式和经济生活方式体系。现代社会得以生成的基本条件之一，是它创造了不同于传统社会之自然生产方式的现代社会化、工业化、信息化的生产运作方式。其中，计划经济与市场经济都是或曾经是现代社会用以替代传统自然经济方式的选择模式。但在反复的实践比较中，人们发现，市场经济是一种比计划经济更有效率也更为合理的现代经济模式。因此，现代社会的基本经济制度主要是建立在市场经济模式之基础上的经济制度体系。经过 20 世纪 70 年代末到 90 年代初二十多年的改革开放实践，我国以宪法的形式确立了以社会主义市场经济为基础的经济制度体系，并正在不断地改革和完善中。

经济制度同样需要制度伦理的价值支撑。具体地说，经济制度的正当合法性不仅需要以其经济有效性（效率价值标准）来证明它自身，而且同样也需要以其道德伦理的正当合理性来证明它自己，从而使社会对经济制度的创制和选择具有充分正当的理由和普遍有效的社会合法性。一般说来，判断社会经济制度的合法与否或者好坏如何的第一标准是经济效率。经济制度的低效率或无效率既无经济合理性，也无道德正当性，因而是不可接受和持久的。这就是说，效率既是判断经济制度的经济价值标准，也是其价值判断的道德价值标准。然而，效率并不是经济制度唯一的道德维度，与效率相辅相成的另一个判断经济制度之正当合法性的伦理价值维度是分配正义。如果说，效率是社会经济生产的价值目标，那么，正义或公正则是社会经济利益分配的基本价值原则，两者共同构成社会经济生产方式和经济生活制度的价值基础。如果说，只有公正没有效率的经济制度不可能真正长久地保持其公正，那么，只有效率没有公正的经济制度同样也不会真正长久地保持其效率。制度伦理所确认的基本价值目标是有效率的公正和有公正的效率。这才是制度伦理在社会经济制度层面所要探究和论证的基本主题。罗尔斯在其《正义论》和《政治自由主义》两部代表作中反复强调的一个主题思想就是，对于一个值得人们欲求的现代民主社会来说，效率、公正和稳定（秩序）乃是三个既相互关联，又具有同等意义的价值目标。制度伦理的研究主题就在于，社会的制度化实践过程是如何体现且在多大程度上体现这三大价值目标的。所以，即使是在经济制度的层面，我们也不可仅仅局限于制度的经济效率方面。在某种意义上，现代社会经济生活的制度化不单是为了降低经济生产和交易的成本，或者是为了促进和保证经济生产和经济交易的效率增长，而且也是为了更有效和合理地协调各种社会利益关系，减少甚或消除社会经济生活中可能出现或实际出现的利益矛盾冲突，从而更有效地维护社会经济生活的基本秩序，使之能够真正维持长久的稳定和效率。

与社会的政治制度和经济制度相比，社会文化制度的伦理维度要更为复杂。这是因为，首先，社会文化生活的制度化必然以某种社会意识形态为其观念导向和价值基础。其次，任何一个社会或国家的文化都是有其独特文化根源和文化传统的。比如说与经济制度不同的是，文化的传统既有其与时俱进的转型和发展，又有其民族性或地域性的文化谱系的自封性。而且，社会文化传统的转型远不如经济制度和政治制度的变革来得那么直接、迅速和彻底。再次，文化制度本身的复合性和复杂性，使得文化制度及其伦理维度成为制度伦理研究主题中一个最为复杂的议题。作为一种上层建筑，社会的文化思想转变相对来说较为直接和迅速一些，但作为社会心理和文化传统的积淀，文化的制度化本身就具有社会伦理规范的特性。众所周知，所谓"道德"、"伦理"，本义是既成的社会风俗、礼仪和行为习惯的通称。文化具有生活规范和行为约束的力量。因此，社会文化的制度化过程本身就是社会伦理规范的生成过程。这一特点也正是社会道德伦理的改变为什么总是滞后于经济制度和政治制度之变革的主要原因所在。最后，由于道德伦理在整个社会文化系统中有着核心的地位和作用，有时甚至还涉及诸如宗教信仰和社会人格的心理等深层次的问题，因而其制度化的伦理意味常常具有社会根本性和民族根源性价值建构的性质。作为长久维系社会共同体生存和发展的精神命脉，它的建构或转型总是一件意义深远的社会事件。由于这些特点所致，社会文化制度的伦理维度就体现为社会文化认同、价值观念共识、公民道德规范等重要方面。在这一点上，笔者个人更倾向于当代共同体主义（或译"社群主义"）的基本立场。以罗尔斯等人为代表的当代自由主义思想家，出于对文化特殊性和人格主体化对于社会普遍伦理原则和政治原则建构的主观相对主义干扰的担心，不愿意过多地考量社会文化和道德的传统因素。但正如共同体主义思想家们所正确指出的那样，这种普遍主义的原则化约或制度简约的规范主义做法，不可避免地使现代制度伦理的建构尝试失去丰富的文化价值资源和必要的历史解释语境，人们对制度和规范本身的认同与践履将因此失去内在的美德根基。而笔者还以为，这种做法的后果甚至还可能最终导致抽象无根的规范主义强制和暴虐。

（二）制度伦理建设的意义

无论是在西方，还是在我国，制度伦理的研究之所以会迅速发展成为当代社会伦理研究的前沿课题，根本上源于社会生活的制度化趋势不断强化。在现代西方，制度伦理的研究直接源于 20 世纪 70 年代初社会规范伦理学的复归，具体地说，就是以罗尔斯为思想领袖的社会正义伦理研究的复兴。在这一理论重心的转移过程中，罗尔斯在 1971 年发表的《正义论》一书，的确具有"轴心式转折点"（哈贝马斯语）的地位。但这一理论重心的位移，绝不能仅仅被归结为某种学术观念或伦理学知识范式的转移效应，它首先是20世纪中后期西方社会生活现实的理论反映。20世纪60年代前后的美国，正值社会政治生活陷入深刻危机、社会秩序严重失范的严峻时期，反越战、反种族歧视运动，以及随之而起的青年激进"左派"思潮等，都使得美国面临着空前严峻的社会秩序重建任务。而其时的欧洲也并未幸免于类似的社会困境。以法国为例，60年代的学生运动（如发生于1968年的著名的"五月风暴"）直接危及整个社会政治的合法性和正当性。罗尔斯曾经感叹，在社会生活如此紊乱不堪、社会矛盾如此尖锐、社会秩序如此脆弱的情况下，还有什么比重建社会生活秩序更为急迫的呢？包括伦理学、政治哲学在内的人文社会科学政治家有什么理由静守在语词逻辑分析的学术象牙塔里无动于衷呢？

时至今日，面临社会生活秩序建构课题的，已经不只是美国或欧洲这样一些西方国家，而是整个人类的生活世界。对于我们这个正处于社会改革开放前沿和社会现代化转型之关键时期的国度来说，这一课题无疑具有比任何国家或地区都更为急迫的时代性、重要性。日见强劲的经济全球一体化的趋势，使得当代世界呈现空前复杂的发展态势。"冷战"时期的两极张力业已消失，原有的两极均衡秩序不复存在。虽然我们仍然有足够的理由相信，和平与发展依然是我们这个世界的主题，但失却张力均衡制约的世界秩序不是更趋于稳定，而是更趋于失衡和紊乱。民族矛盾，地区冲突，各文化传统之间的差别和紧张，诸利益集团之间的利益分化、组合和冲突等，都在加剧而非减弱。这一切都使得当今世界的生活舞台更像是一个等待重新洗牌的牌局，有待秩序的重构。在我国，社会现代化的急速转型，尤其是从计划经济向社会主义市场经济的基本经济制度转换，深刻地改变了原有的社会生活秩序和生活观念，因之使社会生活秩序的重建成为最为急迫且优先的社会工作。正是这一社会背景，让制度伦理和社会公共伦理的研究走到了伦理知识界的前台，并成为整个思想界和理论界的焦点话题。

社会生活秩序的建构基础是社会制度建设。制度伦理的第一要务就是为社会制度体系的建构提供必要的基本价值理念、道德论证和社会伦理资源。现代社会区别于传统社会的一个重要特征，是其生活的社会公共化和制度化程度日趋强化。或者说，它的生成与发展越来越依赖于社会制度资源的供应。当人们的生活越来越多地聚集于社会公共空间而非私人领域时，也就意味着现代生活的社会化或公共性程度越来越高。社会公共生活的基本特征在于其公开、透明和秩序规范，而能够使其达于公开、透明和秩序规范的唯一有效方式，只能是社会生活的制度化。在政治伦理的意义上，制度即规范，即秩序。事实上，只要人们以社会公民的身份生活于社会公共空间，就会对社会产生秩序、安宁、关系和谐等方面的制度要求。因为只有合理良好的社会制度，才能从根本上长久地保证人们的个人权利和自由，保证人们私人生活的安宁，保证人们免除暴力、恐怖、侵犯和伤害。制度伦理的核心价值是公正，包括社会对公民个体权益的公正的制度安排、制度分配和制度保护。与其他政治方式或条件相比，比如说，与政治权威、特权保护、政治关系、集团依附相比，社会制度对公民个体权利或利益的安排、分配和保护才是真实公正和持久有效的。这是为什么现代人对社会制度的要求和依赖越来越高的根本原因。

但是，公民对社会制度的期待与信赖是建立在社会制度本身合理的前提之下的。社会制度不公，或者社会制度难以履行其正义分配和正义保护的规范职能，不仅无法获得广泛的社会民意支持，而且会变成社会革命的直接对象。由此可见，制度伦理的核心在于正义的社会安排、规范和保护。质言之，制度正义是制度伦理的根本原则和最高目标，舍此，制度本身将失却其基本正当的伦理维度。

所谓制度正义，即社会契约和政治认同之基础上对社会全体公民的权利与义务的正义安排、正义分配和正义保护，以及为实现此类正义所建立的各种政治规章和伦理规范。按照罗尔斯教授的研究，制度正义的价值标准，首先在于社会制度与社会普遍认可的正义原则之间的契合。就是说，要建立正义的社会制度，必须首先达成普遍认同的正义原则。在这里，存在着一种普遍主义原则预定论的理论危险：仿佛社会是先有了一套普遍的正义原则，然后才按照这一正义原则建立起符合正义原则的社会制度。不过，这种危险仅仅是理论设想中的。事实上，任何一个社会的形成都必须从社会制度的建构开始，而社会制度的建构过程，同时也就是人们建立社会、寻求共同正义原则的过程。所以说，正义制度的建构与正义原则的达成乃是一枚硬币的两面，它们的建构过程必是相辅相成的社会化实践过程。

制度伦理的凸显是一个现代性问题。在传统伦理文化的框架中，占据中心地位的是个人美德与人际伦理，道德的规范性并不具备严格的社会制度化特征，毋宁说，传统社会的道德规范更具有家庭—族群共同体（如传统中国）或家族—教派共同体（如西方和阿拉伯世界）的习俗礼仪式教化特性。

进入现代社会后，以市场经济、民主政治和公共文化为基本制度特征的社会生活方式，大大提高了人们生活的社会公共化程度，以至于人们的生活角色更多地体现在其作为社会公民而非作为个体自我的角色实践上。现代人的自我意识之所以空前强化，正是由于其所承担的社会角色要求与其自我认同之间的张力不断加深所致。这就是社会角色的辩证法：一个人对社会公共生活的参与愈深，社会角色的承担愈重，他或她对于自我独立的身份意识和个人自由的权利要求就愈强。所以，当欧洲自17、18世纪开始进入现代社会的文明进程时，道德伦理便开始从传统的美德伦理类型向社会规范伦理甚或政治伦理的类型偏移，古典自由主义伦理学，特别是作为其成熟典范的功利主义伦理学（从洛克到密尔）的生存与凸显，即是这一现象的典型反映。

然而，直到20世纪70年代，这种趋向社会规范伦理学的道德知识范式转移并没有直接促生制度伦理，相反，进至20世纪初，由于西方伦理学界对科学主义知识体系的迷崇，伦理学反而折向了专业知识科学化、逻辑条理化的技术化方向，使伦理学开始成为西方伦理知识的主流。70年代以后，以罗尔斯的正义理论为标志的当代规范伦理学的复兴，才使得社会制度伦理的研究成为现代社会伦理文化的合理期待和现实课题。从这一意义上说，制度伦理研究的兴起可以被看做当代伦理学范式发生新的转移的先兆。它既是现代社会生活本身的特征和发展趋势使然，也是现代性道德知识增长的一个值得注意的新的生长点。

四　制度伦理的结构

笔者认为，从层级结构上看，应当包括以下三个方面。

（一）国家层面的政治制度伦理

在西方社会，行政伦理主要研究西方国家在不同政党执政的情况下，各级行政事务官员在行政执行领域中的道德伦理问题。我国实行的是共产党领导的多党合作制度，国家层面的政治制度伦理建设包括十分广泛的内容，诸如国家宪政制度伦理、党派制度伦理、民主制度伦理、法治制度伦理等。笔者认为，当前我国政治制度伦理建设的核心问题是党政职责权限的划分、党内民主制度的确立、干部选拔委任制的改革。

以党政职责权限的划分为例，在我国许多地区和部门，党委一把手和行政一把手原来互不相识，彼此之间没有任何积怨，上级党组织将两个人安排在一个地方或部门工作，时间一长，矛盾重重者不在少数，导致该地的工作推诿扯皮、效率低下。有人将此种现象归结为个别领导的品质问题，诸如心胸狭窄、作风独断等，但情况并非如此简单，因为这是许多地方和部门普遍存在的共性问题。我认为，归根结底这是我国政治制度设计上存在的某种缺陷所致，如何合理划分党政领导的职责权限，实现党对行政工作领导的科学化，无疑是我国政治体制改革滞后的症结和难点所在，同时也已成为我国政治伦理学研究的迫切课题。

再以干部选拔委任制度为例，长期以来形成的干部选拔任用制度为大量德才兼备的人才走上重要领导岗位作出了重大贡献，但伴随我国广大公民民主意识的不断强化和法治建设的不断完善，现行的干部选拔任用制度也逐步暴露出诸多缺陷，某些地区和部门跑官、要官、买官现象之所以存在，根本原因在于这些地区和部门在执行领导干部选拔委任制过程中的偏差。

（二）政府层面的行政制度伦理

政府层面的行政制度伦理建设涉及政府行政治理模式中的制度伦理、行政组织机构设计中的制度伦理；行政权力责任安排中的制度伦理；行政管理程序确定中的制度伦理；对违背行政管制要求的行为予以惩罚的制度伦理等。当前我国政府层面的行政制度伦理建设的重点是转变社会治理模式、依法行政、权责对等、科学决策、立足服务、注重绩效，其中转变政府社会治理模式是重中之重。

伴随我国经济结构的重大转型，就要求政府的行政治理模式和与之配套的权力责任关系不断创新，以便适应正在变化和已经变化的社会需求。近年来众多国内外学者提出的"公共善治型社会治理模式"就反映了这种要求，如俞可平认为，善治的本质在于政府、各类中介组织与公民共同管理社会事务，打破公共权力的封闭性，开放各种渠道，提供制度化的途径，让公民和各种社会民间组织合法地分享社会管理权力，鼓励他们参与到公共事务治理中去，表达自己的利益愿望，并对公共权力的运行施行有效地监督，从而实现治理主体由过去单一的政府行为变为由政府、企业和社会民间组织共同治理；治理程序从仅考虑工作效率变为效率、公平、自由、民主并重；治理手段从过去的管制变为法治和服务；治理的方向从过去单一的自上而下变为上下左右互动。

（三）微观层面的管理制度伦理

国家层面的政治制度伦理和政府层面的行政制度伦理相互联系、相互作用，对行政管理人员的思想作风、工作作风、领导作风、生活作风、学风产生广泛影响。在我们国家日常行政管理工作中，政治制度伦理和行政制度伦理主要通过各级行政管理人员日常工作中的学习制度、调查研究制度、联系群众制度等微观层面的行政机关日常管理制度伦理表现出来。

以学习制度为例，关键是要建立和现代社会相适应，综合了理论、技能、行政伦理的学习培训制度，并与公务人员的个人发展规划和工作绩效相结合，由此才能建立起良好的学习制度，从而确实有效地提升公务人员的素质。

五　加强公民行政伦理教育

（一）公务员的伦理教育与培训

"价值观念"是公务员培训的一个重要内容，可理解为伦理道德。通过培训，公务员的职业伦理水平不仅能够得到直接的提升，而且其多方面知识素养的提高也为其职业伦理的实现奠定了基础。在我国，从中央到地方，至少存在着三个公务员的培训系统：其一是从中央到县级地方政府创办的行政学院（学校）；其二是各级人事行政部门创办的公务员培训机构；三是各系统内部的培训机构（如机关党校、培训中心等）。这些机构所开设的课程，大多重视政治理论和行政学、领导科学的知识，包含了丰富的行政伦理内容，有些甚至直接以"行政伦理"为题目传授课程。除了这些正式的培训系统，各部门也经常性地进行各种"政治学习"。总的看来，这些培训和学习对公务员行政规范的掌握和伦理行动能力的提高，具有举足轻重的作用。学校教育也是提高公务员行政伦理能力的重要途径。在学校教育中，尤其要注重系统的伦理课程的培训。现在世界上越来越多的大学增设了行政伦理课程。在我国，行政伦理作为本科的专业课程在七所最著名的大学里讲授。学校教育的伦理教育通常较为强调行政伦理的价值层面，其目的主要为未来的公务员培养行政伦理的有关意识。

公务员的道德自律性主要体现在三个方面。其一，道德认识上的自觉。即公务员对行政伦理规范的遵循，并不是对外在要求的盲目信奉和被迫执行，而是建立在对道德必然性深刻认识基础上的理性自觉。其二，情感上的自愿。自愿的情感在行政伦理良性运行中的作用，主要体现在公务员把根据自己所选择的道德价值目标去行动，视作一种乐趣、需要和自我价值的实现，因而能和道德认识一起融合成坚定的道德信念，成为其道德行为的动力。其三，行为上的自主和自择。这包括两方面的含义：一是把一般性的伦理规范化为具体指令的自主性；二是在不同的甚至相反的伦理规范中作出选择的自择性，即在复杂的道德生活中，公务员能够根据主客体的价值关系，正确判定道德规范的等级，勇于选取最值得选取的道德价值，遵循最值得遵循的伦理准则。

1. 加强行政伦理教育，推进公务员伦理制度建设

良好的行政伦理，有赖于正确的行政价值观的确立。行政意识、行政理论、行政认识、行政情感、行政态度等行政文化的诸多要素，构成了行政模式取向，直接决定着行政伦理的状况。因此，加强行政文化建设，使行政系统各层级人员树立正确的行政伦理观，形成内在的约束机制，使行政伦理规则尽可能达到广泛的社会认同和可接受性，并成为所有公务员的基本行为准则和内心的自觉。所以，培养行政人员确立正确美好的伦理理想目标并引导人们树立正确的伦理信念和价值观，就成为现代行政伦理建设的一个重要内容。行政文化建设，要通过政治社会化的过程，也就是学习、教育、培训的过程。一是加大行政伦理建设的力度，提高公务员对行政伦理的认知水平；二是加强公务员思想政治教育；三是强化公务员的道德自律意识。

人与人之间的关系很大一部分是靠道德来调节的，但道德并非是全能的。道德调节人与人之间的关系主要靠个人自觉遵守伦理规范，如果有人不遵守，那么他只会受到舆论的谴责，而一般不会受到物质利益损失或法律方面某些强制性的惩罚，于是有些品质恶劣的人就不会在意这些。因此道德对于那些品质恶劣的人可以说发挥不了什么太大作用。行政伦理也是如此。广大行政人员掌握着或多或少的公共权力，他们多数是遵守职业道德的，但并不是全部如此。倘若权力落到了道德恶劣者手中，就极易变成谋取私利的工具，就会损害广大人民的利益，给政府造成极坏的影响。因此，对行政人员的道德行为一定要用法律加以约束，以匡正其行为，使其真正履行公务人员应尽之责。

2. 加强行政伦理教育、培训推进法制化建设

伦理教育和培训就是使教育者接受其道德价值和道德要求，并最终转为

自觉的道德品质和道德人格的过程。伦理教育与培训的目的是为了使行政人员做到忠于职守、廉洁奉公，公开、公正地行政。通过伦理教育与培训使国家公务员在行政素质诸方面进行自觉的自我改造、自我陶冶、自我锻炼和自我培养，并在此基础上达到公务员思想道德境界的要求。作为国家公务人员只有具备自觉的认识和自觉的行动，严格要求自己，进入"慎独"的境界，洁身自好，固守行政道德规范，才能把握自己，审视自己，达到"至善至美"的境界。针对目前公务员行政伦理意识薄弱的状况，要借鉴国外做法，通过定期培训、日常强化、个案解剖等多种方式，提高他们对行政伦理的认知水平，使他们认识到行政伦理是为政之本，树立正确的行政伦理观。

将行政视为价值的权威性分配，意味着公务员无时无刻不处在价值选择的当口。然而，让公务员感到头疼的是，行政价值的选择并非轻而易举之事。在行政组织外部，充满了不同利益与力量的竞争、变动的政治关系、不稳定的经济状况、媒体的渲染，以及公众的多元需求；而在行政组织内部，则充满了公务员对自己权利义务的关心、组织间的冲突，以及在官僚/形式主义下的无力感。这种状况，就是克耶尔和韦奇勒所描述的"行政沼泽"。按照克耶尔和韦奇勒的比喻，公务员实际上一直在价值冲突的沼泽中挣扎。而且，随着社会的发展，公务员个人自主意识的抬头、政治社会的多元化、公众参与政府事务的增多，公务员所必需面临的价值挑战也会愈来愈大，其价值权衡亦会愈加困难。因此，公共行政的发展，不能只限于追求行政效率，更应关心行政体系在实现社会政治价值方面的作用。

公务员行政伦理的培养，至少可以从两个角度进行思考：其一，作为一名普通的公民，公务员必须具备一般公民所具备的伦理意识、情感、思考和行动的能力；其次，作为一名行政官员，公众进行公共事务管理的代表，公务员必须对其委托者——公众负责，必须以公共利益为基本的考虑。不仅如此，由于行政道德在客观上存在着示范效应，因此要求公务员不仅在工作，而且在私人生活中也必须承担一定的道德义务。

基于上述两点思考，公务员伦理能力的培养，就其基础来说取决于社会的道德水平和伦理水准，取决于社会的正式与非正式的教育制度，取决于媒体所构成的舆论环境，还取决于由历史、文化、社会政治、经济等因素组成的伦理环境。因而，欲培养伦理上合格的公务员，首先需要社会的综合努力，将每一个人培养为合格的公民。这是公务员伦理能力培养的基本前提。

当然，公务员不仅仅是公民，更重要的，他（她）是一名公务员，一名受公众委托的公共事务管理者。由此，在进入公务员队伍之前，以及在公务岗位上成长的历程中，必须对公务员进行系统的伦理培训。这是公务员伦理能力培养的关键，也是行政科学的基本任务之一。

从行政科学的发展来看，行政伦理一直是行政科学教育的内容之一。我们论及行政学的产生，大都以1887年威尔逊《行政学研究》的发表和1900年古德诺的《政治与行政》的出版为基本标志。但这只是行政学的学术起点。若从教育实践发展的历史看，1911年美国纽约市政研究院公共服务培训学校的出现可以看做现代公共行政教育的出发点。直到1924年与美国第一所公共行政专业学院——马克斯韦尔公民与公共事务学院合并以前，该校一直努力培养专业化的公共管理者。而在其传授的课程中，行政伦理方面的内容又占据着一席之地。在纽约市政研究局基础上成立的马克斯韦尔公民与公共事务学院，于诞生之日起启动的MPA项目，成为现代MPA教育的起源。自1924年之后，美国（以及后来全世界）的其他大学相继开辟了MPA教育。而在当今美国大学的MPA教育体系之中，伦理和价值方面的教育一直为公共管理研究者和教育者所重视。据了解，全美排位在前20名的公共行政院系之中，有5所院系将"行政伦理"列入了必修课程之中，分别是乔治亚大学的"公共行政之法律、伦理与职业主义"，维吉尼亚理工大学的"公共行政的规范基础"，哈佛大学的"政府伦理学"，杜克大学的"伦理与政策制定"，以及教堂山北卡大学的"公共政策的价值与伦理观"。自然，MPA课程中的伦理教育也存在一些问题。这首先来自原行政伦理实质性内容的模糊。同时，伦理教育引发了三种道德行为的竞争范式——做正确的事、做好事、做无害的事。由于这三种范式之间存在竞争及可替代性，所以行为者在行动之前必须作出选择，而这无疑增加了伦理教育的难度。也有一些学者根据MPA之伦理教育存在的问题，提出了一些有创见性的伦理教育模式。尽管存在这些难度，但是我们欣喜地看到，愈来愈多的学校增设了行政伦理课程。在我国，行政伦理作为本科的专业课程在七所最著名的大学里讲授；同时，在40多所院校开展的MPA教育中，行政伦理大都作为必修课程来加以讲授。这些课程毫无疑问会有助于公务员行政伦理的发展。

学校教育是行政伦理建设的重要途径，但并非唯一的途径。学校教育的伦理教育通常较为强调行政伦理的价值层面，其目的主要为未来的公务员培养行政伦理的有关意识。除了学校教育以外，伦理教育另一个重要途径就是各种形式的在职培训或短期离职培训。在我国，从中央到地方，至少存在着三个公务员的培训系统：其一是从中央到县级地方政府创办的行政学院（学校）；其二是各级人事行政部门创办的公务员培训机构；三是各系统内部的培训机构（如机关党校、培训中心）等。这些机构所开设的课程，大多重视政治理论和行政学、领导科学的知识，包含了丰富的行政伦理内容，有些甚至直接以"行政伦理"为题目传授课程。除了这些正式的培训系统，各部门也经常性的进行各种"政治学习"。总的看来，这些培训和学习对公务员行政规范的掌握和伦理行动能力的提高，具有举足轻重的作用。

我国公务员教育、培训制度已比较规范，当前应制定与《公务员法》相结合的培训制度及细则。同时应注意理论联系实际，因地制宜地进行公务员行政伦理教育和培训。在方式上应该灵活多样，脱产和在职相结合，定期和临时相协调。

3. 积极发挥榜样作用，选取符合政府需要的价值观

公务员和领导干部要向榜样看齐学习，强化正面典型的示范诱导作用。同时教育者应注意选取一些永恒性的价值，如公平、正义、利他、克己、为民、诚信、忠诚等观念，为教育提供前提条件。

就全社会而言，仅靠制度伦理难以构建一个伦理的行政环境，因为任何法规都只是对社会行为的一种普遍描述，无论内容多么具体，也无法涵盖人类活动的复杂性；同时，体现着道德要求的法律必然落后于科技发展所带来的社会的改变，常常出现"法律失效"。因此，必须以信念伦理弥补制度伦理之不足。针对我国公务员行政伦理的现状，建构公务员行政伦理的"信念伦理"，需要从以下几个方面入手。

第一，牢固树立科学的世界观、人生观、价值观。科学的三观是人们正确思想和行为的基础，也是树立正确的道德观的基础。因此公务员要坚定社会主义的信念，忠于职守、廉洁勤政、无私奉献，只有这样，公务员才能做到堂堂正正做人，兢兢业业做事，清清白白做官。第二，用邓小平理论和"三个代表"重要思想武装头脑，用其所阐述的道德和文化内涵指导实践，联系实际，勇于创新，开拓进取，勤政廉政，提高全体公务员的思想政治素质。

4. 重视思想教育，将传统与当代教育结合起来进行

在社会转型时期，更应重视加强马列主义、毛泽东思想、邓小平理论和"三个代表"重要思想的教育，使广大公务员树立正确的世界观、人生观和价值观，为行政道德重建奠定扎实的思想基础。同时，注意传统行政道德教

育与当代行政道德教育结合，在教育中继承，在继承中创新。

5. 把行政伦理作为公务员任免、升降、奖惩的必要条件

在公务员的任免、升降等行为中引入道德赏罚机制，是行政伦理得以发挥其规导作用的重要保证。它是社会以利益作为对行政主体行为责任或道德品质高低的一种特殊的道德评价和调控方式。对于公务员来说，职位的升降是其最关注的利益函数。在用人机制上赏善罚恶，即对那些道德模范者，给予重用和提拔；对那些品行不端，道德不良者，绝不能提拔重用，形成用人机制的道德赏罚导向。赏为公务员的道德行为提供了内在吸引力，罚又为其施加了外在的压力。这样，倡导和禁止并用，内引与外压结合，形成了行政行为趋善避恶的强大动力。

（二）公民的行政伦理教育

1. 社会对行政活动进行干预和监督

在民主政治中，行政人员的公务活动是公共责任的行为，应当对整个公民社会负责。促进社会成员对公共决策的干预和参与，加强公民的政治责任意识，尤其在行政系统的输入方面要强化，民众不仅仅是行政系统输出方面的被动接受器，而应该在输入与输出双向都是积极的参与者。公民社会应当创造出更多的途径和机会，例如社会与团体的讨论，以及公共媒体上的监督等，鼓励社会成员关心并参与有关重要的公共管理的讨论，从而对重大的公共决策发生影响和进行民主的干预和监督。要特别注重发挥社会舆论的监督作用。社会舆论反映整个社会对人们行为的一种监督，具有明显的行为约束的优势。正确的舆论表达着社会和集体中绝大多数人的愿望和意志。社会舆论主要通过对某一行政行为的褒贬向有关成员传达社会意向，指明行为准则，引导行为方向，从而起到规范行政行为方式的作用，促使行政人员遵循最起码的行政道德秩序。

2. 行政伦理的制度规范与行政伦理的理想信念协调互补

现代社会是高度法制化规范化的社会，制度建设是根本性的。但制度作为一种"硬件"的行政伦理规范也是有局限的，它要求有相应的行政人员的伦理信念这一"软件"的配合才能达到充分有效。伦理规范与伦理信念的协调互补，可谓"理"与"情"或"规范伦理"与"美德伦理"的协调互补。行政伦理制度、规范的他律与行政伦理信念、良心的自律共同构成行政伦理系统，二者相互配合、相辅相成，形成合理有效的行政伦理操作系统。

3. 确定行政伦理的最低要求和行政伦理的理想追求

行政伦理的最低要求的基本内容是，建立一套广泛可行的最起码的行政伦理规范体系。行政伦理规范体系的制定和完善，不是从某种抽象的原则或理论设想出发的人为设置，而必须从中国的实际出发。所谓"最低要求"的行政伦理，也就是具有现代社会条件下最广泛的可行性或可接受性的行政伦理。如每一个行政人员应该是充分享有正当权利并同时承诺相应责任义务的；应该以理性的态度参与行政合作并正当地践行自己的行政角色，自觉遵守基本行政道德规则、维护合理的行政伦理秩序、承诺自己所应当担负的行政责任、平等地对待和尊重他人同样的权利，等等。这一层次的行政伦理是对每一个行政人员的起码要求，是保证现代行政系统正常运行的最起码的伦理条件和伦理要求。然而，仅仅停留在这种"最低要求"的层面是不够的，要保持道德理想人格的先进性和社会道德境界的层次感，现代行政伦理基本建设还应该包括行政伦理的理想价值追求。这不仅要求人们成为正当合格的公务员，而且希望成为高尚道德的模范，因而完善自我、追求理想便是它的根本意义。

六　行政组织文化和信念伦理的构建

（一）建设健康的行政组织文化

组织文化对公务员的行为同样具有很大的影响力，它能使公务人员的行为选择偏离，诸如规则、章程、程序和管理者的角色权威等这些正规的组织制度，有时候甚至与正规组织制度相反。如在行政组织文化中存在一种"沉默权法规"的非正规伦理准则，它严重打击了检举同事不道德行为的勇气，使得他面临伦理选择困境的时候，只能是旁观者。因为他一旦违反了"沉默权法规"，就会不断遭到上级和其他同事的责难。此时，组织文化开始表现为一种非正式组织规则，即根据固有的正式规则做事是行不通的，有必要经常篡改规则。因此，组织文化可能强化了公务人员行政选择的非伦理化。如果处理得当的话，组织文化的存在会鼓励道德行为，因此发展有利于行政行为选择伦理化的行政文化、消除抵制消极行政文化对行政行为选择伦理破坏十分关键。

一方面组织领导者有必要以身作则，他们必须认识并不断提醒自己，在组织文化中，自己是最明显的伦理践行模范。行政主体的职位越高，权力越大，其义务与责任就越大，对组织道德示范与引导效用就越强。如爱因斯坦所说："第一流的人物对于时代与历史进程的意义在道德品质方面也许比在单纯的才智、成就方面要大。"领导干部不仅要模范执行党规党纪，时刻自省、自警，还要虚心接受来自社会团体、人民群众、新闻媒体的批评和监督，增强组织决策的科学化、制度化和民主化，提高行政行为的透明度，使领导干部道德法制化，道德监督制度化。另一方面，组织应加强对道德行为的奖赏，把物质激励和精神激励结合起来，引导组织文化朝着积极健康的方向发展。

（二）强化信念伦理的影响

就全社会而言，仅靠制度伦理难以构建一个伦理的行政环境，因为任何法规都只是对社会行为的一种普遍描述，无论内容多么具体，也无法涵盖人类活动的复杂性；同时，体现着道德要求的法律必然落后于科技发展所带来的社会的改变，常常出现"法律失效"。因此，必须以信念伦理弥补制度伦理之不足。针对我国公务员行政伦理的现状，建构公务员行政伦理的"信念伦理"，需要从以下几个方面入手：第一，牢固树立科学的世界观、人生观、价值观。科学的三观是人们正确思想和行为的基础，也是树立正确的道德观的基础。因此公务员要坚定社会主义的信念，忠于职守、廉洁勤政、无私奉献，只有这样，公务员才能做到堂堂正正做人，兢兢业业做事，清清白白做官。第二，用邓小平理论和"三个代表"重要思想武装头脑，用其所阐述的道德和文化内涵指导实践，联系实际，勇于创新，开拓进取，勤政廉政，提高全体公务员的思想政治素质。

七　进行伦理立法和伦理制度化建设

（一）加强行政过程的伦理立法，健全法律监督体系和组织内部监督体制

行政伦理立法，是把伦理行为上升为法律行为，使伦理具有与上层建筑的政治、法律同等地位的监督、执法权力的法律效力和作用。道德良心作为软件必须通过政治法律等硬件系统的功能才能很好地发挥作用。如果没有相应的硬件设施，再好的道德体系也很难对社会产生实际的影响。因为人的道德品质的不完善性和认识客观事物的局限性，不能保证行政人员永远正确地行使权力而不发生失误和偏差。倘若权力落到了道德恶劣者手中，就极易变成谋取私利的工具。所以，需要有一种外在的力量来制约行政权力运行过程中的负效应和被滥用的现象。在现代国家中，越来越多的伦理规范被纳入社会的法律规则体系之中。越是文明发达、法制完善健全的国家，法律几乎已成了一部伦理规则的汇编。如果不通过法律这样的赏罚机制来行使道德规范的作用，就很难保证伦理规范不被大量地破坏。当代世界各国行政伦理建设的重要趋势之一就是加强行政伦理建设的制度化。美国、韩国、日本等国家都制定了行政伦理法，对本国公务人员的行为进行规范和约束。例如，韩国适用于行政机关、立法机关和司法机关全体公职人员的《国家公务员法》规定了公务员应该遵守的基本伦理准则，其内容包括宣誓就职（根据总统令，所有公务员都必须宣誓就职）和伦理原则（诚信）。国际上行政伦理法制建设的成功经验，值得我们借鉴。我国在德政建设中也应加强行政伦理法制建设，也应运用"行政伦理"这一理念。这样有助于解决"从政道德法制"所引起的"道德不能立法"的歧义，有助于落实"依法治国与以德治国相结合"的治国方略。

行政伦理建设的制度化的根本手段就是伦理立法，制度和法律在本质上与道德是一致的，或者说法律和制度本身就是一种强制性的道德规范。从法律产生的历史过程看，法律是经由原始习惯、不成文的习惯法、国家法律几个阶段逐步产生的。所谓"习惯"就是原始伦理状态下的习惯，就是以道德为实体基础的习惯。我们可以看出，威严的国家法律背后，支撑点却是道德。实际上，法律是最低（或基本的）道德要求，立法就是对一个社会所遵循的最基本的道德观念。因此，行政伦理法制化、制度化是保证行政伦理实现和落实的必然规律。行政伦理立法和制度化可以让行政官员知道什么是应当做的，什么是不应当做的，使其有正确的行政道德价值定位和价值取向，为行政人员解决伦理冲突提供一般性的指导，也为惩罚违背最低道德要求的行为提供依据，做到有法可依。把伦理行为上升为法律行为，使伦理具有与上层建筑的政治、法律同等地位的法律效力和作用。在现代国家中，越来越多的伦理规范被纳入社会的法律规则体系之中。

厉行法治，以法治权是健全伦理监控体系的关键，而依法治权的前提条件是有法可依。所以要通过现代法律建构起一个保障伦理价值进入政治的合法程序，通过程序争议防止个人或者少数利益集团垄断社会分配权力。这包括两个方面，一是要规范行政主体自身行为方式的法律，例如应建立健全国家公务员法及其相关法规；二是要规范行政活动防止行政主体滥用权力的法律，例如制定行政程序法，在有法可依的基础上，才能运用法律制约公共权力的运行，防止行政权力的滥用。目前，我国已经出台的《公务员法》涉及了公务人员的伦理要求，但是一部完全的道德法尚未建立。

在美国，法律上有从政道德法；组织机构上，美国国会设有专门的道德委员会和公务犯罪处，其职能是对政府官员和公职人员的道德操守予以有效监督，凡违背道德又不够刑事犯罪者，皆由道德委员会监督其主动辞职，凡违法者由公务犯罪处移交司法机关一并进行惩处。这种外在的约束机制最终目的是建构公正、正义的伦理秩序。此外组织内的政策和程序可能会助长组织成员的非道德行为。因此，必须实施组织变革，重视组织内部相关伦理监控制度建设，实行有效的内部监督机制，如改变组织的分工与分权状况；建立行政人员揭发腐败内幕的保护机制；建立激励组织员工道德讨论机制以及建立公正的组织办事程序，等等。

中央颁发的《建立健全教育、制度、监督并重的惩治和预防腐败体系实施纲要》明确指出："探索制定公务员从政道德方面的法律法规。"《实施纲要》所提出的"规范国家工作人员从政行为的制度"、"完善领导干部重大事项报告和收入申报制度"等相关规定，均属于行政伦理法的立法内容，实际上已经提出了建设行政伦理法规体系的任务。行政伦理法规体系大体包括三个层次的内容。第一个层次是公务员服务规定，第二个层次是行政伦理法，第三个层次是反腐败法或廉政法。其核心层次是行政伦理法，当务之急是探索制定中国行政（公务员）伦理法。廉政法作为行政伦理法规体系的最高层次，在我国已经启动；"加快廉政立法进程，研究制定反腐败方面的专门法律"，亟须基础法律层次即行政伦理法的支持，否则可能出现"先天不足"的缺陷。

总之，行政伦理法是使干部成为公仆的制度安排。加强包括行政伦理法制在内的制度建设和创新，形成完善有效的体制机制，是确立以公仆意识为核心内涵的领导干部价值观的制度保障，并且是反腐倡廉的治本之策。

（二）加强行政伦理的社会公共监督

在 2007 年十届全国人大五次会议上，胡锦涛同志对领导干部价值观作出具体阐述，强调领导干部要进一步增强忧患意识、公仆意识、节俭意识。领导干部价值观，其核心内涵是公仆意识。马克思和恩格斯强调，要通过

"人民自治"和"人民监督",有效实现减少行政机构和行政官员,促使"公仆"不敢懈怠。我们党和政府等各级机关的领导人,本来是人民群众的公仆、社会的公仆,现在有的同志已经变为老爷,把人民群众当做仆人,自己还不自觉。这是错误的。"防止国家和国家机关由社会公仆变为社会主人",是马克思主义国家学说的基本观点,是确立和实践以公仆精神为核心内涵的行政伦理观的关键环节。因此,必须从思想上和制度上克服"官本位",其基本要求就是坚持以人为本的公共管理思想。胡锦涛同志指出:"各级领导干部都要时刻牢记立党为公、执政为民的执政理念,常修为政之德,常思贪欲之害,常怀律己之心,自觉做到权为民所用,情为民所系,利为民所谋。"这是对领导干部价值观的深刻阐释。当前,我国社会中存在着重法轻德、不理解不重视从政道德法规建设的现象。其原因之一是没有把握住"法"与"道德"的辩证关系。

加强社会的公共监督对于遏制行政过程中腐败和不法行为的发生,具有强大的威力,它是保证现代行政过程中伦理建设健康发展的必要条件。公权力的行使如果没有相对人的参与,权力行使机关和行使者个人如欲腐败,在暗箱操作条件下,即很容易实现其目的。这也就是说,在公众参与的条件下,作为权力行使者的公务人员害怕公共舆论,就不会轻易产生腐败的念头,即使有此念头,恐怕也难以得逞。人们常说,阳光是最好的防腐剂。公众的千百双眼睛就是阳光,公众参与显然是消除腐败的良方之一。社会的公共监督途径应是多方面的,例如社会与团体的讨论,以及公众媒体上的监督等。其中要特别注重发挥社会舆论的监督作用,社会舆论具有明显的行为约束的优势。正确的舆论表达着社会和集体中绝大多数人的愿望和意志,通过对某一行政行为的褒贬向有关成员传达社会意向,指明行为准则,引导行为方向,从而起到规范行政行为方式的作用,促使公务人员遵循最起码的行政道德秩序。

总之,渗透于政府活动各个方面的公务员行政伦理道德建设的成败,直接关系到政府改革目标的实现。特别在公务员行政伦理道德建设日益得到世界各国关注的今天,加强公务员行政伦理道德建设,已经成为推进政府行政改革,适应经济全球化和国内市场经济发展的刻不容缓的紧要任务。我们只有正视目前我国公务员行政伦理道德建设严重滞后与公务员行政伦理道德存在的种种问题,清醒认识新形势下公务员行政伦理道德建设的重要性和迫切性,才能够在深入研究行政伦理道德建设途径和规律的基础上,走出一条有中国特色的公务员行政伦理道德建设之路。

八　加强政府信用制度建设

政府信用制度的缺位，会导致政府的行为失去控制和约束，效能政府无从可言。因此，政府信用制度建设是行政伦理制度建设的重要环节。

第一，提高公众政治参与程度。疏通社情民意充分表达的渠道，要使社情民意得到充分的表达，使各种利益群体都能获得表达意愿的机会，使利益冲突的各方面都参与到决策过程中来，免受歪曲和替代，就必须建立渠道通畅的民意表达和整合机制，如完善人民代表大会制、政治协商制、信访制等已有的制度化民意反映渠道；建立现代听证制度、民意测验制度、舆论调查监督制度等；政府热线要通畅，听取群众意见要回应；提供确保利益相关方、受损方能够参与决策过程的平台。

第二，实现决策过程的公开透明。决策过程中的公开透明，是建立民主科学决策机制的前提。政府决策过程的公开透明，不是可有可无，而是实现科学民主决策必须建立健全的规则和程序。具体而言，重大公共决策的讨论情况和阶段性方案都应当及时对社会各界公布；凡是涉及公共利益的决策，都应该向社会公开；凡是涉及局部群众利益的必须让有关群众知道，不应该在有关利益群体和公众不知情、未参与意见的情况下，就作出影响其权益的决策。

第三，建立公务员及行政机关的信用档案制度。建立公务员的个人信用档案，记录其在实施行政行为过程中的信用状况，如程序是否合法、处事是否公正、为人是否诚实、遇事是否廉洁等，并以此作为其考核、奖惩的重要依据。同时，还要以公务员的个人信用档案为基础，估量和评价所在行政机关的信用状况，并通过新闻媒体对社会公布。这样做，不仅有利于公务员行政道德的完善，更有利于打造良好的政府形象。

第四，在公务员考核中加大道德赏罚力度。在我国，特别是处在社会转型期，由于对行政伦理的评议、咨询、监督机制的建设不注重，行政伦理缺失是显而易见的。因此，有必要在现有监督体制中建立一个相对独立的行政伦理咨询、评议机构，这一机构应同党和政府的各级组织平行行使职权，可以挂靠在各级人大，以便直接对政府各级官员实行有效的监督。设立行政伦理评议、咨询机构，应主要负责对公务员进行行政伦理教育宣传、咨询、评议和监督。可以采取群众伦理评议和伦理建议，也可对公务员进行质询、训导、警示以及鉴定，并且把行政伦理评议、咨询机构的伦理鉴定等作为公务员工作状态评价的基本依据，直接跟公务员的任职、职位升降、奖励等挂钩。在对公务员进行职务任免、升降、奖惩时，依靠行政伦理评议、咨询机构所提供的公务员伦理情况，任用有德者，提拔和奖励那些伦理模范，而不用或惩罚那些品行不端、行政伦理不良者。在选择任用公务员时，不仅要用道德准则衡量他们，也要严格审查他们的背景和品质。对已经任用的公务员，如果发现违背行政伦理法规和准则，必须进行罢免，以警示所有在位的公务员，以利于公务员洁身自好、廉洁奉公，这样就可以形成趋善避恶的行政伦理氛围，有助于维护权力职位的公共性，有助于保证公务员最大限度地服务于公共利益，也增加了行政伦理咨询、评议机构的权威性，为建立适应社会主义市场经济的行政伦理体系提供了保证。

九　建立完善行政伦理的监督奖罚机制

行政伦理作为对行政人员的约束手段，其本质特征在于行政人员的自律和自觉，但是，行政人员的自律和自觉不会自发形成，除了需要进行行政伦理教育和培训之外，还必须进行强有力的威慑和有利的社会监督。良好的行政道德和习惯只有在外在监督和内在修炼综合作用下才能养成。从行政监督的方式上看，我国目前主要有立法监督、司法监督、行政监督、政党监督、群众监督、舆论监督等。从行政道德监督的有效性而言，主要应依靠两个方面的监督：一是组织监督，主要包括立法监督、司法监督、行政监督、政党监督等几种形式。组织监督主要是在行政人员发生了违法、违纪的行为之后进行的法律或纪律上的处罚和处分，具有事后的性质。二是社会监督，这主要包括群众监督和舆论监督。社会监督主要是在不良行为未发生之前的监督，具有事前的性质。

第一，组织监督。立法监督，即法律监督，它的目标是逐步使行政人员道德要求法规化。当前的状况是对领导职务的公务人员监督力度不足，越是高级公务人员对其监督越是不足。这就要求我们要建立一个切实可行、有效的监督管理制度和机制，做到权力行使到哪里，监督活动就延伸到哪里，依法制权。同时也要加强人大的独立性，以权力制约权力。司法监督，《中华人民共和国宪法》规定，检察院对政府及其工作人员的行政行为享有监督的权力，法院通过行政诉讼或刑事诉讼对具体行政行为或犯罪行为进行监督或惩处。行政监督也就是行政机关自身的监督。行政监督包括行政监察和审计等专门机关的监督、行政机关内部自上而下进行的业务监督以及人民政府对其所属部门和各级政府工作进行的层级监督。此外，还有党的纪律监督、组织监督以及民主党派监督。这些都是组织监督，希望发挥组织自我调适、自我完善功能，力求率先由组织督促行政人员履行行政道德。

第二，社会监督。群众监督就是广大人民群众直接参与管理国家事务、社会事务，行使当家作主的权力是实现人民民主的具体体现。行政管理活动处于群众监督之中，可以防止管理权的私化。行政人员也要自觉接受人民群众的监督。《中华人民共和国宪法》规定："一切国家机关和国家工作人员必须依靠人民的支持，经常保持同人民的密切联系，倾听人民的意见和建议，接受人民的监督，努力为人民服务。"为此，应该创造更多的途径和机会，使广大人民群众得以参政、议政。例如，要充分发挥群众团体的作用，赋予行业协会以监督检举的权力。保证人民群众对国家的行政管理享有知情权，鼓励人民群众通过社区和团体进行讨论，特别是关心和参与有关重要行政管理的讨论，从而促进决策的科学化和民主化。舆论监督，主要是指通过报刊、广播、电视等舆论工具实施监督，要使新闻媒体关注行政人员舞弊、受贿或以权谋私行为，充分发挥舆论监督较强的监督威力。同时要弘扬正气，表达社会和集体中绝大多数人的愿望和意志。通过舆论监督，褒贬行政管理活动，引导活动方向，促使行政人员遵循最起码的行政伦理。

十　建立行政伦理的奖罚机制

在我国传统的伦理观中，道德义务和道德权利是相分离的，只肯定道德义务的存在，不承认或不重视道德权利。这样做的结果是道德评价和道德赏罚的不公，致使现实生活中履行道德义务的主体得不到公正的评价和应有的回报，从而最终使人们的道德践行和道德进步的动力被严重削弱。这种情况在行政伦理领域尤为严重。在中国传统德治模式中，人为地"拔高"行政主体的伦理水准和道德自律水平，对为官从政者提出大大高于一般社会主体的伦理要求，并且要求行政人员"大公无私"、"只讲奉献，不求索取，只尽义务，不求权利"。实际上，作为在同一时代、同一社会经济政治环境中生活的社会主体、行政主体在伦理水平上不可能太过高于其他社会主体。在中国，无论是古代的官员还是现实中的行政主体，都存在这样的二律背反：一方面在伦理要求和人格目标上被定格在社会道德的典范的层次上，另一方面为官不仁，丧失起码道德人格的为官之人又大量存在，从而使得过高的行政伦理要求成为一种虚伪的形式和摆设。为此有必要建立行政伦理的奖罚机制，把道德奉献和道德回报结合起来。

第一，加大对公务员行政伦理的正面激励。首先要提高公务员的工资和福利待遇。党的十六大指出，要"建立干部的激励和保障机制"。发达国家行政伦理建设的一条成功经验是，一方面对公务员提出严格要求，另一方面实行高薪养廉。公务员特别是党政领导干部，是社会的精英，肩负着一定的政治和社会责任。依据贡献与报酬基本平衡的组织原理，结合公务员工资制度改革，应逐步适当提高公务员工资福利待遇，同时解决不同部门公务员之间收入差距过大问题。结合分配制度和社会保障制度改革，用改革的办法解决领导干部职务待遇方面存在的问题，逐步推行公务用车、公务接待、公务活动、通信工具配备等方面的货币化、市场化改革。将这些"暗补"转变为"明补"，不仅可以增加透明度，而且可以减少后勤服务成本，增大心理平衡；其次重奖行政人格高尚，勤政廉政的公务员。在制定各种行政政策和内部条例的时候，就应该把公务员的道德践行情况摆在相当重要的位置，在加薪、晋升和奖励条件中充分地考虑道德因素。对于那些履行了行政道德义务，政绩卓越的公务员，不仅要通过社会媒体加以宣传和赞颂，使其社会形象大放光彩，而且要实行德行代价补偿制度，以适当的物质形式给予补偿。根据行政伦理评价结果、信用记录状况以及人民群众的满意程度，对于那些以德用权，主为国为民带来较大经济效益和社会效益的公务员（包括行政领导），对于那些扎根基层、任劳任怨、尽职尽责的公务员，应按效益的多少、贡献的大小来提高其待遇，充分体现各尽所能、按劳取酬的利益分配原则。这方面要进行试点，制定标准，形成制度。只有这样，才能提高公务员工作的积极性、主动性，从道德效益上真正做到使立足道德践行的公务员得到好报。彻底杜绝"干好干坏一个样，干与不干一个样"的现象。

第二，加重对公务员行政伦理失范的处罚力度。首先要依法查处重大典型案件，严厉惩处腐败分子。真正落实并严格实行责任追究制度。加大办案工作力度，严厉惩处腐败分子，对腐败分子形成强大的威慑力量。要坚决贯彻从严治党、从严治政的方针，旗帜鲜明，态度坚决，措施有力，对任何腐败分子，不管职位多高，功劳多大，隐藏多深，都要彻底查处，严惩不贷。

加大对腐败分子的经济处罚力度，限制其离开原工作岗位后的有关从业资格，增大腐败行为的成本。对一些重大典型案件，要公开查处，将查处结果公布于众。要认真受理群众来信来访，鼓励群众揭发举报。对为腐败分子提供保护伞者，要依法从重惩处；其次要注重道德惩处，贯彻"纽伦堡原则"。对于那些以权谋私、违反行政伦理准则的公务员，除了行政、经济乃至法律的处罚外，还应从道德上进行谴责，使之受到周围人的憎恶、疏远、指责，造成其心理上的巨大压力。这就是不少国家已注意到的注重道德惩处的"纽伦堡原则"。这一原则来自第二次世界大战之后的《欧洲国际军事法庭宪章》，即被告遵照其政府或某一长官而行动的事实，不能使其免除责任。道德纽伦堡原则是维护公务伦理标准的重要原则；最后要完善反腐领导体制和工作机制。建立党委统一领导，党政齐抓共管，纪委组织协调，部门各负其责，联系新闻媒体的反腐领导体制和工作机制。加强纪检、司法、审计、监察机关之间的协作，加强纪检、司法、审计、监察机关与新闻媒体的协作，形成职能部门之间、职能部门与新闻媒体之间有效的工作协作机制。行政惩治与舆论压力结合，威慑力量更大。造"腐败分子，人人喊打"之势，走出"腐败分子领导反腐败"的怪圈。

第十一章　行政伦理视角下的腐败防治研究

一　行政腐败的内涵

腐败，原意是有机物的腐烂、变质。在社会生活领域中，腐败通常作为政治概念来使用。一般来说，凡是公共权力被滥用而使社会公共利益受到损害的，就是腐败。行政腐败是目前我国社会中最严重的一种腐败。

从主体的角度来说，行政腐败可从广义和狭义两方面去理解：狭义上的行政腐败仅指公共行政人员滥用公共权力谋取个人私利的行为，是权力运作过程中发生的异化和失控现象。而广义上的行政腐败是指国家公共权力主体，包括国家政府机关及其工作人员，违反或背弃公共权力规范，未履行相应的职责，为谋取私利或所在小集团的不正当利益，非法用权的行为，它的实质是对公共权力的滥用。

19世纪英国思想史学家阿克顿勋爵道出了一句具有铁律性质的警世格言："权力导致腐败，绝对权力导致绝对腐败。"其实，阿克顿的说法只能算是一种温和的描述，因为绝对权力所导致的岂止是腐败？历史和现实告诫我们：上苍给予人们的温厚、善良等品德在权欲面前是如此的不堪一击。于是，我们今天的立法者和执政者们不得不随时提醒人们苏格拉底那句名言："强权的基础就是暴力。"西方著名学者沃拉斯在《政治中的人性》一书中这样写道："绝对不可能从人性原则推断政治学。"如果延伸其原意则表明：若以自然层面上人性的善心来推断人们在政治层面上也会善，至少从中外历史和现实中我们没有看到这一点。因此，当我们讨论行政伦理视觉下的腐败防治问题时，千万记住一个根本的前提，那就是——当权力失去制约而成为绝对权力时，罪恶就必然产生，不管统治者是男性还是女性，是正人君子还是奸诈小人。

二　腐败的成因分析

（一）令人惊心的腐败

腐败问题可谓世界性的普遍问题和普遍现象，古已有之，今日尤甚，并已经成为世界各国政府极欲除之而后快但又除而不尽的社会毒瘤。根据报道，河南郑州市第九届纪委第四次全会上公布，2008 年有 33 名县处级干部因贪污受贿"落马"，其中新近查处的荥阳市原人大常委会主任武今明仅在打通中原西路一项工程中就受贿 160 多万元。一个市一年有 33 名县处级干部因受贿"落马"，是否有点多了？为什么会有那么多的领导干部管不住自己贪污腐败的手、收不起自己贪腐的心呢？

坚决惩治和有效预防腐败，关系人心向背和执政党的生死存亡，是执政党必须始终抓好的重大政治任务。因此，必须充分认识反腐败斗争的长期性、复杂性、艰巨性，把反腐斗争进行到底。

（二）腐败的成因分析

1. 转型期的体制漏洞，为腐败分子提供了可乘之机

我国由计划经济向市场经济转轨的过程中，原有的一系列法规制度不适用了，而确立新的适应市场经济发展的法规制度尚需时日。因此在转型期，不完善的新体制以及相关的法规、章程、制度造成许多管理上的"空档"和制度上的"真空"，成为滋生腐败的温床。

2. 道德规范约束的不力

在社会转型期，人们追求多元化的价值观，新的道德规范尚未完全确立，道德约束力下降。传统的封建宗法道德思想以及西方资产阶级拜金主义、享乐主义、极端个人主义使伦理大环境变得无序，人们的道德观、价值观被严重扭曲，从而对行政伦理建设产生消极的影响。人们不仅对腐败的态度麻木，甚至是羡慕和效仿，社会风气为之恶化。

3. 监督制约机制的不健全

首先，我国的监督制约机制不健全。现行的行政法律规范注重对行政相对人的行为加以规范和控制，对行政机关及其行政人员自身行为的监督则较少涉及，这实际上是在一定范围内赋予了行政机关某种不受法律约束的特

权；其次，我国的监督制约机制滞后。随着改革开放力度的加大，国有企业逐步成为独立自主的法人，企业利益和个人利益日渐明晰，国家对国有资产运营及保值增值的监督制度却没有建立或不健全，经济中的空档、漏洞较多，这就必然使腐败现象有增无减。最后，监督制约乏力。权力的层级性表明，"只有同等的权力或无隶属关系的权力才能真正互相独立并互相监督"。而我国现行行政监督在内部却表现为平行监督，屈服于同级政府行政首长的权力干预，对其负责；在外部监督上则机构众多、权力分散、相互扯皮，削弱了监督力度；在群众监督上则对腐败官员的监督力度不够，怕遭某些少数腐败分子打击报复。

三　加强行政伦理责任建设是预防和治理腐败的有效途径

行政伦理责任要求行政人以道德主体的面目出现，在他的行政行为中从道德原则出发，时时处处坚持道德的价值取向，公正地处理行政人员与政府的关系、与同事和与公众之间的关系，自觉做到恪尽职守、执政为民。

1. 公共行政人员道德缺位是腐败产生的深层次原因

美国政治学家克利特加德在研究了大量的反腐败案例的基础上，用一个公式表达了腐败行为产生的动机：腐败动机 = 贿赂 − 道德损失 − [（被发现和制裁的机会）×（所受处罚）] > 薪金 + 廉洁的道德满足感。公共行政领域中的一切公共权力的滥用和腐败，都首先根源于道德的缺失。

政府行政人员具有双重身份：作为个体的人，有着自身利益；而作为公共权力的行使者，其根本利益亦是公共利益。公共利益的实现是私人利益存在的前提，但二者毕竟是属于不同领域且性质各异的利益。有时维护公共利益可能暂时会损害私人利益，追求私人利益也可能会损害公共利益，导致利益的冲突。行政人员，一方面掌握着代表公共意志、公共利益的权力，要求其在行使公共权力时以公共原则行事，坚持公共利益最大化；另一方面，行政人员作为普通的个体又有实现自己利益的倾向，并且以"经济人"的方式行事，希望通过行政供职追求自身经济利益最大化。当公共利益与私人利益产生冲突时，在个人利益的驱动之下，公共行政人员如果没有正确的道德责任意识，势必会将行政权力作为谋求个人私利的手段和工具，导致公权力的失范、公共伦理的丧失和公共价值观的错位，从而导致行政权力腐败。

2. 进行正确的行政伦理观教育

内因是根据，外因通过内因起作用。要从源头上根治腐败，需要对行政人员进行正确的行政伦理观教育，提高他们对行政伦理的认知水平，加强行政人员清正廉明、奉公守法的道德自律性，提高他们拒腐防变的能力，使他们在日常行政实践中做到全心全意为人民服务。

3. 加强行政伦理责任建设是预防和防治腐败的重要手段

为防止权力滥用和权力异化，保证权力的公共属性。对公共权力的制约和监督是必要的。由于现代社会行政权力的运作特点和行政环境的变化，通过组织结构、政治和立法角度等这些外在性约束途径实现遏制腐败的目标已越来越困难，成本越来越大，在这种不尽如人意的情况下，人们开始更多地思考通过个体行政人员的道德途径来防治腐败。实践行政伦理责任才是防治行政腐败瘤疾的良药，为此必须强化行政伦理责任。对于行政人员来说，作为他的行政行为的价值取向不应当是他的个人利益，而应该是公共利益。但公共利益不应该只是具体的法令条文，而应是一种精神的诉求和理念。它应进入公共行政人员的主观责任意识和实践理性，成为指导行政行为的根本精神动力，指导他的正义感和责任感的形成，对公共政策的制定和执行起到良性的警戒作用。这正是加强行政伦理建设的逻辑依据。公共行政人员一方面要全力履行工作义务和岗位职责，处理好个人事务，以保证它们经受住公众的审查；另一方面还要主动追求公共的善，积极地履行自己的道德责任，在从事一切公务活动时都要以公共利益为目标，追求公共利益的最大化。

4. 加强行政道德的法制化建设

把行政伦理、行政道德以法律形式提出，实行道德立法，即把一些必须遵守的行政道德规范上升为法律。放眼当今世界，许多国家都进行了不同程度的道德法制建设，国家行政伦理和公务员道德建设的法律化已成为一种大的趋势。但长期以来，我国的行政伦理和行政道德的法制化过程相对滞后。因此我们要把依法治国和以德治国的基本方略有机结合起来，加快和完善行政伦理、行政道德的立法，依靠法律建立起一套勤政廉政的行政伦理和公务员道德制度，促进官员道德养成，通过法律、制度来规范行政组织及其人员的行政行为。

四　廉政文化建设——行政伦理的基石

现代政府就是责任政府，而责任政府必须注重行政伦理精神的培育。廉政文化则是行政伦理精神的基石。目前政府工作人员利用职务上的便利滥用职权或者不尽职责，以及对自身应负的责任和义务采取无视和不作为的态度，由此给国家利益带来巨大的损失。行政权力运作过程中缺乏伦理规范和法制秩序而导致的行政主体伦理失范，是导致权力腐败的根源。这就昭示我们，行政伦理在廉政建设中有着突出的地位和相对独立的作用。在行政伦理道德建设中，由于廉政文化是行政伦理的基石，因此，加强廉政文化建设，对培养和完善行政人格，铸造廉洁、公正、透明的责任政府，具有十分重要的理论和实践意义。

（一）廉政文化的内涵及其地位

何谓廉政文化？表现在哪里？前不久，有一位已走上县政府领导岗位的学生在写给行政学院老师的信中说："我从内心十分感谢您曾对我们该如何做人做事的教诲和启迪，我们坚信：人生最宝贵的稀缺资源，不是金钱，也不是权力，而是高尚的人格。"这里不仅仅体现出这位教师在学生的心目中享有很高的教育威信，更重要的是体现了我国年青一代的政府工作人员具有很高的思想觉悟和深厚的廉政文化底蕴。它表明，廉政文化是廉政建设的深层次软件要素，是一种潜在的无形的力量，是一种行政道德的"软"约束，对廉政建设活动具有潜移默化的影响。因此人们称廉政文化为廉政建设之魂。

廉政属于政治文明范畴，本义是指政府廉明公正，主要是指国家公务人员特别是各级领导干部要为政清廉，勤政为民，严守法纪，艰苦朴素，不贪污贿赂，忠诚正直地奉行公务。廉政除了要廉洁从政外，尚有权力的合法、合理和合情使用之意。廉政文化就是人们关于廉政的知识、信仰、规范、价值观和与之相适应的行为方式、社会评价的总和，是政治文明和精神文明的有机结合，政治和文化的有机融合，是廉政建设和行政伦理建设的有效载体。本文探讨的廉政文化是指与政府机关和行政人员廉政相关的文化，包括政府机关和行政人员的廉政观念、廉政意识、廉政思想、廉政理想、廉政道德、廉政心理、廉政原则、廉政价值、廉政传统等。所谓廉政文化建设是对各种廉政文化的继承与创新，即古为今用，洋为中用，博采众长，创建有中国特色的现代廉政文化。创建廉政文化现代化就是使廉政文化趋向合理化、科学化的过程，是廉政文化日益符合社会发展潮流，顺应时代要求，体现科学精神的变迁过程。

如何概括、提炼现代廉政文化？笔者以为，我国现代廉政文化内涵可以概括、提炼为"执政为民，廉洁奉公，讲究效益，履行契约"。其核心是"执政为民，廉洁奉公"。执政为民是指国家行政人员牢记自己是人民的公仆，深入群众，遵纪守法，勤奋工作，无私奉献，努力地履行自己的责任和义务，运用人民赋予的公共权力，全心全意地为人民服务。廉洁奉公是指国家行政人员在经济上要清白，政治上要公正，全心全意当人民公仆。马克思曾经说过："不可收买是最崇高的政治美德。"廉洁奉公与勤政为民互相补充、互相促进。此外，笔者以为，"讲究效益、履行契约"，应当成为现代廉政文化的新内涵。对现代廉政文化的这种提炼，既能发掘传统资源，解决好传统精神与时代精神的关系，又能推陈出新，培育出一种体现时代特征、具有强大凝聚力和感召力的新的廉政文化。由此可见，现代廉政文化的内涵，实质上就是现代行政伦理的基础。

为什么廉政要讲"效益"？这是因为，市场经济要求廉政行为讲究效益，讲究成本。所谓廉政效益，是指廉政行为后果与廉政活动目的之间的比较。现代廉政行为也要按照市场原则进行操作，以期用最少的社会资源耗费来获得最佳社会廉政效益。政府机关的经费支出必须纳入法制化、程序化和透明化的轨道，实现民主理财。

为什么廉政要讲"契约"？这是因为，在反腐倡廉中，强调行政道德规则内省教化的同时，也要强调以法律规则治权或治吏的认识，加深对法律规则的理解和运用。与东方的文化传统不一样，西方文化历来崇尚所谓的"理性"文化传统，理性精神就是规则精神，理性文化就是契约文化，所以，必须把我国传统的伦理型廉政文化同西方的规则性、契约性文化有机地融合到一起，确立现代化的廉政——"契约"文化观念。此外，还要求在公正和尊重个性的基础上建立廉政文化，以开放的观念不断丰富廉政文化体系。

（二）为政清廉与廉洁、公正政府建设的辩证关系

从古至今，从国外到国内，无论是封建君主时代，还是现代资本主义社会，以及不同形式的国家，都十分重视"为政清廉"问题。"为政清廉"是以德治权或以德治吏为核心。它对官员的基本要求是不以权谋私、不搞权钱交易，不贪污、不受贿行贿，实质是以德管官。可以说，清正廉洁、见利思义、从政必诚，以德修身从来都是为官的准则。自社会步入现代社会后，尤其在市场经济条件下，公共行政权力的拥有者往往可能凭借其手中的权力，

对市场经济活动进行干预与管制，以便从社会、企业、个人身上捞取好处，稍不警惕，权力就会充当中介角色，成为公职人员实施交易的"资本"。在我国，改革开放和建立社会主义市场经济体制，既为真正的共产党人开拓进取，为国家、为人民建功立业提供了大显身手的舞台，同时也给某些蜕化变质者提供了更多的腐化堕落的机会。中国共产党执政80多年的经验，以及苏联共产党"倒台"的挫折教训告诉我们一个真理：任何阶级、阶层、政党、社会、集团，只要树起为政清廉的旗帜，真正为老百姓办好事、办实事，就能吸引民众、获得支持、壮大自身，就能形成较强的吸引力、感召力、影响力和凝聚力，从而巩固自己的执政地位，扩大自己的执政范围；相反，如果"执政为己"、"掌权图利"，就会降低社会成员对执政党、政府机关的信誉度，削减权力效应，引起群众的强烈不满，发展下去将失去民心、丢掉政权。所以，为政清廉是建设廉洁、公正、责任政府的本质要求，而一个责任政府必然是为政清廉的政府，两者相辅相成。

应当指出，现代化的过程首先是一个文化过程，尤其是行政文化现代化（包含廉政文化现代化）的过程。原先很多人都认为发展中国家经济落后的主要原因是缺乏资金和缺乏技术，因而影响了现代化进程。但后来大量的实践研究表明，现代化的过程首先是一个文化过程，发展中国家落后的重要原因之一是缺乏与现代市场经济相适应的价值观念，包括现代行政价值观念，如廉政观念、公正观念、服务观念、效率观念、竞争观念和开放观念等。因而，大力培育现代廉政文化，是当前政府机关效能建设中极为重要而又异常艰巨的任务。伴随着经济全球化和国际上各种思想文化的相互激荡，我国全面建设小康社会的伟大实践，改革开放和现代化建设面临着比先前更为复杂的国际和国内形势。在这种背景下，培育现代廉政文化，促进政府机关效能建设，铸造廉洁、公正、透明的责任政府，就显得越发迫切了。

（三）"知止"：中国传统行政伦理对廉政建设的现实启发

传统中国政治有着浓厚的"教化政治"、"伦理政治"的色彩。在中国传统行政伦理中，不论是儒家还是道家，都讨论官员个人的行止与荣辱问题，对官员个人不断地进行道德教育，不断地进行伦理规劝。而在当代，政府官员的荣辱观依然是廉政建设的主题之一。目前，从中国传统行政伦理的合理因素中得到有益的启发，强调公务员的责任意识和荣辱观念，对构建社会主义和谐社会，促进政府廉政建设有着积极的现实意义和当代价值。

1. 在公务员的个人修养层面上，"知止"是道德素质与精神境界的标尺，是"知耻"的出发点和落脚点，是公务员职业生涯中的大智慧。

"知止"的"止"有两层含义：一是从肯定的方面出发，即朱熹所解释的《大学》开篇"大学之道，在明明德，在亲民，在止于至善"之"止"："所当止之地，即至善之所在也"，"止者，必止于是而不迁之意"（朱熹）。儒家经典《大学》强调："知止而后有定，定而后能静，静而后能安，安而后能虑，虑而后能得。物有本末，事有终始。知所先后，则近道矣。"这里，"知止"也就是知道自己的人生理想和目标是"止于至善"，而这种目标一旦确立，思想就会有一定的方向，有一定的依归。安详平静而不妄动，对自身的境遇也能够处之泰然，能够正确的思虑，能够有所收获、有所获得。此处的"止"是指"不达到最高的善则不停止追求"。二是从否定的方面出发，即一般理解中的"止"是具体的"止"，亦即必止于当止之处。知止，是针对"私欲"，知道在哪里止步。世间万物行止各有其时，当行则行，当止则止。表现在《大学》章句里就是："畜马乘不察于鸡豚，伐冰之家不畜牛羊，百乘之家不畜聚敛之臣……"表现在《中庸》章句里则是："君子素其位而行，不愿乎其外。"知止是自己看着个人的私欲到了一定限度时，适可而止，决定我不能再要了或我不能再做了。有羞耻心、有爱心，害怕做违背人伦道德和国家法纪的事。其实，"知止"的两层含义是相辅相成、并行不悖的。为人民服务是公务员所应该追求的"至善"，是一般理解中的"止"所要坚持的原则。公务员正确的"作为与不作为"是达到"至善"的阶梯。有了终极目标，就有了取舍的原则；也就是有了前一个"知止"境界就有了而后一个"知止"的依据。思想是行动的先导，一个公务员（特别是领导干部）出问题，首先应该是思想意识上出了问题。要防止腐败现象的出现，净化人的思想是很重要的。具体的"止"则能够透射出人的思想境界。本文所探讨"知止"的"止"主要是一般理解中具体的"止"。即公务员行为的界限。就廉政建设而言，"知止"国家公务员要防微杜渐，保持清正廉洁，知道在道德和法律不允许的行为面前，懂得适度约束自己，不要干有损他人正当利益特别是国家、集体利益的事。拿陈毅元帅的话讲就是："手莫伸，伸手必被捉。"

"知止"是公务员道德素质与精神境界的标尺。中国传统行政伦理的教化多半是在士人的求学过程中完成的。也就是说，中国传统行政伦理强调的是官员的自律，是官员在履行行政义务时的行政良心。在官员的物质需要与精神价值之间，一开始就注重精神价值。孔子强调学生（将要从政的预备人才）要"博文约礼"，用礼的社会规范约束自己的言行，并且能够达到"非礼勿视、非礼勿听、非礼勿言、非礼勿动"的境界。他认为一个人能够用礼来约束或规范自己的言行之时，他也就很自然地遵守纪律和法律，这就是"道之以德，齐之以礼，有耻且格"。孔子主张："齐明盛服，非礼不动，所以修身也。去谗远色，贱货而贵德，所以劝贤也。""好学近乎知，力行近乎仁，知耻近乎勇。知斯三者，则知所以修身。知所以修身，则知所以治人。知所以治人，则知所以治天下国家矣。"①

"知止"是"知耻"的出发点和落脚点。"射有似乎君子，失诸正鹄，反求诸其身。"② 公务员要克己奉公，加强修养，自觉反省自己，做到自尊、自律、自爱，时时处处以国家和人民的利益为重，保持踏踏实实做事、堂堂正正做人的品格。《大学》："所谓诚其意者，毋自欺也，如恶恶臭，如好好色，此之谓自慊。""诚意"是"自慊"而"毋自欺"。"自慊"是内外相符、表里如一，如人之好好色、恶恶臭，不带一点造作，不加一丝虚妄。"小人闲居为不善，无所不至。见君子而后厌然，掩其不善，而著其善。人之视己，如见其肺肝然，则何益矣。此谓诚于中，形于外。故君子必慎其独。"③ "诚意"、"慎独"的目的都是要"正心"，在"修身"这一核心环节上"知耻"而止。孟子曰："人不可以无耻。无耻之耻，无耻矣。"④ 笔者以为，耻之为耻，应该理解为当止未止，"知止"应该是"知耻"的出发点和落脚点。

"知止"是公务员职业生涯中的大智慧。两千多年前，老子提出了"知足不辱，知止不殆"的忠告。如果说这里的"知足"适用于一般人的话，那么"知止"则是中国传统行政伦理对官员的更高要求。应该说，知足是由己的，知止则由己也是由人（他人、组织、国家）的。表现在廉政建设上，"知足"是不贪，"知止"是不能贪和不敢贪。唯"知足"方能终身不辱，唯"知止"方能使官员避免在履行职权时陷入危险的境地。"知足常足，终身不辱；知止常止，终身不耻。"老子告诫世人，"祸莫大于不知足，咎莫大

---

① 《中庸》章句。
② 《中庸》第 14 章。
③ 《大学》第 6 章。
④ 《孟子·尽心上》。

于欲得"①。毋庸置疑，人都是有欲望的，一个人存在某些合理的欲望是正常的，但必需知可得与不可得，明礼明度，知足常乐。如果贪得无厌，欲壑难填，就必然会不择手段、不顾后果地去攫取。老子认为，人的祸患多源于自身永不知足的贪婪本性。因此，圣人不仅要有优秀的道德修养、完美的人格魅力，还要筑牢廉洁自律思想防线。

2. 在廉政建设的制度层面上，"知止"是藩篱与禁区，是个人对公务员道德底线的体认，是自律和他律的统一。

"知止"是制度设置的藩篱与禁区。制度可以让人知道群与己的权界，社会利益与个人利益的分野。制度不一定让人知足知耻，但可以让人在该止步时停下来。制度不但告诫政府官员"手莫伸"，而且制度还可以让不法者和守法者相信"伸手必被捉"。反腐倡廉需要自律，也需要他律，也就是把主观上的自律与客观上的他律有机结合起来，把组织监督与依法惩处结合起来，把依法治国与以德治国有机结合起来，把弘扬中华民族的优秀传统和借鉴法治国家的有益经验结合起来。曾子曰："十目所视，十手所指，其严乎。"而现在，"党与人民在监督，目睽睽难逃脱"。对那些忘却了全心全意为人民服务的宗旨，一心一意贪求权势钱财，一心一意追逐物欲享受，外表伪善，百般奸猾掩饰自己，其最终目的只是为了获取无耻的一己之私利的人，制度就应该体现并维系伦理，制度应该尽可能少地留下"小人行险以侥幸"的空间②。

"知止"是个人对公务员道德底线的体认。如何做到"知止"呢？《大学》所谓："为人君，止于仁；为人臣，止于敬；为人子，止于孝；为人父，止于慈；与国人交，止于信。"不同的人、不同的事、不同的身份有不同的"所止"，关键在于明确身份，站好位置，把握好角色，时时、事事、处处做到"知止"。一方面，要正确对待名利。任何事物都有个极限，做人不知收敛，得寸进尺，一味争名逐利，凶险和灾祸也会随之降临。造成"小人之使为国家，菑害并至"的局面。另一方面，要正确对待事业和人生。始终抱着适可而止的态度，"知止"不争，这样在生活上就一定会保持低调，就会"知止而静"。做人做官也一样，只有"知止"，行止得当，方能业有所成。

"知止"，是自律和他律的统一。我们不应单纯地把"知止"理解为公

---

① 《道德经》第46章。
② 《中庸》第14章。

务员个人操守维护与坚持，更重要的是，制度的设计里应该对政府官员和公职人员的道德操守予以有效监督，对其职务行为及基于其现任公职影响力而进行的个人行为有一个明确的刚性的限制，强化权力制衡机制，以构筑有效约束其权力的藩篱与禁区。同时发挥大众传媒的舆论监督作用，启动社会良知对权力的制度约束。

3. 在廉政建设的社会影响层面上，"知止"是公权力本质属性的客观要求，公务员"知止"有教育社会促进社会和谐的作用。

首先，从树立正确的义利观方面来看，公权力的矛盾性源于公权力"公共所有"和"私人掌握"的分离，解决公权力的矛盾性是近现代政治理论和行政实践的重要主题之一，即对公权力可能的"恶"进行控制与约束，以实现公权力"善"的价值目的。从本质属性讲，政府应是"零利润"运作的行政管理机器，这是由公权力持有人"零利润"的本质属性所决定的。因此，对公权力的行使者（政府及公务员）的责任进行相应明确规定，建立权责统一的公共行政体系，是对公权力的一种合乎逻辑的最基础性的控制。"去谗远色，贱货而贵德，所以劝贤也。"① "国不以利为利，以义为利也。"② 我们重新审视中国传统行政伦理的这些重要价值判断，会发现它与当代公共行政伦理有某种程度的暗合。公共行政的一般伦理原则与核心价值就是追求公平与正义。

其次，从行政伦理对社会的影响方面来看，公务人员的个人伦理道德直接影响行政组织的伦理道德，也影响着整个社会的伦理道德。"《秦誓》曰：'若有一介臣，断断兮无他技。其心休休焉，其如有容焉。人之有技，若己有之。人之彦圣，其心好之，不啻若自其口出。寔能容之，以能保我子孙黎民，尚亦有利哉。人之有技，媢疾以恶之。人之彦圣，而违之俾不通，寔不能容，以不能保我子孙黎民，亦曰殆哉！'"③ 只有公务人员"知止"，只有公务人员确立了"止于至善"的人生目标，才能真正去"明明德"，才能真正去实现全心全意为人民服务的目标。明白了这一点，才能真正理解"大学之道"，也才能"近道矣"。絜矩之道：儒家伦理思想之一。指君子的一言一行要有示范作用。孔子的"忠恕之道"和《大学》的"絜矩之道"是原

---

① 《中庸》第 14 章。
② 《大学》第 10 章。
③ 同上。

始儒家关于人际行为的重要规范。"忠恕之道"是孔子践仁的基本行为原则，"絜矩之道"是对"忠恕之道"的继承与发展。"忠恕—絜矩之道"的推行，有效地维系了我国传统社会的人际和谐。人际关系和谐是和谐社会的重要维度。法律上的社会和谐，其核心是公平与正义，是对权利的承认，而要想实现公平与正义，就必须消除社会中存在的各种不公正因素。

另外，在西方行政伦理中，也有人主张类似的絜矩之道。美国行政伦理学家，特里·L.库珀（Terry L. Cooper）认为"因为公共行政人员不仅仅是一般公民，同时也是特殊的受信托公民。所以除了正确理解的自我利益以外，在公共行政实践中还要求行政人员具备其他三种品德，即公共精神、谨慎、实质理性。这些品德其他公民也有，但它们对于行政管理角色中的行政人员功能的发挥的支持是尤其重要的"①。构建社会主义和谐社会具有深厚的中国传统文化底蕴。如果说，公务员"知耻"的前提下"知止"可以"保身"，这还只是最起码的要求。公务员首先应该是做一个守法的公民，但做一名合格国家公务员还有更高的要求。公务员要模范地遵守宪法和法律，公务员是公民，同时是公民的模范。国家公务员是公民人文素质的领头羊，应以"以人为本、求真务实"为行动指南，自觉接受广大公民的监督和评判。

最后，从我们党的指导思想来看，"立党为公、执政为民"既是自身权力观的具体体现，又是对权力本质属性的最好阐释。因此，任何部门或任何个人的权力运用，其向社会和人民群众提供的必然是一种公共性的行政服务，谋取的是公共利益，维护的是公共秩序。在中国，政府及其公共权力产生于人民的直接或间接授权，这是我国根本的宪政原则。党的七大报告中早就指出党的干部要"全心全意为人民服务，一刻也不能脱离群众；一切从人民的利益出发，而不是从个人或小集体的利益出发；向人民负责和向党的领导机关负责的一致性；这些就是我们的出发点"②。

当前，积极汲取中国传统行政伦理中的合理成分，加强公务员个人道德修养，牢记为人民服务的宗旨，"知止""知耻"，引导公务员牢固树立"权为民所用、利为民所谋、情为民所系"的"以人为本"的行政意识并在工作中自觉实践之，从而使公务员不仅成为正当合格的公务员，还要成为高尚的道德模范。

---

① Terry L. Cooper, *An ethic of citizenship for public administration*（Prentice Hall, Inc. 1991）p. 163.
② 《毛泽东选集》第三卷，人民出版社 1969 年版，第 1094—1095 页。

（四） 现代化廉政文化建设的功能

管理心理学认为，生活在同一环境的人，每个人所受到的环境心理影响大体相同。这种群体中每个人心理环境的一致性，往往从心理气氛的形式出现，要是这种心理气氛已成为影响整体群体生活的一种规范力量，那么，这种心理气氛就形成了群体生活的一种具有心理制约作用的行为风尚。建设社会主义"廉政文化"有利于正气抬头，抵制诱惑，形成自觉纪律，结出丰硕的行政文明之果。其功能主要有三种，即规范制约功能、调节整合功能和引导激励功能。

所谓廉政文化的规范制约功能，指廉政文化作为调控机制和调控力量所具有的限制功能和约束功能，因此也可以称之为约束功能或控制功能。这里的"规范"就是规定和限制干部行为的范围。比如说，廉政道德要求廉政人员不能以权谋私，不能消极怠工等就是对廉政人员行为在范围上的限制。这种限制通过取得制度力量、舆论力量和内心信念力量的支持，就会对廉政行为构成直接现实的约束，从而使其保持在正当合理的范围内。由此，也可以看到，对行政人员的规范制约功能，主要是对行政人员在其职业生活中可能会有的消极态度和消极行为的限制和约束。其中，最重要的是对现有的消极态度和消极行为的限制和约束，尤其是对滥用"权力"的禁止和控制。从一定意义上说，廉政文化的规范制约功能，主要是保障"权力"在正当合理的范围内行使，从而防止其变质或腐败。

所谓廉政文化的调节整合功能，指廉政文化既作为调控机制的调控力量，又作为精神机制和精神力量所具有的整体功能。这里的调节，既可以调节廉政人员在职业生活中的情绪、心理、态度，也可以是调节廉政人员职业行为的动机、目标、方向和方式。但归结到一点，都是调节廉政人员职业行为所涉及的人与人的关系，使廉政人员和国家与人民达成利益上和精神上的一致，就是一种整合。这一整合功能主要是通过教育导向、行为约束、法律制裁等具体功能实现的。

所谓廉政文化的引导激励功能，包括引导功能和激励功能。前者是作为导向机制（即调控机制的重要构成）所具有的导向能力；后者是作为激励机制所具有的推动力。作为导向机制，不仅在于它为廉政人员行为选择提供了标准的指针，乃至理想的角色模型和公认的行为模式，而且在于它通过评价、监督、制裁等方式，造成一种相应的舆论导向和情绪氛围上的诱导，以启迪廉政人员的觉悟，使其选择正确的行为目标和行为方式。作为一种激励机制，主要是一种精神动力机制。其实质内容是党政干部道德规范化而构成的职业道德责任感、职业道德态度和职业道德理想。正是这些"内化了的影响力"，再加上外部硬约束机制，鼓励和推动政府行政人员积极追求由"导向"确认的价值和价值目标。

由于廉政文化对行政人员的行为及其态度倾向、方向选择、行为约束和效果追求等具有上述诸多功能，因而它就必然对建设"廉洁、高效、公正"的责任政府起到重大的作用。

（五）现代廉政文化建设的路径选择

众所周知，文化是历史的积淀。同时，一定的社会文化必须适应一定的经济基础。廉政文化是社会文化的一种特殊形式。可以说，中国廉政文化的现代化深深植根于中国传统管理文化精华之沃土，蓬勃兴起于改革开放和社会主义市场经济的新时代，也渗透到政府行政组织和行政人员中，渗透到具体的行政活动中。中国廉政文化的现代化，受多方面的影响和制约。主要是两个方面：一是市场经济体制对廉政文化现代化提出了新的要求；二是中国传统廉政文化的精华与现代廉政管理活动的融合。如何培育现代廉政文化？笔者以为，其主要路径有三个方面：

1. 增强依法廉政的法治意识

发挥法治所固有的权威性、强制性的特点和优势，要求行政人员在社会和社会生活中、工作中不能违背党纪国法，自觉地依法、用法、守法。要强化责任追究。落实领导责任，必须在严格考核、检查的基础上，对不按责任制履行职责，疏于教育管理，忽视以法廉政，致使管辖范围内出现严重问题的，进行严肃查究，做到执纪必严，违纪必究，以促使各级行政人员认真履行职责。提高廉政人员依法廉政意识，必须加强廉政立法，严惩腐败，真正做到"有法可依，有法必依，执法必严，违法必究"。对贪污腐败之徒，不管其资格有多老，身份有多高，就是要让他们或锒铛入狱，或身败名裂，或倾家荡产，钉在历史的耻辱柱上。

2. 提高以德廉政的自觉意识

毛泽东同志曾经指出："为什么人的问题，是一个根本的问题，原则的问题。"据此，我们也可以说，"为什么人的问题"是社会主义德治的根本问题或核心问题。坚持全心全意为人民服务，是共产党人先进性的集中体现。党员干部修身立德，在党执政的条件下，首先就是要树立良好的从政道德，即通常所说的"官德"，其本质要求就是确立崇高理想，增强党的宗旨观念，并为之而不懈奋斗。这种道德要求，落实到领导干部的具体行动上，就是要正确运用手中的权力，做到立党为公，用权为民，绝不搞以权谋私；就是要与群众同甘共苦，尊重群众，关心群众，真心实意地为群众排难解忧，绝不养尊处优，搞特殊化。只有这样，才能上不愧党，下不愧为民，成为名副其实的人民公仆，成为道德示范群体。提高廉政人员以德廉政意识，就必须充分发挥德治所固有的自律性、预防性的特点和优势，注重于提高党政干部的精神境界、强化自律意识，当好廉政表率，自觉做到自重（以德昭人）、自省（严于律己）、自警（以廉服人）和自励（率先垂范）。

3. 核心问题是打造一个廉洁、公正、透明政府

政府是否廉洁、公正、透明，是直接影响政府权威，是社会信用体系建设的核心问题。所谓"廉洁"，是指政府机关及其工作人员在行政管理过程中能够遵纪守法，秉公尽责，绝不以权谋私、假公济私。廉洁政府是最能受到人民欢迎的政府。从总体上、主流上看，一个政府如果腐败了，其合法性基础就不存在了。所谓"公正"，是指政府机关及其工作人员履行公务必须依法行政，不偏不倚，执法严格、严肃、严明，敢于主持正义。公正（与正义同义）是人类社会具有永恒价值的基本理念和基本行为准则。所谓"透明"，是指政府行为必须从"暗箱操作"转到公开透明，坚持公开行政，群众参政。

党的十六届三中全会提出了建立健全与社会主义市场经济体制相适应的教育、制度、监督并重的惩治和预防腐败体系的目标。就其主要方面来讲，"教育"所指，是帮助人们树立正确的世界观、人生观和价值观，正确对待利益及其索取；而"制度"和"监督"，虽然也有教育人们正确对待利益问题的作用，但主要是为了正确制约权力。因而，建立廉政文化运行的保障机制，还应当包括廉政文化建设的导向机制、奖惩机制、养成机制、督评机制等，这对于提高行政人员的廉政意识，建设现代廉政文化，同样是十分重要的。

总之，政府机关及其行政人员不仅要"合法"、"合理"，而且要"合德"地使用公共权力，使每个公共行政的行为都自觉接受"良知"和"道德"的追问。一旦公共行政行为与"良知"和"道德"发生矛盾，应该使其服从"良知"和"道德"。惟其如此，腐败问题方能从根本上得以遏制。

第十二章　行政伦理视角下的公务员道德建设

　　人的本质在其现实性上是一切社会关系的总和，因此，人并不是"单面人"，而是"全面人"。

　　公务员行政伦理是社会主义伦理在国家行政实践生活中具体体现，是国家公务员在行使公共权力、管理公共事务、提供公共服务、履行行政管理职责活动中形成并应当遵守的原则和规范。没有相应的行政伦理，行政行为就不能发挥它应有的作用①。国家公务员是一种特殊的职业，代表国家和政府行使国家行政权力，执行国家公务，组织管理各项行政事务，肩负着"治国"的历史使命②。正如邓小平所说，"群众对干部总是要听其言、观其行的"③。加强行政伦理建设能规范行政行为，有利于建立勤政廉政机制；有利于树立政府在公众心目中的良好形象；有利于实现行政管理的科学化、高效化；有利于现代"善治"政府的打造。党的十七大报告指出："加快行政管理体制改革，建设服务型政府。"因此，提倡公务员行政伦理建设对报告精神的落实将有重大的理论与现实意义。

　　本章认为公务员道德建设的新视角是：与社会主义市场经济条件下的伦理价值相适应的"全面人"——是在现实生活中追求自身合理利益的人，具有自由自主人格意识的人，具有竞争意识更具效率价值的人，知法守法躬行以德治国的人。

---

① 刘白露：《行政伦理建设刍议》，《内蒙古社会科学》（汉文版）2001 年第 6 期。
② 李国友：《略论国家公务员职业道德建设》，《社会主义研究》1997 年第 5 期。
③ 《邓小平文选》第二卷，人民出版社 1994 年版，第 124 页。

一　我国公务员行政伦理缺失现状及其成因探析

（一）我国公务员行政伦理现状

随着社会主义法制的不断健全，政府管理相比以前迈上了一个新台阶。广大国家公务员的道德风貌发生了积极的变化。但是，近年来政府官员的行政伦理失范问题也令人担忧。在 2007 年召开的全国人民代表大会上，最高人民检察院的报告指出：立案侦查职务犯罪大案 18241 件，其中贪污、受贿百万元以上的案件 623 件。立案侦查涉嫌职务犯罪的县处级以上国家工作人员 2736 人，其中厅局级 202 人、省部级 6 人①。根据中组部发布的消息，2007 年地方领导因换届违规操作受到党纪、政纪、刑事处理的干部总计 1968 人。从查处的违纪违法案件看，一些人沦为腐败分子，大都是从道德品质上出问题开始的。有关方面统计还表明，目前中国有相当数量的涉嫌贪污和贿赂的犯罪嫌疑人在逃，最保守的估计有 50 亿美元的资金被他们卷走，而这些都是他们的腐败所得②。这只是行政伦理缺失可以量化的方面。还有吃、拿、卡、要等种种不合乎行政伦理规范的行为。这些我们必须直面，这是关乎国家命运的大事，我们不能走拉美以及东南亚一些国家的老路。

我国公务员的行政伦理失范的主要表现在以下三个方面。

1. 主仆关系颠倒

《宪法》精神深刻地体现了人民是国家的主人，干部是人民的公仆的思想。但是，部分公务员面对市场经济大潮的强烈冲击，他们把利益关系倒置，逐渐由"公仆"变成了"主人"，这包括"行政主体贪污腐败，利用职务上的便利非法将公共财产据为己有，公款大吃大喝，奢侈浪费"③。他们的道德理想和社会主义信念发生动摇，对社会主义市场经济存在着片面甚至错误的认识，丧失了远大理想，道德水准严重下降，存在着严重的"官本位"和"权力本位"思想意识，丧失敬业精神，不思进取，敷衍塞责，奉献精神大大弱化；缺乏正确的价值观、人生观，导致权欲膨胀；缺乏服务大众的价

---

① 《最高人民检察院工作报告》，2007 年。

② 司淑玉、李艳霞：《试论腐败的产生、传播及社会效应——由符号互动理论解读》，《福建行政学院福建经济管理干部学院学报》2005 年第 1 期。

③ 高中义、高伟：《行政伦理失范及其治理对策》，《中南民族大学学报》（人文社会科学版）2002 年第 4 期。

值取向。拜金主义、享乐主义和极端利己主义的不良倾向滋生泛滥。这在群众中造成了极坏影响。主仆地位的倒置问题，是公务员道德问题中最具根本性、关键性的问题。当然，我国公务员主体队伍是好的、是"健康"的，但这种现象的出现已给我们行政管理带来了挑战，我们必须加以警惕和妥善解决。

2. 权利泛化，特权思想严重

一些政府部门的领导，利用自己掌握的各种资源和政府部门所具有的特殊的社会资本，谋求个人利益。行政腐败频繁发生在现实生活中不难看到，部分行政人员在行使运用权力的过程中，将市场交换原则带入行政管理过程，变官场为市场，置权力的公共性于不顾，大搞权力交易和权力消费，导致了吏治腐败，以至于任人唯亲、买官卖官之风盛行。违规用权、藐视法律，直接导致上访人群的增加，影响到社会的稳定与和谐。

3. 责任意识淡化，服务理念缺失

虚报浮夸成风。部分公务员完全脱离实际和群众，高高在上，夸夸其谈，只对"上"负责，违背当地实际情况，甚至破坏生态环境大搞形象工程、政绩工程；对群众的冷暖疾苦不闻不问；欺下瞒上，弄虚作假，以谋求升官，为自己捞取政治资本；还有一部分人在工作中"不求有功、但求无过"的思想严重；面对群众时官僚作风严重，甚至是蛮横粗鲁，把自己当成管理者却忽视了服务者的一面。这不仅招致人民群众的强烈反感，还严重地损害了党和政府的形象，也严重影响了社会主义现代化建设事业的正常开展①。

（二）我国公务员行政伦理缺失成因探析

那么是什么原因导致我国公务员行政伦理缺失呢？原因是多方面的，有内因也有外因；有宏观方面的也有微观方面的。我们认为具体的有以下一些方面的因素：

1. 历史因素

中国具有两千多年封建专制历史，同时也意味着具有两千多年的文官制度。它既给我们留下了许多宝贵的精神文化财富，也留下了不少负面影响。譬如，封建特权思想、"官本位"思想就容易产生以权谋私、权大于法的问

---

① 李聪明、李文利：《行政伦理建设面临的问题及对策》，《河北学刊》2006 年第 4 期。

题；加之中国乡土本位文化一向注重人情，社会交往中往往是情大于法，容易导致徇私情而侵害公共利益；在传统的行政价值观中，升官发财思想根深蒂固，以至于现在还有腐败官员声称"当官不发财，请我也不来"，这当然也就容易产生以权谋私的思想①。加之"文革"思维的作祟，使一部分公务员偏离了正确的行为路线。

2. 价值因素

我国处于快速社会转型时期，新旧思想交织在一块，尤其在市场经济的冲击下，价值观念处于震荡时期，这些新情况新变化将会持续且深刻影响中国社会，也会对国家的行政伦理带来挑战。经济多元化必然导致文化多元化，旧道德被冲破，新道德尚未完全确立，人们的价值观、道德观被严重扭曲，进而使资产阶级拜金主义、享乐主义、极端个人主义等道德思想的侵入，传统封建宗法道德思想沉渣泛起。这是一些公务员道德失衡滑坡的直接思想根源。

3. 制度因素

孟德斯鸠说："一切有权力的人都容易滥用权力，这是亘古不变的一条经验。有权力的人们使用权力一直遇到有界限的地方才休止。"② 缺乏强有力的监督和制约机制是行政伦理失范的客观条件。处于转型期的中国，社会主义民主与法治建设不够完善。这在一定程度上使行政道德失范的程度有所加剧。邓小平曾指出："我们过去发生的各种错误，固然与某些领导人的思想、作风有关，但组织制度、工作制度方面的问题更重要。这些方面的制度好可以使坏人无法任意横行，这些方面的制度不好可以使好人无法做好事，甚至会走向反面。"③

4. 主体因素

作为行政伦理主体的公务员时常发生角色冲突。就是公务员角色的认知中出现了"公共人"和"经济人"的角色冲突④。公务员一方面作为个人，有追求自身利益最大化的要求，同时，又拥有社会公共权力，容易造成角色冲突，利用手中的权力谋取私利，实现自身利益的最大化⑤，致使公务员角

---

① ［法］孟德斯鸠：《论法的精神》上册，商务印书馆1961年版，第154页。
② 同上。
③ 《邓小平文选》第二卷，人民出版社1994年版，第333页。
④ 《最高人民检察院工作报告》，2007年版。
⑤ 祝丽生：《困境与路径选择——论我国公务员行政伦理建设》，《理论探讨》2006年第5期。

色扮演出现障碍。

5. 文化因素

中国的现代化是"晚发外生型"的，因而面临着文化观念的严重滞后问题。在中国长达两千余年的封建统治中，形成了一套很是"系统完备"的官场文化。在长期的计划经济体制下，形成的奉献型公仆式的行政伦理模式与社会主义市场经济条件下的现代行政伦理模式格格不入。社会成员普遍缺乏与现代化过程相适应的文化价值观念和与现代职业化过程相适应的职业伦理精神和情操，一言以蔽之，就是现代行政伦理文化严重缺失。

二　公务员道德建设的传统视角及其局限

公务员道德建设的传统视角是道德人、经济人和公共人。"道德人"的视角充满了道德理想主义色彩，脱离了社会经济基础，在这种思想指导下进行公务员道德建设容易导致道德抽象化和空洞化，进行制度建设则容易导致"人治"的泛滥。"经济人"的视角也有自身的局限。一方面，虽然可以解释政府工作人员中普遍存在的腐败问题，因为公共行政以公共利益最大化为目的，但并不意味着每个行政人员都追求公共利益最大化，实际上存在着大量的行政人员追求个人利益，以本身的个人利益最大化为目标，因而产生腐败现象，但是，也为行政人员的腐败找到了"正当性"的理由，从而得出腐败不可避免论，为道德建设无用论找到理论借口；另一方面，以"经济人"的视角来进行制度建设会使这种制度缺乏伦理基础。与"经济人"的视角相比，"公共人"的视角更接近真理的认识，但"公共人"视角的思维模式与"经济人"视角的思维模式是相似的，"经济人"视角只见个人利益不见公共利益，"公共人"视角只见公共利益不见个人利益，两者都是片面的；而且确立行政人员"公共人"视角未必就能实现行政人员的道德自觉，如果能的话，确立行政人员"公仆"的视角不是更好吗？更为明显的是"公共人"的视角割裂了公务员与其他社会关系的联系，强调的是社会本位，而道德建设的出发点和目的是个人本位，因此，很难体现出道德建设中个人的自主性和道德行为选择自由，而这又恰恰是道德建设能否成功的关键所在；另外，如果行政人员都是把公共利益放在第一位的"公共人"的话，好像制度建设又成多余。

总之，"公务员道德建设的传统视角，无论是'道德人'、'经济人'，还是'公共人'，都只看到了人性一面，即'单面人'；从'单面人'的视角来构建公务员道德建设的框架是达不到道德建设的目的的，因此，必须寻找公务员道德建设的新视角"①。

三 公务员道德建设的新视角——全面人

社会发展规律表明，道德建设不能割断历史，因为"一切以往的道德论归根到底都是当时的社会经济状况的产物"②。因此，在寻找公务员道德建设新视角的过程中应该从传统视角中汲取其合理内核，使新视角体现出对传统视角的继承和扬弃。

社会发展规律表明，道德建设不能脱离经济发展，因为"人们自觉地或不自觉地，归根到底总是从他们阶级地位所依据的实际关系中——从他们进行生产和交换的经济关系中，获得自己的伦理观念"③。经济关系是道德的根源，因此，要在市场经济的基础上来寻找公务员道德建设的新视角。因为市场经济规则本身有一定的合道德性，它内在地包含一种伦理目的，具有一定的伦理道德倾向。《公民道德建设实施纲要》提出了"坚持社会主义道德建设与社会主义市场经济相适应"的原则，拓展和深化了公民道德建设的外延和内涵，为寻找公务员道德建设的新视角提供了方向性的指导。

道德建设本身发展规律表明，虽然伦理原则和道德标准是在一定的社会经济结构的基础上产生的，是服务于一定的社会经济结构的，但不能把社会经济结构对于伦理原则和道德观念的决定作用作机械地理解。道德本身具有相对的独立性。人的道德观念、伦理价值观等既受社会经济结构、社会经济发展的影响，又受民族文化传统、宗教、哲学等方面的影响。因此，个人的伦理价值观、道德观念并不是社会中孤立的存在物的反映，它既不是单纯的"道德人"或"政治人"，也不是单纯的"经济人"、"公共人"，而是一个"全面人"，因为"人的本质并不是单个人所固有的抽象物。在其现实性上是一切社会关系的总和"④。道德建设的目的与市场经济在本质上是一致的，都是实现个人的全面而自由的发展。这也是公务员道德建设的目的。因此，

---

① 陈华平：《公务员道德建设的传统视角及其局限》，《江西行政学院学报》2005年第2期。

② 《马克思恩格斯选集》第3卷，人民出版社1995年版。

③ 同上。

④ 《马克思恩格斯选集》第1卷，人民出版社1995年版。

寻找公务员道德建设的新视角，必须从道德建设的目的出发，通过对传统视角的"扬弃"，实现与市场经济相适应的伦理价值、道德观念的统一。

因此，基于人性假设，本文认为公务员道德建设的新视角是：与社会主义市场经济条件下的伦理价值相适应的"全面人"。

四　透视新视角：全面人

公务员道德建设的新视角——"全面人"只不过是市场经济中人的高度抽象。因此，要真正完全认识"全面人"还必须还原到现实生活中去，立足于社会主义市场经济条件下人们的伦理价值观来透视新视角。

市场经济通过市场来达到社会资源的最优配置和社会生产力的巨大发展，为新伦理价值的产生奠定了雄厚的物质基础。这种新伦理价值通过市场经济的运行进一步发展和成熟，从而成为影响和塑造人们行为方式的"人文力"——伦理价值体系具有的内在力量。这种新的伦理价值体系具体表现在：利益——价值本位、个人——价值归宿、效率——价值核心、守法——价值底线。

（一）利益——价值本位，倡导理性功利主义

价值本位，也可称为"本位价值"，"本位价值就是一种价值基准，可以作为衡量和比较其他价值的标准"[①]。如同黄金在国际货币领域中的地位一样，虽然各国的货币各不相同，但是都可以通过与黄金的比价进行兑换。本位价值发挥着黄金一样的作用，使本来不可比较的价值有了可比性，给价值评价和价值选择提供了一个操作简单的尺度。

一个社会中受人普遍关注并且作为最终追求目标的价值就是本位价值。在市场经济社会里，利益无疑就是本位价值——受到人普遍关注并且是作为最终追求目标的价值。市场经济社会中的人不仅是逐利的主体，而且是想方设法追求自身利益最大化的主体，是"经济人"，是为了自己利益而打算的人。

西方市场经济理论就是根据"经济人"的预设而演绎出来的。西方经济学是从经济行为人自利性前提出发，又引申出理性、最大化等假定前提。

---

①　兰久富：《社会转型时期的价值观念》，北京师范大学出版社 1999 年版。

"经济人"成为经济学理论的逻辑起点和分析工具，具有如下特征：一是自利，亦即追求自身利益是"经济人"经济行为的根本动机。二是理性，即这种人具备关于其所处环境各有关方面的知识，而且这些知识即使不是绝对完备的，至少也相当丰富、相当透彻。此外，"经济人"还被设想为具备一个很有条理的、稳定的偏好体系，并拥有很强的计算技能，他靠这类计算技能就能算出在他的备选行动方案中，哪个方案可以达到其偏好尺度上的最高点。

在西方资本主义的发展过程中，"经济人"自利的行为被赋予了伦理的意义。马克斯·韦伯在《新教伦理与资本主义精神》一书中认为理性主义——近代西方文化的独有的精神气质或者内核导致资本主义的产生和发展。"理性主义"是新教伦理的核心，表现在三个方面："天职"的观念、"蒙恩"的观念和"节俭"的观念。韦伯认为，资本主义以获利为目的的观念，正是个人对天职负责的表现，是资本主义经济伦理中最具有代表性的东西。"一个人对天职负有责任——乃是资产阶级文化的社会伦理最具有代表性的东西，而且在某种意义上说，它是资产阶级文化的根本基础。"[1] 他认为"资本主义精神和前资本主义精神之间的区别不在赚钱欲望的发展程度上"[2]，而在于"一种要求伦理认可的确定生活准则"[3]。由此形成现代资本主义的经济理性主义，这种理性主义外化为资本主义的经济行为。可见，韦伯的经济伦理思想的实质是理性精神，其核心是一种理性的功利主义。

这种理性功利主义对社会主义市场经济的道德建设具有重要意义。社会主义市场经济确认了个人利益的合理性，利益无疑是社会多元价值中居于本位的价值，在价值体系中处于优势地位。价值规律是市场经济的首要原则，利益是人们行为的动机和目标，利益的实现通过市场交换才能达到。因此，理性的道德就是承认人们正当的利益及其追求利益的行为。我国传统文化中缺少理性精神，加上儒家文化重义轻利的伦理价值观，束缚了人们对物质利益的追求，形成了"何必言利"的价值观，并通过"君子喻于义，小人喻于利"的理想人格进一步强化了"义—善、利—恶"的价值模式。这种价值观不以利益为价值尺度，不仅缺乏理性根据，而且不具有社会合理性。计

---

① 韦伯：《新教伦理与资本主义精神》，三联出版社1987年版。
② 同上。
③ 同上。

划经济条件下所倡导的社会主义道德排斥个人的物质利益，合理的利益需求都被当做自私自利而遭到贬斥，导致社会主义道德在实际上变成了一种道德乌托邦。改革开放以来，市场经济打破了禁欲主义伦理观，它承认个人追求正当物质利益的合理性，承认个人既是道德的主体又是利益的主体，邓小平提出了"让一部分人先富起来、一部分地区先富起来"的理性的经济伦理思想，指出："勤劳致富是正当的"，"各项工作都要有助于建设有中国特色的社会主义；都要以是否有助于人民的富裕幸福，是否有助于国家的兴旺发达，作为做得对与不对的标准"①。社会主义现代化建设以"经济建设为中心"，以实现"富强、民主、文明"的社会主义国家为目标，因此，利益成为本位价值具有社会合理性。公务员合理、合法的求利行为不仅要提倡，而且还要鼓励，因此，倡导理性功利主义价值观是符合当前国情和时代任务的。

（二）个人——价值归宿，提倡个体主义

价值，"它存在于人与外在事物所构成的价值关系或意义关系中"②。在价值关系或意义关系中，被人理解为有价值的外在事物是价值的客体，其中最重要的价值客体是本位价值，市场经济中，利益无疑是最重要的价值客体，因而是本位价值。但什么是价值主体呢？个人——具有生命的个体——不是抽象的人，是价值的主体，是价值的最后归宿。

在人类社会中，个人，或者说个体，是任何社会关系的主体，当然也是价值的主体。马克思认为，历史的主体不是抽象理解的人，不是类，而是从事现实的历史活动的个人。这是历史的出发点和前提，而人类历史活动的价值目标也是个人，是有个性的个人。"任何人类历史的第一个前提是有生命的个人的存在。"③ 价值主体说明个人行为的出发点是个人，是从自我出发，从自我出发具有价值的正当性。价值归宿也就是价值目标，价值的最后归宿也就是价值的最后目标，价值的最后目标是"才能和个性得到全面发展的个人"。确立这样的价值归宿——才能和个性的全面发展的个人，具有社会的合理性。从个人出发，最后又回归个人，不是简单的重复，而是从必然到自

---

① 《邓小平文选》第 3 卷，人民出版社 1993 年版。
② 兰久富：《社会转型时期的价值观念》，北京师范大学出版社 1999 年版。
③ 《马克思恩格斯全集》第 3 卷，人民出版社 1960 年版。

由的过程，也是一个价值过程。要真正实现价值归宿，就必须经过这么一个过程，而在这个过程中，必须提倡个体主义。

　　然而，什么是个体主义呢？"个体主义强调，个人是社会历史活动的决策主体、行为主体和责任主体，强调个人必须对自己的生存和发展承担责任。"① 它的内容是：认为个人是社会历史的主体，个人是有主体意识的人；个体主义有时表现为利己主义或个人主义，但这不是个体主义的错，而是扭曲的社会关系的反映；个体主义与真正的集体主义是异曲同工、殊途同归。

　　个体主义认为个人是历史活动的主体，个人是有主体意识的人。马克思在任何时候都反对把历史活动的主体理解为一种抽象的集合体——类或者是毫无个性的抽象的、大写的"人"。针对费尔巴哈把人理解为"类"的集合，马克思说他从来没有看到真实存在着的、活动的人，而停留在抽象的"人"上，并且仅仅限于在感情的范围内承认，"现实的、单独的人"。针对青年黑格尔派分子施蒂纳认为单个的人不是人，只有思想、理想是人——类——人类，马克思说他把人的本质理解为理想、思想，凡是不符合人的概念、理想、本质的就不是人，现实的人不是人的观点是谬论。因此，马克思认为历史活动的主体是个人而不是抽象的人，"这是一些现实的个人，是他们的活动和他们的物质生活条件，包括他们得到的现成的和由他们的活动所创造出来的物质生活条件"②。从实际活动的个人出发、从他们的生活条件出发来考察人的历史活动，凸显个人的主体意识，是理解人格的前提，试想一个连主体意识都缺乏的人怎么可能会有人格呢！提倡个体主义就是尊重人格，只有在个人的人格受到尊重的社会，个人的创造潜能才能得到充分的发挥，社会才能进步。在我国历史上，长期用抽象的集体、人和社会以及所谓的"类"来否定个人，忽视了作为历史活动的主体——个人，导致人性受到极大的压抑，人格不能张扬，个人的创造性萎缩，整个社会长期陷入停顿状态甚至倒退；反之，西方社会倡导个体主义，把拥有理性自由的个人作为价值的归宿，产生自由、民主和平等的观念，人的创造潜能得到极大发掘，整个社会飞速发展的势头不减，不能不引起我们深思！

　　个体主义从自我出发，既是行为主体又是责任主体。个体主义认为个人是行为的出发点，但从个人出发并不能看做利己主义，从个人出发也不等于

---

① 王晓升：《价值的冲突》，人民出版社 2003 年版。
② 《马克思恩格斯全集》第 3 卷，人民出版社 1960 年版。

个人主义，尽管个体主义有时表现为利己主义或个人主义。利己主义或个人主义也从个人出发，也是行为主体，但当承担责任对利己主义者或个人主义者不利时，利己主义者或个人主义者都会放弃责任，即不是责任主体，这就是利己主义或个人主义不是个体主义的一个原因。从个人出发并不会自发地导致利己主义或个人主义，它与个人的人生观无关。马克思认为，个人总是从自己出发来进行历史活动的，"对于各个个人来说，出发点总是他们自己，当然是在一定历史条件和关系中的个人，而不是思想家们所理解的'纯粹的个人'"①。"在任何情况下，个人总是'从自己出发的'。"②"他们是如他们曾是的样子而'从自己'出发的，至于他们曾有什么样的'人生观'则是无所谓的。"③个体主义体现了马克思的历史主体观，从自己出发就是要把自己作为历史活动的主体力量并据此理解自己行为的责任，责任的大小决定着个人的地位和价值。"个人如何活动的，他的地位和价值就是如何。"④具有自觉的历史主体意识的人，他的行为在任何情况下都是从自己出发的，他不仅会对自己的生存和发展负责，而且要对历史负责，因此个人对自己的行为有不可推卸的历史责任。个体主义在资本主义社会经常表现为利己主义或个人主义。马克思认为这是资本主义社会私有制的生产关系，造成公共利益与私人利益、政治国家与市民社会的分离，使个体主义成为一种利己主义的行为或表现为极端的个人主义。马克思说："在私有权的范围内，社会的权力越来越大，越多样化，人就变得越利己。"⑤显然，利己主义是一定社会历史条件下的产物，而不是从个人出发所产生的必然结果。马克思认为，当资产阶级按照自己的阶级利益建立了国家政权之后，立即把它粉饰为全民的政权，把资产阶级自私自利的本性当做人的普遍本性，这样"在政治国家真正发达的地方，人不仅在思想中，在意识中，而且在现实中，在生活中，都过着双重的生活——天国的生活和尘世的生活。前一种生活是政治共同体中的生活，在这个共同体中，人把自己看作社会存在物；后一种生活是市民社会中的生活，在这个社会中，人作为私人进行活动，把别人看作是工具，把自

---

①　《马克思恩格斯全集》第 3 卷，人民出版社 1960 年版。
②　同上。
③　同上。
④　王晓升：《价值的冲突》，人民出版社 2003 年版。
⑤　马克思：《1844 年的经济哲学手稿》，人民出版社 1985 年版。

己也降为工具，成为外力随意摆布的玩物"①。在这样的情况下，利己主义被极端地张扬开来。政治国家、公共利益越来越变成天国中的存在、虚幻的存在物，"政治人只是抽象的、人为的人、寓言的人、法人。只有利己主义的个人才是现实的人"②，"才是本来的人，真正的人"③。这样，人发生了自我分裂和自我矛盾，这种自我分裂和自我矛盾，使人把公共利益、社会利益推给国家，使之成为与自己无关的虚幻存在，而把自私自利、追求自身利益的最大化作为自己现实生活中的唯一内容。人成为游离社会之外的孤立的人，利己主义的人，唯有国家才是道德人、普遍的人。因此，利己主义不过是特定历史条件下的自我分裂和自我矛盾的产物。利己主义不是由社会历史主体即个人这个事实造成的，也不是由人的活动都是从自己出发这个事实造成的。个体主义有时表现为利己主义或个人主义这不是个体主义的错，而是由特定的社会关系、有时是扭曲的社会关系的反映。目前社会上出现的利己主义行为或个人主义现象是社会分配关系不公的反映，与崇尚个性和人格、具有主动和创新精神的个体主义无关。个体主义永远是我国的"稀缺资源"，只要个人的活动不损害他人和社会，不仅不应抑制、削弱，反而应该大力提倡个人的主动意识和进取精神，只有个人主体精神得到发挥才能真正有利于社会的发展和进步。

个体主义的最终目标是实现个人的才能和个性的全面发展。它与真正的集体主义是异曲同工，殊途同归，因为真正的集体主义的最终目标也是实现个人的才能和个性的全面发展。什么是真正的集体主义呢？马克思认为真正的集体是自由人、有个性的人的联合体。"在这个集体中个人是作为个人参加的。它是个人的这样的一种联合，这种联合把个人的自由发展和运动的条件置于他们的控制之下。"④ 因此，真正的集体主义是集体与个人的统一，是手段与目的的统一，集体是个人获得自由的手段，而个人自由才是目标。"只有在集体中，个人才能获得全面发展其才能的手段，也就是说，只有在集体中才可能有个人自由。"⑤ 什么时候个人才能获得自由呢？只有个人的才能和个性得到全面发展的时候，个人才是完全自由的。而抽象或虚幻的集体

---

① 《马克思恩格斯全集》第 1 卷，人民出版社 1960 年版。
② 同上。
③ 同上。
④ 《马克思恩格斯全集》第 3 卷，人民出版社 1960 年版。
⑤ 同上。

主义恰恰相反，它不仅不以个人的个性和能力的全面发展为前提，反而把集体与个人对立起来，把联合为集体本身看做目标，并为实现这个目标而以个人为手段，牺牲个人的自由。其方法是用这种抽象或虚幻的集体来"到处否定人的个性"①，使个人成为集体的奴仆。否定个人的个性就是否定个人的历史活动主体地位，把个人当做集体的附庸，压制个人，阻碍了个人的主动性的发挥，最终导致社会的全面倒退。我国历史上长期用集体来否定个人、用社会本位否定个人本位不仅给社会发展带来巨大的负面影响，而且使集体成为少数人玩弄权术，极大地满足个人利益，剥夺他人自由的工具。当前，要警惕一些人出于不可告人的目的，把真正的集体与抽象（虚幻）的集体混淆起来，以真正的集体意义上的集体主义为幌子，行抽象（虚幻）的集体意义上的集体主义之实。

　　社会主义市场经济呼唤个体主义，个体主义能否光大是市场经济体制建成的关键。改革开放以来的实践证明，凡是个体主义精神得到张扬的时候，改革就取得成功，社会就取得进步。农村实行家庭联产承包责任制后，农民的利益有了保障，农民的主动性充分发扬，劳动热情高涨，农村经济出现了飞速的发展，为国家进行城市经济体制改革奠定了基础；个体私有经济从无到有、从小到大、从弱到强，并最终在我国社会经济中占有一席之地不也是个人的主动性和创新精神得到肯定和极大展现的结果吗？看一看波澜壮阔的社会改革和进步，有谁还会怀疑个体主义对人的精神解放和社会进步发挥的重要作用呢。因此，社会主义市场经济条件下的公务员道德建设必须以个人为价值目标，吸收市场经济对人的主动性、创造性和进取精神肯定的内涵，充分发挥个体主义并与真正的集体主义相结合，实现个人的才能和个性的全面发展。

（三）效率——价值核心，主张效率优先

　　效率问题首先是一个价值问题②。个人是市场经济行为的出发点，个人的利益要在市场经济中得到实现必须通过竞争，因此，个人必须有效率观念；社会的发展和进步一定要以效率的提高为前提，一个没有效率的社会很难取得发展，更不用说是进步了。因此，"效率"的观念应成为价值的核心。

①　马克思：《1844 年经济学哲学手稿》，人民出版社 1985 年版。
②　张康之：《寻找公共行政的伦理视角》，中国人民大学出版社 2002 年版。

　　然而，一提到"效率"，人们常常理解为"经济效率"，认为只有经济效率才是衡量人的发展和社会发展的标准；固然，"历史的发展包含了经济效率的提高．但是经济效率的提高并不必然导致历史的进步，历史的进步还意味着，人的活动的效率的提高促进了人的价值的实现和人的自由而全面的发展"①。因此，效率还应包括政治效率、制度效率、行政效率和人的活动效率，等等。经济效率只是效率的狭义理解。

　　与对效率的狭义理解（效率就是经济效率）相联系，人们又往往把效率与公平对立起来，认为效率导致不公，公平影响效率，在效率与公平之间陷入了"鱼和熊掌不可得兼"的困境。实际上，把公平与效率对立起来的人，认为效率是经济概念，而公平是政治法律概念，也就是说，只有政治和法律才能确保公平。试问经济效率没有政治法律的确保能实现吗？那么能否据此就认为"经济"是政治法律概念呢？因此，公平是一种政治效率、制度效率或行政效率．也可称为"公平效率"。

　　效率内在地包含了公平。只有包含了公平的效率才能体现生产力的发展与人的全面发展的统一，体现经济上的效益与道德上的善的统一。这样，人的价值的实现和效率的提高所实现的进步不仅包含了人格的完善，而且还包含了人的社会特性和个性的全面发展。因此，应该主张效率优先。

　　把公平剥离于效率之外，不仅不符合认识论，而且在实践中也蕴涵着危机。马克思主义的认识论认为，人在对客观世界的改造即对自然界和人类社会的改造的同时，也在改造自身，其中包括对自然界的改造形成对社会发展的认识，对人类社会的改造形成对社会进步的认识，社会发展和社会进步的目的是一致的，即个人的全面和自由的发展。把公平剥离于效率之外，割裂了人基于统一实践上的认识过程，进而割裂了实践进程，形成社会发展（表现为经济效率）和社会进步（表现为公平效率）的认识对立，因此，在实践中蕴涵着危机。基于在效率的分裂认识上的实践，几乎把经济效率当成效率的全部，而把公平降为一般的原则，因而陷入了要么要经济效率而牺牲公平，要么要公平而牺牲经济效率的两难境地。我国社会在实践中长期陷入的困境就是如此。而且对公平原则的理解实际上是绝对平均主义原则，这种体制极大地束缚了个人的主动精神，涣散了人们的劳动热情，个人和社会都失去了创新的冲动和动力，社会陷入了停滞状态甚至倒退。毛泽东的秘书田家

---

① 　王晓升：《价值的冲突》，人民出版社 2003 年版。

英在分析毛泽东的心理时说，"毛泽东也看到了贯彻按劳分配原则对提高效率的作用，但一旦会因此而影响公平原则时，他便宁肯坚持公平而放弃效率"①。其实毛泽东是很重视"效率"的，他曾说过"一万年太久，只争朝夕"，可惜没有得到实施。邓小平同志掌握了毛泽东思想的精髓，他充分肯定的"时间就是金钱，效率就是生命"的观念其实就是"经济效率"的观念，这种观念对改革开放的推动作用是巨大的，但它的负面作用也是显而易见的，邓小平同志也看到这个缺陷，所以，他后来又提出了"先富"和"后富"、最后实现"共同富裕"的理论，这就是一个"公平效率"的问题，可以看出邓小平同志在从制度上思考效率的问题，"这种制度问题，关系到党和国家是否改变颜色，必须引起全党的高度重视"②。

效率作为价值的核心，是经济效率与公平效率的内在统一，体现了生产力标准与价值标准的内在统一。如果把效率比作一枚硬币，那么经济效率与公平效率就是硬币的两个面，缺一不可。强调经济效率否定公平效率是极端功利主义的价值观，强调公平效率否定经济效率是绝对平均主义价值观。极端功利主义价值观的实质只关心经济效率最大化，而忽视社会生活中其他应该关注的价值，如政治、制度和伦理上的价值。绝对平均主义价值观是一种粗陋的共产主义，"它想用强制的方法把才能等等舍弃"，是"对整个文化和文明的世界的抽象否定，向贫穷的、没有需要的人……的非自然的简单状态的倒退"③。这两种价值观都割裂了生产力标准与价值标准的内在统一，都会对社会的发展与进步产生负面作用，不能真正实现个人的全面和自由的发展。只有作为社会伦理价值核心的效率，才建立起经济效率与公平效率的统一，建立起生产力标准与价值标准的统一，从而真正实现个人的全面和自由的发展。事实上，一切历史进步都首先是在公平效率与经济效率的统一中实现的，历史文明的发展在总体上是公平效率与经济效率的协调发展。

市场经济从社会主义发展的"手段论"到"目的论"，就表明我国社会在实践中是奉行"效率优先"的伦理价值，因为效率是市场经济的灵魂，成熟的市场经济没有效率是建不起来的。建立在效率价值基础上的社会主义制度能很快地提高生产力，从而极大地满足人民群众日益增长的物质文化生活

①　李连科：《价值哲学引论》，商务印书馆 1999 年版。
②　《邓小平文选》第 2 卷，人民出版社 1994 年版
③　马克思：《1844 年经济学哲学手稿》，人民出版社 1985 年版。

需要，即提高经济效率发展生产力是以人为目的；同时，以效率为价值核心，个人的活动就必须统一到个人对社会发展与进步的实际贡献上来，即个人的创造性价值上来，个人的活动效率越高，个人的价值也就越大；以效率为价值核心，就把道德建设的主体和目标统一了起来，这样，就把个人的价值追求与社会的发展与进步统一了起来，个人对价值的执著追求，也就是对社会发展与进步的追求，也就越能促进社会的发展与进步。反过来，日益发展和进步的社会也最终有利于个人的全面和自由的发展。

（四）守法——价值底线，实践以德治国

法律规范和道德规范是维持社会秩序的两种重要规范，对一个国家的治理来说，法治与德治，从来都是相辅相成、相互促进的。市场经济是法制经济，也是伦理经济，因为维持市场经济的正常运行不仅要依靠法律规范的调节，同时也需要道德规范的调节。针对道德调节，厉以宁教授将这种调节机制界定为除"法的调节和政府调节"之外的第三种调节——"习惯或道义调节"。这种调节机制实际上就是伦理调节，因为习惯是以道德为支撑的，即"习惯来自群体的认同，群体认同的基础是道义，而道义却又支持着习惯的存在与延续"①。在发展市场经济，建设法治社会进程中，必须实现法与道德在价值层面上的高度统一，因为法的内在价值主要是由伦理、道德来提供的，伦理秩序是基础，法律秩序是主导。因此，法律是道德的底线，合法是合乎道德的底线。

正因为如此，在市场经济条件下，仅有法制的规范和约束是远远不够的。因为法所适用的范围要比道德窄得多，在复杂的社会生活和经济生活中，政策法律规范作为一种刚性约束不可能在每一点滴处都能发生作用，特别是在微观经济领域，政策法律的约束便显得鞭长莫及，这就需要道德规范这一内在的软约束来发挥作用，此所谓"法律之所遗"、"道德之所补"。再者，法律规范都是由人制定的，也需要人去执行，而人的道德观、价值观又影响人对法律的理解、制定和执行。因此，"发展市场经济的过程中，要坚持不懈地加强社会主义法制建设，依法治国，同时也要坚持不懈地加强社会主义道德建设，以德治国"。"要把法制建设与道德建设紧密结合起来，把依

---

① 《厉以宁90年代文选》，北京大学出版社1998年版。

法治国与以德治国紧密结合起来。"①

在法治社会里，一个公民守法的观念就是最低的伦理价值观念。公务员要实践以德治国，首先就必须依法行政，因为法律是道德的底线，公务员只有和社会大多数人一样认同和接受这种道德要求，才能实现依法行政；同时，实现依法行政与以德行政的紧密结合，因为推行法治虽然可以保证这种基本的道德要求得以实现，但法律不能过度地侵入道德的领地，公务员自身的道德修养、价值观念影响着公务员的行政管理行为，因此，公务员必须首先实现以德行政，才能实现以德治国。

综上所述，公务员道德建设的新视角——全面人：是在现实生活中追求自身合理利益的人、具有自由自主人格意识的人、具有竞争意识更具效率价值的人、知法守法躬行以德治国的人。

五　我国公务员行政伦理建设路径思考

为了我国公务员制度更加完善，为了和谐社会美好理想得以实现。务必要开拓思路、锐意进取、消除障碍、直面现实，力争把我国公务员行政伦理建设好发展好，这是当下的需要，也是我们建设社会主义强国的有力保障。

（一）加强行政伦理教育

随着知识的生长、拓展和社会背景的不断变迁，对公务员进行行政伦理教育显得十分必要，使其在不断变化的环境中始终扮演好"公共人"的角色。因此，既要提倡"他率"又要加强"自律"，使其认识到行政伦理道德是为政之本，并和现阶段的历史任务及本职的行政工作实践结合起来，形成系统的教育培训体系。行政伦理教育的内容应体现时代精神。同时，还要汲取古今中外一切优秀的文化成果，既体现出民族性、时代性，又要体现出世界性。具体可以从以下几个方面入手。

一是要树立正确的行政价值观。牢固树立马克思主义的世界观、人生观、价值观和正确的权力观、地位观、利益观，常修为政之德，常思贪欲之害，常怀律己之心，增强权为民所用、情为民所系、利为民所谋的自觉性，切实做到为民、务实、清廉。因为这是树立公务员道德的基础和根基，同时

---

① 毛泽东、邓小平、江泽民：《论社会主义道德建设》，学习出版社 2001 年版。

也是现代公务员行政伦理教育的重要内容。

二是要用党的十七大报告明确提出的"中国特色社会主义理论体系"武装头脑，切实提高公务员的政治素质和理论涵养。

三是强化公务员的道德自律意识。就是要求公务员在工作和生活中，包括在一些小事细节上，都能做到自重、自省、自警、自励，管住自己的嘴、管住自己的手、管住自己的腿，坚决抵御各种落后思想和腐朽文化的侵蚀，提高自控能力，过好名利关、金钱关、美色关。将外在的强制转化为内在的自觉，促成良好的职业道德习惯，并在实际工作中加以实践。

四是培育公务员的公正、公平理念。和谐社会是个公正、公平的社会，公正、公平也是构建和谐社会的基石，作为构建和谐社会的重要力量，公务员更是要树立公正、公平的理念①。

五是要科学合理地制定公务员行政伦理教育培训计划，不断完善和丰富教育方法和内容，进而形成完善公务员行政伦理教育体系。

（二）建立新型行政伦理决策机制

面临伦理冲突困境时如何正确地进行行政行为选择，可参考库珀提出的决策模式，即认识伦理问题——界分可供选择的方法——设想可能的后果——比较后果的"损益值"——作出伦理决策。这种决策方式可以通过分析、讨论和模拟等方式来帮助公务人员解决无法依据法律法规处理的行政选择上的伦理难题。同时这种决策方式可以提高公职人员的道德情感、公正意识、社会合理性信念的认知和修养，养成正确的伦理取舍习惯。

（三）加快行政体制改革，完善相关机制

实践充分证明，行政伦理失范现象总是和政府职能过多、范围太宽、权力过大有千丝万缕的联系。政府管得多、宽、大，就会使行政官员滥用权力成为可能。因此，必须进一步转化政府职能，深化行政体制改革。

一是要转变政府职能，理顺政府与市场的关系，加强政府的宏观调控力度，实现服务型政府的建构，充分彰显现代政府的服务至上理念。

二是确立正确的政府管理观念。将其由原来的既是"掌舵者"又是"划桨者"的角色转变为"掌舵者"，进一步规范其行为，进而建设有限政

---

① 祝丽生：《困境与路径选择——论我国公务员行政伦理建设》，《理论探讨》2006 年第 5 期。

府，这样一来很大程度上会为防止公务员行政伦理的缺失提供制度保障。

三是完善公务员任免机制。严格按照《公务员法》和相关法律条款办事，在源头上把好关，使德才兼备的人才进入公务员队伍，同时还应形成和谐的人才流转机制，更大程度上来保证公务员队伍的素质建设。《资治通鉴》中有这样的记载，将人分为四种，即"圣人"、"愚人"、"君子"、"小人"；德才兼备是"圣人"，德才兼亡是"愚人"，德胜于才是"君子"，才胜于德是"小人"；认为只有"圣人"和"君子"可用，可成为国家的管理者。

四是建立公务员行政伦理道德考核制度。在公务员录用、考核、提薪、晋升时充分考虑其信用道德状况，建立一套完整可行的考察办法来付诸实践而不是走走形式。

五是强化公务员的行政伦理责任。公务员要建立起高度的责任心，要尽心尽职，既要对自己的行为负责，而且还要对执行上级的非道德命令负责。这在《公务员法》中已涉及[①]。

六是确立公务员利益保障体制。客观认识行政主体的利益需求。充分保障其合法权益和利益所得。建立和完善公务员生活保障制度，适时适当提高公务员工资、福利待遇，建立起道德建设的效益机制，包括道德褒抑机制、利益保障机制、道德评价机制、道德奖惩机制，为公务员尽职尽责提供物质保障和精神动力。

（四）加强行政伦理立法

行政伦理立法，就是把伦理行为上升为法律行为，使伦理具有与上层建筑的政治、法律同等地位的监督、执法权力的法律效力和作用。道德良心作为软件必须通过政治法律等硬件系统的功能才能很好地发挥其作用。在现代国家中，越来越多的伦理规范被纳入社会的法律规则体系之中。越是文明发达、法制完善健全的国家，法律几乎已成了一部伦理规则的汇编[②]。加强伦理立法，通过法律的强制力来维护道德的纯洁性，已经成为现代国家共同的发展趋势。美国、意大利、日本、新加坡、韩国等国家都对公务员的行为进行了法律方面的规定。诸如美国的伦理立法主要有：《政府工作人员道德准则》（1958）、《政府官员和雇员伦理行为准则》（1965）、《美国政府行为道

---

① 刘白露：《行政伦理建设刍议》，《内蒙古社会科学》（汉文版）2001 年第 6 期。

② 《最高人民检察院工作报告》，2007 年。

德法》（1978）、《美国政府行为道德改革法案》（1989）、《美国行政官员伦理指导标准》（1992），几乎所有的州政府均制定了道德规范，大多数政府部门也为本部门人员制定了道德准则。我国也非常重视行政道德建设，制定了一系列法律法规，诸如《公民道德实施纲要》、《行政机关公务员处分条例》、《公务员法》、《行政监察法》等，还提出一系列政策方针，如以德治国；立党为公，执政为民；牢记两个务必；社会主义荣辱观；在公务员行政伦理道德建设方面取得很大成绩，但这与我们的现实需要和目标还有一定的差距，还应加快立法，完善立法，尽快制定《国家公务员道德法》、《国家政务活动公开法》、《国家公务员财产申报登记法》等法律，为打造现代法治政府提供法律保障。

（五） 建立行政伦理专门的管理机构

在美国，众议院内设置有"众议院行为规范委员会"、众议院的常设机构"道德委员会"、政府伦理办公室除联邦政府外，在美国的许多州和市的议会和政府也设有伦理办公室或伦理委员会。他们的实践为我们提供了经验，同时也带来了思考，要建设好公务员行政伦理，成立专门的行政伦理管理机构是必不可少的一个重要环节。在我国的治国实践中，有各级"纪律检查委员会"和"监察机关"，因其地位等多方因素，所发挥的作用有限，我们建议将其纳入中央国家机关垂直管理，还应在人大设立"伦理委员会"。在实践中，我们要进一步完善和探索有效的科学的公务员行政伦理管理体系和管理机构。

（六） 公务员行政伦理的社会监督机制

道德作为一种社会控制手段，必须有强制力的威慑和有力的社会监督。所以公务员行政伦理建设不仅要强化内在体制机制建设，还要发挥社会监督力量，诸如自愿接受社会团体、非政府组织（NGO）、非营利性组织（NPO）、人民群众、新闻媒体的批评和监督，增强行政组织决策的科学化、制度化和民主化，提高行政行为的透明度和公开度①。

一是要完善群众举报机制。任何单位和个人都有权向纪检监察机关检举行政人员的违纪违法行为，如举报情况属实，应给予举报人相应的物质或精

---

① 祝丽生：《困境与路径选择——论我国公务员行政伦理建设》，《理论探讨》2006 年第 5 期。

神奖励。

二是注重各级信访机关的建设，提高其级别，为更好地协调解决上访提供机制保障。

三是不断完善政务公开制度。政务公开是群众监督的前提，要加快电子行政建设步伐，政府应通过新闻媒体、政府简报、网络专门的信息服务机构等方式向社会发布工作信息。进一步完善听证制度，使群众有机会参与到政府的管理中来①。

公务员行政伦理建设是一项长期而艰巨的工程。"凉水泡茶慢慢浓"，相信在一系列措施的实施下，我们的努力最终会实现，进而为和谐社会的构建和中华民族的伟大复兴作出应有的贡献，对此我们充满了期待。

---

① ［法］孟德斯鸠：《论法的精神》（上册），商务印书馆 1961 年版，第 154 页。

第十三章 结 语

　　提高行政效率，不能忽视行政伦理这一重要因素，必须将行政伦理建设作为提高行政效率的重要途径之一。当然，加强行政伦理建设并不是提高行政效率的唯一途径，但如果没有充分的行政伦理建设，在其他方面想的办法再多，在其他途径上做得再好，也不能彻底解决有关行政效率的所有问题。提高行政效率也不是加强行政伦理建设的唯一目的，但至少是其重要目的之一。如果行政伦理建设达到了其所设定的其他目的，而偏偏未能明显地促进行政效率的提高，那么，这样的行政伦理建设的意义和价值就将大打折扣，因为行政效率在行政学或行政管理学中的重要地位是毋庸置疑的。而为了以行政伦理建设促进行政效率的提高，假如行政伦理建设不悖逆于行政学或行政管理学的宗旨，就必须基于上述对行政伦理与行政效率之关系的分析，将行政伦理的三个主要方面即行政人员的道德素质、行政组织的道德属性、行政过程的道德控制等有关内容与行政效率的提高紧密地联系起来，在对行政伦理的三个主要方面的具体规定中突出有利于行政效率提高的伦理因素或伦理机制。因此，在规划和实施行政伦理建设的时候，行政效率的提高应当明确作为预设的目的之一。

　　行政伦理学研究表明，行政人格的形成大体要经历三个阶段，其间有两次升华。第一阶段是行政伦理的他律时期。所谓他律，指通过法律、制度来规范公务员的行政行为，其特征是"善"被简单地定义为"服从"。在他律时期，行政道德是不完善的，因此我们绝不能只停留在他律时期。第二阶段是行政伦理的自律时期。行政伦理从他律时期向自律时期升华，核心是行政义务向行政良心的转化，履行行政责任。行政良心是指公务员在履行行政职责或行政义务的过程中，逐步形成的强烈的行政责任感和正确的自我评价能力，它是公务员所应具备的各种心理因素的集中体现和有机结合。行政良心在行政行为中，对公务员的行为选择起机制作用，对其行动起监督作用，对其行为后果起评价作用，它的最基本特征就是自律性。因此，行政良心在公务员的行政行为中有着非常重要的价值。第三阶段是行政伦理价值目标形成时期。这个时期是将行政理想、行政态度、行政义务、行政责任、行政纪律、行政技能、行政荣誉、行政作风等融为一体。将行政自律和行政他律、行政义务与行政良心有机统一时期，是行政人格形成与完善时期。效能政府视阈下要彻底根治和预防行政伦理失范现象的发生，必须通过内部控制（自律）和外部控制（他律）两种方法使公务员养成和实现行政伦理。所谓内部控制，主要是指广泛开展和强化行政伦理教育；所谓外部控制，主要包括加强行政伦理制度建设和完善行政伦理监督机制两个方面。

参考文献

著作类

［1］《马克思恩格斯选集》第 1 卷，人民出版社 1995 年版。

［2］《马克思恩格斯选集》第 3 卷，人民出版社 1995 年版。

［3］《马克思恩格斯全集》第 1 卷，人民出版社 1960 年版。

［4］《马克思恩格斯全集》第 3 卷，人民出版社 1960 年版。

［5］《邓小平文选》第 2 卷，人民出版社 1994 年版。

［6］《邓小平文选》第 3 卷，人民出版社 1993 年版。

［7］毛泽东、邓小平、江泽民:《论社会主义道德建设》，学习出版社 2001 年版。

［8］［法］卢梭:《社会契约论》，商务印书馆 2001 年版。

［9］［法］孟德斯鸠:《论法的精神》上册，商务印书馆 1961 年版。

［10］韦伯:《新教伦理与资本主义精神》，三联书店 1987 年版。

［11］［美］特里·L. 库珀:《行政伦理学:实现行政责任的途径》，中国人民大学出版社 2001 年版。

［12］［美］迈克尔·罗斯金:《政治科学》，华夏出版社 2000 年版。

［13］塞缪尔·亨廷顿:《变革社会中的政治秩序》，华夏出版社 1998 年版。

［14］［美］尼古拉斯·亨利著，项龙译:《公共行政与公共事务》，华夏出版社 2002 年版。

［15］［德］柯武刚、史漫飞著，韩朝华译:《制度经济学:社会秩序与公共政策》，商务印书馆 2000 年版。

［16］［美］丹尼斯·C.缪勒著，杨春学等译:《公共选择理论》，中国社会科学出版社 1999 年版。

［17］［美］斯蒂格利茨著，梁小民、黄险峰译:《经济学》，中国人民大学出版社 2000 年版。

［18］［美］约翰·罗尔斯:《正义论》，中国社会科学出版社 1988 年版。

［19］［美］乔治·弗雷德里克森:《公共行政的精神》，中国人民大学出版社 2003 年版。

［20］夏书章:《行政效率研究》，中山大学出版社 1996 年版。

［21］黄达强、朱国斌:《科学的行政管理》，湖南人民出版社 1989 年版。

［22］戴大祝:《社会主义行政管理学》，华中师范大学出版社 1985 年版。

［23］张国庆:《行政管理学概论》，北京大学出版社 2000 年版。

［24］丁煌:《西方行政学说史》，武汉大学出版社 1999 年版。

［25］王伟:《行政伦理概述》，人民出版社 2001 年版。

［26］安云凤:《新编现代伦理学》，首都师范大学出版社 2001 年版。

［27］罗国杰:《伦理学》，人民出版社 1989 年版。

［28］吴祖明、王凤鹤:《中国行政道德论纲》，华中科技大学出版社 2001 年版。

［29］郭夏娟:《公共行政伦理学》，浙江大学出版社 2003 年版。

［30］张康之:《寻找公共行政的伦理视角》，中国人民大学出版社 2002 年版。

［31］胡鞍钢:《中国：挑战腐败》，浙江人民出版社 2001 年版。

［32］李春成:《行政人的德性与实践》，复旦大学出版社 2003 年版。

［33］周奋进:《转型中的行政伦理》，中国审计出版社 2000 年版。

［34］兰久富:《社会转型时期的价值观念》，北京师范大学出版社 1999 年版。

［35］王晓升:《价值的冲突》，人民出版社 2003 年版。

［36］李连科:《价值哲学引论》，商务印书馆 1999 年版。

［37］厉以宁:《厉以宁 90 年代文选》，北京大学出版社 1998 年版。

［38］马庆钰:《告别西西弗斯——中国政治文化分析与展望》，中国社会科学出版社 2002 年版。

［39］刘祖云:《当代中国公共行政的伦理审视》，人民出版社 2006 年版。

［40］费孝通:《乡土中国》，三联书店 1985 年版。

［41］ 罗德钢等:《行政伦理的理论与实践研究》,国家行政学院出版社2002 年版。

论文类

［1］ 郭夏娟:《行政腐败与伦理责任》,浙江社科网。

［2］ 邱飒爽、阳春花:《与市场经济相契合的和谐社会行政伦理探议》,《中国行政管理》2005 年第 8 期。

［3］ 刘伟:《社会转型期领导干部行政伦理失范的原因与整治》,《理论探讨》2005 年第 5 期。

［4］ 李萍:《论公共行政伦理与公共道德的关系》,《郑州大学学报》(哲学社会科学版) 2005 年第 3 期。

［5］ 张玲:《提高党的执政能力的行政伦理思考》, 《江西社会科学》2005 年第 5 期。

［6］ 胡辉华:《现代官僚制的行政伦理》,《江海学刊》2005 年第 2 期。

［7］ 龙兴海:《确立行政伦理的依据》,《道德与文明》2004 年第 5 期。

［8］ 吴然:《关于行政伦理选择理论的反思及其有效机制的构建》,《北京大学学报》(哲学社会科学版) 2004 年 (S1)。

［9］ 曹淑芹:《制度主义、责任意识与伦理自主——关于行政伦理法制化的逆向思考》,《内蒙古大学学报》(人文社会科学版) 2004 年第 4 期。

［10］ 罗德刚:《完善行政伦理监督机制》,《探索》2004 年第 1 期。

［11］ 郭小聪、聂勇浩:《行政伦理:降低行政官员道德风险的有效途径》,《中山大学学报》(社会科学版) 2003 年第 1 期。

［12］ 郭冬梅:《社会转型和行政伦理重建》,《内蒙古社会科学》(汉文版), 2003 年 (S1)。

［13］ 万琴:《我国公共行政的效率问题与补救》,《江西社会科学》2005 年第 2 期。

［14］ 汪向东:《行政效率低下的成因和提高行政效率的途径》,《人文》2002 年第 2 期。

［15］ 武玉英:《行政效率的解析》,《中国行政管理》2001 年第 3 期。

［16］ 李平:《政府领导体制与行政效率研究》,《政治学研究》2001 年第 1 期。

［17］杜棘衡:《浅谈行政效率的基本问题》,《科技进步与对策》2001 年第 12 期。

［18］周志忍:《公共性与行政效率研究》,《中国行政管理》2000 年第 4 期。

［19］陈华平:《公务员道德建设的传统视角及其局限》,《江西行政学院学报》2005 年第 2 期。

［20］刘白露:《行政伦理建设刍议》,《内蒙古社会科学》（汉文版）2001 年第 6 期。

［21］李国友:《略论国家公务员职业道德建设》,《社会主义研究》1997 年第 5 期。

［22］王锋、田海平:《国内行政伦理研究综述》,《哲学动态》2003 年第 11 期。

［23］李丽:《论行政伦理建设》,《湖南大学学报》（社会科学版）2001 年第 1 期。

［24］史丹:《和谐社会视角下我国公务员行政伦理建设》,《理论观察》2007 年第 5 期。

［25］祝丽生:《困境与路径选择——论我国公务员行政伦理建设》,《理论探讨》2006 年第 5 期。

［26］司淑玉、李艳霞:《试论腐败的产生、传播及社会效应——由符号互动理论解读》,《福建行政学院福建经济管理干部学院学报》2005 年第 1 期。

［27］高中义、高伟:《行政伦理失范及其治理对策》,《中南民族大学学报》（人文社会科学版）2002 年第 4 期。

［28］李聪明、李文利:《行政伦理建设面临的问题及对策》,《河北学刊》2006 年第 4 期。

［29］陈华平:《公务员道德建设的传统视角及其局限》,《江西行政学院学报》2005 年第 2 期。

［30］朱楠:《我国行政伦理失范成因分析及治理对策》,《黑龙江对外经贸》2005 年第 10 期。

［31］张康之:《公共行政的伦理把握及其取向》,《中山大学学报》（社会科学版）2006 年第 5 期。

［32］江秀平:《公共责任与行政伦理》,《中国社会科学院研究生院学

报》1999 年第 3 期。

　　［33］ 江秀平:《对行政伦理建设的思考》,《中国行政管理》2000 年第 9 期。

　　［34］ 李春成:《制度、裁量权与德性——关于行政伦理建设的一点思考》,《江苏行政学院学报》2001 年第 3 期。

　　［35］ 白洁:《从公共行政人员角色变迁看行政伦理》,《广东行政学院学报》2002 年第 6 期。

　　［36］ 姚俭建:《道德立法:一项重要的"软件"建设》,《毛泽东邓小平理论研究》1996 年第 3 期。

　　［37］ 张康之:《行政道德的制度保障》, 《浙江社会科学》1998 年第 4 期。

　　［38］ 张康之:《论行政行为的道德判断》,《宁夏社会科学》1999 年第 3 期。

　　［39］ 沈亚平:《论行政道德建设的基本途径》,《道德与文明》1997 年第 5 期。

　　［40］ 赵永行:《论行政权力运行与行政道德规范》,《理论与改革》1998 年第 6 期。

　　［41］ 王伟:《行政选择的道德动因与道德类型》,《社会科学辑刊》1996 年第 2 期。

　　［42］ 王伟:《道德冲突中的行政选择与评价》,《现代哲学》1999 年第 1 期。

　　［43］ 罗德刚:《行政伦理的涵义、主体和类别探讨》,《探索》2002 年第 1 期。

　　［44］ 胡良琼:《行政道德的政治分析》,《湖北广播电视大学学报》2001 年第 1 期。

　　［45］ 曹辉:《论我国行政文化的演变》,《宁波经济》(三江论坛) 2007 年第 5 期。

　　［46］ 汪嘉申:《决不允许把庸俗人际关系拉到党内》,《北京支部生活》1994 年第 9 期。

　　［47］ 胡伟生:《解析社会行政文化现状》,《理论观察》2007 年第 1 期。

　　［48］ 周俊华:《中国行政文化的历史传统与现代重构》,《云南行政学院学报》2007 年第 5 期。

〔49〕 彭国甫:《加强行政文化建设 医治领导者庸俗人际关系》,《湘潭大学社会科学学报》1994 年第 1 期。

〔50〕 张志孚:《论行政文化》,《上海大学学报》（社会科学版）1990 年第 2 期。

〔51〕 葛荃:《行政文化与行政发展管见》,《中国行政管理》2007 年第 9 期。

外文文献类

〔1〕 Cabinet Office, *Measuring Quality Improvements – Main Report*, 1996, 7.

〔2〕 Harold Koontz and Heinz Weihrich, *Management*. New York: McGraw – Hill Inc. , 1998, 58.

〔3〕 *Organisation for Economic Co – operation and Development*（OECD）. Performance Management in Government: *Performance Measurement and Results – Oriented Management. Public Management Occasional Papers*, 1994,（3）: 23.

〔4〕 Losardo, Mary M. and Rossi, Norma M. At the Service Quality Frontier: *A Handbook for Managers, Consultants and Other Pioneers. Wisconsin*: ASQC Quality Press, 1993, 1 – 2.

〔5〕 Rainey, Hal G. Understanding and Managing Public Organizations. San Francisco: Jossey – Bass Publishers, 1991, 217.

〔6〕 H. George Frederickson, New Public Administration〔M〕. The University of Alabama Press, 1980.

〔7〕 Max Weber, Economy and Society〔M〕. An Outline of Interpretive Sociology Vol. 2, University of California Press, 1978.

〔8〕 George Klosko, Political Obligation and the Natural Duties, in Philosophy &Public Affairs, Vol. 23, 1994.

〔9〕 B. Barry, Justice as Impartiality〔M〕. Oxford Clarendon Press, 1995.

〔10〕 Harmon, M. Responsibility as Paradox: A Critique of Rational Discourse on Government. Thousand Oaks, Calif. : Sage, 1995.

〔11〕 Appleby, P. H. , Public Administration and Democracy. In R. G. Martin（ed. ）, Public Administration and Democracy: Essays in Honor of Paul Appleby, Syracuse, N. Y. : Syracuse University Press, 1965 .